Die Bewertung von Elektrizitätsversorgungsunternehmen vor dem Hintergrund der Liberalisierung der europäischen Strommärkte

AF886819

Europäische Hochschulschriften
Publications Universitaires Européennes
European University Studies

Reihe V
Volks- und Betriebswirtschaft

Série V Series V
Sciences économiques, gestion d'entreprise
Economics and Management

Bd./Vol. 3060

PETER LANG
Frankfurt am Main · Berlin · Bern · Bruxelles · New York · Oxford · Wien

Armin Köster

Die Bewertung von Elektrizitätsversorgungsunternehmen vor dem Hintergrund der Liberalisierung der europäischen Strommärkte

PETER LANG
Europäischer Verlag der Wissenschaften

Bibliografische Information Der Deutschen Bibliothek
Die Deutsche Bibliothek verzeichnet diese Publikation in der Deutschen Nationalbibliografie; detaillierte bibliografische Daten sind im Internet über <http://dnb.ddb.de> abrufbar.

Zugl.: Hamburg, Univ., Diss., 2003

D 18
ISSN 0531-7339
ISBN 3-631-52200-2

© Peter Lang GmbH
Europäischer Verlag der Wissenschaften
Frankfurt am Main 2004
Alle Rechte vorbehalten.

Das Werk einschließlich aller seiner Teile ist urheberrechtlich geschützt. Jede Verwertung außerhalb der engen Grenzen des Urheberrechtsgesetzes ist ohne Zustimmung des Verlages unzulässig und strafbar. Das gilt insbesondere für Vervielfältigungen, Übersetzungen, Mikroverfilmungen und die Einspeicherung und Verarbeitung in elektronischen Systemen.

www.peterlang.de

Vorwort

Vor nunmehr sechs Jahren begann formal die Liberalisierung der europäischen Elektrizitätsmärkte mit dem Ziel der Schaffung von Wettbewerb zwischen den Stromversorgern und der freien Versorgerwahl für die Stromkunden. Als eine Folge kam es auf dem Markt für Unternehmensübernahmen zu zahlreichen Transaktionen, die zu Veränderungen der Unternehmensstrukturen in der Strombranche geführt haben. Gleichwohl dürfte die Umstrukturierung im Hinblick auf den relativ schleppend verlaufenden Liberalisierungsprozess noch nicht abgeschlossen sein, so dass zukünftig von weiteren Unternehmenstransaktionen auszugehen ist und die Bewertungsproblematik bei Stromversorgern auch weiterhin Aktualität behält.
Der Grundstein der vorliegenden Arbeit wurde Ende des Jahres 1997 gelegt. Damit konnten die Entwicklungen seit Liberalisierungsbeginn unmittelbar verfolgt werden und in die Arbeit einfließen, was im Zeitablauf zur Folge hatte, häufig Anpassungen aufgrund veränderter rechtlicher Rahmenbedingungen vornehmen zu müssen. Die Arbeit selbst berücksichtigt den Rechtsstand vom März 2003.

Mein besonderer Dank gebührt zunächst meinem Doktorvater Herrn Prof. Dr. Lothar Streitferdt, der mir stets wertvolle Anregungen und große inhaltliche Freiräume gegeben hat, die maßgeblich zum Gelingen der Arbeit beigetragen haben. Herrn Prof. Dr. Carl-Christian Freidank danke ich für die Erstellung des Zweitgutachtens und Herrn Prof. Dr. Michael Adams für die Übernahme des Vorsitzes der Promotionskommission sehr herzlich. Des weiteren gilt mein Dank den Teilnehmern des Doktorandenseminars und hier insbesondere Herrn PD Dr. Andreas Pfnür, der die Leitung des Seminars übernahm, und Herrn Dr. Gunnar Siemer, der mir in kritischem Gedankenaustausch vielfältige Anregungen für meine Arbeit gab.

Schließlich danke ich meinen lieben Eltern, Geschwistern und Großeltern, die mich während meiner Studien auf vielfältige Weise unterstützt haben. Ihnen sei diese Arbeit gewidmet.

Auetal, im Januar 2004 Dr. Armin Köster

Inhaltsverzeichnis

Abkürzungsverzeichnis

a	anno
ABlEG	Amtsblatt der Europäischen Gemeinschaften
Abs.	Absatz
a.F.	alte Fassung
AG	Die Aktiengesellschaft (Zeitschrift)
A/KAE	Ausführungsanordnung zur Konzessionsabgabenordnung
AktG	Aktiengesetz
ARE	Arbeitsgemeinschaft Regionaler Energieversorgungs-Unternehmen e. V.
Art.	Artikel
AtG	Atomgesetz
atw	Atomwirtschaft (Zeitschrift)
AVBEltV	Verordnung über Allgemeine Bedingungen für die Elektrizitätsversorgung von Tarifkunden
BB	Betriebsberater (Zeitschrift)
Bewag	Berliner Kraft- und Licht-AG
BFuP	Betriebswirtschaftliche Forschung und Praxis (Zeitschrift)
BGBl.	Bundesgesetzblatt
BKartA	Bundeskartellamt
BMWi	Bundesministerium für Wirtschaft
BR-Drs.	Bundesrats-Drucksache
BT-Drs.	Bundestags-Drucksache
BTOElt	Bundestarifordnung Elektrizität
BvS	Bundesanstalt für vereinigungsbedingte Sonderaufgaben
CAPM	Capital Asset Pricing Model
CDAX	Composite Deutscher Aktienindex
DB	Der Betrieb (Zeitschrift)
DBW	Die Betriebswirtschaft (Zeitschrift)
DCF	Discounted Cash Flow
D/KAE	Durchführungsbestimmungen zur Konzessionsabgabenanordnung und zu ihrer Ausführungsanordnung
DRS	Deutscher Rechnungslegungsstandard
DRSC	Deutsches Rechnungslegungs Standard Committee
DSL	Digital Subscriber Line
DVG	Deutsche Verbundgesellschaft e. V.
DZWir	Deutsche Zeitschrift für Wirtschaftsrecht
EEG	Erneuerbare-Energien-Gesetz
EltV	Elektrizitätsversorgung
EltVU	Elektrizitätsversorgungsunternehmen

EnBW	Energie Baden-Württemberg AG
EnWG	Energiewirtschaftsgesetz
EnWR	Energiewirtschaftsrecht
EPW	Einzelprognosewert
ESt	Einkommensteuer
EStG	Einkommensteuergesetz
ET	Energiewirtschaftliche Tagesfragen (Zeitschrift)
EU	Europäische Union
EUStrRl	EU-Binnenmarktrichtlinie Strom
EuZW	Europäische Zeitschrift für Wirtschaftsrecht
EVS	Energie-Versorgung Schwaben AG
EVU	Energieversorgungsunternehmen
FAZ	Frankfurter Allgemeine Zeitung
Fn.	Fußnote
gem.	gemäß
GewESt	Gewerbeertragsteuer
GJ	Geschäftsjahr
Gl.	Gleichung
GuV	Gewinn- und Verlustrechnung
GW	Gigawatt
GWB	Gesetz gegen Wettbewerbsbeschränkungen
GWh	Gigawattstunde
GNEnWR	Gesetz zur Neuregelung des Energiewirtschaftsrechts
HEW	Hamburgische Electricitäts-Werke AG
HGB	Handelsgesetzbuch
HFA	Hauptfachausschuss des IDW
Hs.	Halbsatz
i.d.F.	in der Fassung
IDW	Institut der Wirtschaftsprüfer in Deutschland e. V.
IPP	Independent Power Producer
i.V.m.	in Verbindung mit
IZE	Informationszentrale der Elektrizitätswirtschaft e. V.
Jg.	Jahrgang
KAV	Konzessionsabgabenverordnung
KAE	Anordnung über die Zulässigkeit von Konzessionsabgaben der Unternehmen und Betriebe zur Versorgung mit Elektrizität, Gas und Wasser an Gemeinden und Gemeindeverbände
KKW	Kernkraftwerk
KSt	Körperschaftsteuer
KStG	Körperschaftsteuergesetz
kV	Kilovolt
kW	Kilowatt

kWh	Kilowattstunde
KWK	Kraft-Wärme-Kopplung
KWKG	Kraft-Wärme-Kopplungsgesetz
LCP	Least-Cost-Planning
LG	Landgericht
M&A	Mergers & Acquisitions
MW	Megawatt
MWh	Megawattstunde
Mio.	Millionen
Mrd.	Milliarden
NJW	Neue Juristische Wochenschrift (Zeitschrift)
NW	Neckarwerke Elektrizitätsversorgungs-AG
NWS	Neckarwerke Stuttgart AG
NZZ	Neue Züricher Zeitung
o.V.	ohne Verfasser
ÖFA	Fachausschuss für öffentliche Unternehmen und Verwaltungen
OLG	Oberlandesgericht
RdE	Recht der Energiewirtschaft (Zeitschrift)
Rn.	Randnummer
RW	Residualwert
RWE	Rheinisch-Westfälische Elektrizitätswerke AG
S.	Seite, auch Satz
SKE	Steinkohleeinheit
St	Stellungnahme
StrEG	Stromeinspeisungsgesetz
StromStG	Stromsteuergesetz
TW	Terawatt
TW	Terawattstunden
TWS	Technische Werke der Stadt Stuttgart AG
UmwG	Umwandlungsgesetz
V	Volt
VDEW	Vereinigung Deutscher Elektrizitätswerke e. V.
VDN	Verband der Netzbetreiber e. V. beim VDEW
VEA	Bundesverband der Energie-Abnehmer e. V.
VEAG	Vereinigte Energiewerke AG
VEW	Vereinigte Elektrizitätswerke Westfalen AG
VIK	Verband der Industriellen Energie- und Kraftwirtschaft e. V.
VKU	Verband kommunaler Unternehmen e. V.
VSE	Verband Schweizerischer Elektrizitätswerke
VV I	Verbändevereinbarung über Kriterien zur Bestimmung von Durchleitungsentgelten vom 22.05.1998

VV II	Verbändevereinbarung über Kriterien zur Bestimmung von Netznutzungsentgelten für elektrische Energie vom 13.12.1999
VV II plus	Verbändevereinbarung über Kriterien zur Bestimmung von Netznutzungsentgelten für elektrische Energie und über Prinzipien der Netznutzung vom 13.12.2001
WKN	Wertpapier-Kennnummer
WiSt	Wirtschaftswissenschaftliches Studium (Zeitschrift)
WPg	Die Wirtschaftsprüfung (Zeitschrift)
WuW	Wirtschaft und Wettbewerb (Zeitschrift)
ZfB	Zeitschrift für Betriebswirtschaft
ZfbF	Zeitschrift für betriebswirtschaftliche Forschung
ZfE	Zeitschrift für Energiewirtschaft
ZNER	Zeitschrift für Neues Energierecht
ZögU	Zeitschrift für öffentliche und gemeinwirtschaftliche Unternehmen

Symbolverzeichnis

a	Parameter zur Darstellung der Restnutzungsdauer
A	Aufwand
AA	Anschaffungsauszahlung
Abschr	Abschreibungen
AZ	Auszahlungen
β	unternehmensspezifischer Beta-Faktor
BA	Brennstoffaufwand
BW	Barwert
CF^{EK}	Cash Flow, der dem Unternehmen von den Eigenkapitalgebern entziehbar ist
DCF	Discounted Cash-Flow
ε	Elastizitätskoeffizient
E	Ertrag
EZ	Einzahlungen
Em	spezifische CO_2-Emission
EmEnt	Emissionsentgelt
EPW_m	Einzelprognosewert
ET	Energieträger
EÜ	Ertragsüberschuss
EW	Ertragswert
EZÜ	Einzahlungsüberschüsse
FCF	Free Cash-Flow
g	Substitutionsvariable für Veränderungsraten der Preis- und Mengenkomponente
g_I	Veränderungsrate der Reinvestitionsbeträge
i	Basiszinssatz, risikofreier Zinsfuß
I	Investitionsauszahlung
I_{neu}	Barwert einer Investitionskette für eine neu angeschaffte Anlage
I_{Restn}	Barwert einer Investitionskette für eine bestehende Anlage mit Restnutzungsdauer
$I_{RestnEPW,n}$	Einzelprognosewert des Barwert I_{Restn} einer Investitionskette
$I_{RestnRW,n+1}$	Residualwert des Barwert I_{Restn} einer Investitionskette
k	Kalkulationszinssatz bzw. Renditeforderung eines Investors
k^{EK}	Eigenkapitalkostensatz
k^{M}	Rendite des Marktportefeuilles risikobehafteter Wertpapiere
K	Anzahl Kunden
KA	Konzessionsabgaben
KG	Kundengruppe
KW_0	Kapitalwert zum Zeitpunkt $t = 0$

m	Einzelprognosehorizont
me	Mengenveränderungsrate
ME	Mengenkomponente
MA	Materialaufwand
n	Parameter zur Darstellung der Periodizität von Reinvestitionen
N	Gesamtnutzungsdauer
p	Preisveränderungsrate
P	Preiskomponente
PA	Personalaufwand
RückSt	Rückstellung
RW_{m+1}	Residualwert
s^{ESt}	persönliche Ertragsteuerbelastung
s^{GewESt}	Gewerbeertragsteuerbelastung
s^{KSt}	Körperschaftsteuerbelastung
SZW	Sachzeitwert
t	Periode, Periodenindex
T	Lebensdauer des Unternehmens
u	Periodenindex
UE	Umsatzerlöse
v_{ET}	Veränderungsrate spezifischer Verbrauch eines Energieträgers
V	Brennstoffverbrauch
W	Arbeitsmenge
z	Risikozuschlag

Abbildungsverzeichnis

Tabellenverzeichnis

1 Einleitung

1.1 Problemstellung

Mit Realisierung des EU-Binnenmarktes ist auch die Liberalisierung der europäischen Energiemärkte verbunden. Nach dem Willen der EU soll zukünftig auf den bisher weitestgehend von Monopolen geprägten Energiemärkten ein Wettbewerb zum Nutzen des Endverbrauchers stattfinden. Die Grundlage hierfür bilden die beiden EU-Binnenmarkt-Richtlinien Strom[1] und Gas[2], die bis zu einer festgelegten Frist von den EU-Mitgliedsstaaten in nationales Recht umzusetzen sind, und in denen definierte Zeitpunkte für die sukzessive Erreichung vorgegebener Marktöffnungsziele genannt werden. Allerdings hat die Praxis gezeigt, dass sowohl die Fristen für die rechtliche Umsetzung als auch die Zielsetzungen von den Staaten partiell nicht eingehalten werden. Dadurch dürfte sich der Prozess einer vollständigen Liberalisierung der europäischen Energiemärkte noch längere Zeit hinziehen.[3]

Der zukünftige Wettbewerb in zunehmend liberalisierten Energiemärkten wird die Energieversorgungsunternehmen (EVU) dazu veranlassen, sich den neuen Gegebenheiten anzupassen. Mit der Möglichkeit der Kunden, ihren Energielieferanten frei wählen zu können, stehen die Vertriebsaktivitäten verstärkt im Fokus der EVU. So wird sich ein Kunde in einem liberalisierten Energiemarkt für denjenigen Versorger entscheiden, der aus Kundensicht die günstigsten Konditionen bietet. Die wesentlichen Entscheidungskriterien bilden dabei der Energiepreis und die Energiequalität.

Die Folgen des Wettbewerbs für EVU dürften sich daher in einem zunehmenden Preis- bzw. Margendruck niederschlagen, auf den die Energieversorger beim Kampf um den Kunden entsprechend reagieren müssen. Dies kann beispielsweise durch internes Umsatzwachstum mit verstärkten Aktivitäten in der Kundengewinnung oder durch Kostenreduktionsprogramme geschehen. Aber auch unternehmensübergreifende Maßnahmen, wie das Eingehen von Kooperationen oder der Kauf bzw. Verkauf von Unternehmensteilen oder kompletten Unternehmen, kommen in Betracht. In diesem Zusammenhang spielen insbesondere bei der

---

1 Richtlinie 96/92/EG des Europäischen Parlaments und des Rates vom 19.12.1996 betreffend gemeinsame Vorschriften für den Elektrizitätsbinnenmarkt, ABlEG Nr. L 27/20 vom 30.01.1997.

2 Richtlinie 98/30/EG des Europäischen Parlaments und des Rates vom 22. Juni 1998 betreffend gemeinsame Vorschriften für den Erdgasbinnenmarkt, ABlEG Nr. L 27/1 vom 21.07.1998.

3 Vgl. Bonse-Geuking/Erdmann [Energiemärkte, 2001], S. 430-431; Lamprecht [Entwicklungen, 2001], S. 463-465.

Kaufpreisbestimmung sowie der Festlegung von Umtauschverhältnissen und Abfindungsangeboten bewertungsrelevante Fragestellungen eine entscheidende Rolle.

Gegenstand dieser Arbeit soll es daher sein, die Auswirkungen der Liberalisierung auf die Bewertung von EVU dargestellt am Beispiel des Elektrizitätsmarktes, als Teilmarkt des gesamten Energiesektors, zu analysieren und darzustellen.[4] Im Vordergrund steht dabei die Kernproblematik, wie sich zukünftige Entwicklungen bzw. unternehmensspezifische Strategien auf einem liberalisierten Strommarkt in einem Bewertungsmodell für Elektrizitätsversorgungsunternehmen (EltVU) darstellen lassen. Dazu sind eine Vielzahl von Einflussgrößen, die auf die bewertungsrelevanten Variablen wirken, zu identifizieren und im Bewertungsmodell abzubilden. Ausgehend von den in Literatur und Rechtsprechung gängigen und anerkannten Bewertungsverfahren auf Basis des Zukunftsentnahmeprinzips (Ertragswertverfahren und Discounted Cash-Flow-Methode) ist daher eine differenzierte Betrachtung der Zukunftsentnahmegrößen und deren Veränderungsraten vorzunehmen.

Die Behandlung der Bewertungsfragestellungen bezieht sich in der vorliegenden Arbeit primär auf deutsche EltVU bzw. lehnt sich an die Regelungen an, die sich aus der nationalen Richtlinienumsetzung innerhalb des Energiewirtschaftsgesetzes (EnWG) ergeben. Dabei werden gleichwohl die Risiken und Chancen, die sich aus der Öffnung der europäischen Strommärkte ergeben, berücksichtigt.

1.2 Gang der Untersuchung

Im Anschluss an die Einleitung wird in Kapitel 2 auf die energie- und wettbewerbsrechtlichen Rahmenbedingungen der Elektrizitätswirtschaft eingegangen. Dabei werden zunächst die Regelungen, die bis zum Beginn der Liberalisierung des deutschen Strommarkts bestanden haben, kurz skizziert. Anschließend erfolgt eine Darstellung der wesentlichen energierechtlichen Aspekte, die sich aus der Umsetzung der EU-Binnenmarkt-Richtlinie Strom in das nationale Recht der EU-Mitgliedsstaaten ergeben. Die konkrete Rechtsumsetzung in Deutschland durch das EnWG bildet den Abschluss dieses Kapitels.

---

4 Auf die Liberalisierung des europäischen Gasmarktes und die Folgen für die Bewertung von Gasversorgungsunternehmen wird in dieser Arbeit nicht eingegangen, gleichwohl EVU sowohl Strom- als auch Gasversorgung betreiben können.

Abbildung 1: Systematische Vorgehensweise der Arbeit

Das Kapitel 3 gibt einen Überblick über die derzeitige Unternehmensstruktur in der Elektrizitätswirtschaft in Deutschland, in ausgewählten Staaten der Europäischen Union sowie in einigen europäischen Nicht-EU-Mitgliedsländern. Letztere sind zwar nicht unmittelbar von der EU-Liberalisierung betroffen. Im Hinblick auf die geographische Nähe zu den EU-Mitgliedsstaaten (Absatz- und Beschaffungsmärkte) bzw. auf eine zukünftige Mitgliedschaft in der EU (EU-Ost-Erweiterung) ist hier eine Darstellung angebracht. Im Anschluss daran erfolgt eine

Übersicht ausgewählter Transaktionen auf dem europäischen Strommarkt seit 1997. Hier soll die Bedeutung der Bewertung von EltVU insbesondere in Anbetracht der Höhe der einzelnen Transaktionsvolumina deutlich gemacht werden.

In Kapitel 4 werden die spezifischen Fragestellungen, die mit der Bewertung von EltVU auf liberalisierten Strommärkten einhergehen, ausführlich behandelt. Nach einer Darstellung der Bewertungsverfahren als Folge des Bewertungskalküls wird das EltVU als Bewertungsobjekt definiert und in seine verschiedenen Aktivitäten segmentiert. Im Anschluss erfolgt eine Diskussion der bewertungstechnischen Umsetzungsprobleme, wobei der Fokus auf den zukünftigen Entwicklungen und Strategien auf liberalisierten Strommärkten liegt, die im Rahmen einer Planungs- und Prognoserechnung innerhalb des Bewertungsverfahrens abzubilden sind. Hierbei spielen die Festlegung des Prognosehorizontes sowie die Berücksichtigung von nachhaltigen Veränderungen eine wesentliche Rolle.

Kapitel 5 setzt sich explizit mit der Bewertung der elektrizitätswirtschaftlichen Aktivitäten von EltVU auseinander, die in die vier Bereiche Vertrieb (Abschnitt 5.1), Übertragung und Verteilung (Abschnitt 5.2), Erzeugung (Abschnitt 5.3) sowie Sonstige elektrizitätswirtschaftliche Aktivitäten (Abschnitt 5.4) segmentiert werden. Hier gilt es zu zeigen, wie die Anforderungen des Wettbewerbs in einem liberalisierten Strommarkt durch differenzierte Betrachtung und Gestaltung der wertbestimmenden Variablen in den einzelnen Sektoren im Bewertungsmodell abzubilden sind. Abschließend wird in Abschnitt 5.5 eine Gesamtbetrachtung der sektoralen Interdependenzen und Synergieeffekte zwischen den einzelnen Sektoren vorgenommen.

Das Kapitel 6 fasst die Ergebnisse in einer Schlussbetrachtung zusammen und gibt einen Ausblick auf mögliche weitere Forschungsansätze.

2 Energierechtliche und wettbewerbsrechtliche Rahmenbedingungen der Stromwirtschaft

2.1 Die Rahmenbedingungen in Deutschland vor der Liberalisierung

Die Elektrizitätsversorgung (EltV) in Deutschland war bis zum Beginn der Liberalisierung des deutschen Strommarktes, d.h. bis zum Inkrafttreten des neuen EnWG am 29.04.1998[5], durch eine Vielzahl von gesetzlichen Vorschriften gekennzeichnet, die großteils – mit entsprechenden Gesetzesänderungen – auch im liberalisierten Strommarkt derzeit weiterhin Bestand haben. Zu nennen sind hier im wesentlichen:

- das Energiewirtschaftsgesetz (EnWG)[6]
- die Bundestarifordnung Elektrizität (BTOElt)[7]
- die Verordnung über Allgemeine Bedingungen für die Elektrizitätsversorgung von Tarifkunden (AVBElt)[8]
- das Stromeinspeisungsgesetz (StrEG)[9]
- die Konzessionsabgabenverordnung (KAV)[10]
- das Gesetz gegen Wettbewerbsbeschränkungen (GWB)[11].

Gem. § 1 Abs. 1 EnWG a.F. unterstand die deutsche EltV der staatlichen Aufsicht. Die vorrangigen Ziele der Versorgungssicherheit, der preiswerten Versorgung und der Verhinderung von volkswirtschaftlich schädlichen Auswirkungen des Wettbewerbs wurden in der Präambel des EnWG von 13.12.1935 niedergeschrieben. Verbunden mit den Ausnahmeregelungen der §§ 103 und 103a GWB a.F., nach denen die EltVU von den allgemeinen Wettbewerbsbestimungen freigestellt wurden, entstanden Gebiets- bzw. Versorgungsmonopole, die durch

---

5 Verkündet als Art. 1 des Gesetzes zur Neuregelung des Energiewirtschaftsrechts vom 24.04.1998 (BGBl. I S. 730). Zuletzt geändert durch Artikel 29 des Gesetztes vom 10.11.2001 (BGBl. I S. 2992).

6 I.d.F. vom 19.12.1977 (BGBl. I S. 2750). Im folgenden mit dem Zusatz a.F. versehen.

7 I.d.F. vom 18.12.1989 (BGBl. I S. 2255). Zuletzt geändert durch Artikel 345 der Verordnung vom 29.10.2001 (BGBl. I S. 2785).

8 I.d.F. vom 21.06.1979 (BGBl. I S. 684). Zuletzt geändert durch Artikel 1 Abs. 1 Nr. 11 der Verordnung vom 05.04.2002 (BGBl. I S. 1250).

9 I.d.F. vom 07.12.1990 (BGBl. I S. 2633). Am 1. April 2000 ersetzt durch das Erneuerbare-Energien-Gesetz (vgl. Abschnitt 5.3.2.2.1).

10 I.d.F. vom 09.01.1992 (BGBl. I S. 12). Zuletzt geändert durch Artikel 28 des Gesetztes vom 10.11.2001 (BGBl. I S. 2992).

11 Im folgenden wird die Fassung vom 20.02.1990 (BGBl. I S. 3210) mit a.F. gekennzeichnet. Die im Zuge der 6. GWB-Novelle vom 26.08.1998 (BGBl. I S. 2546) novellierte Fassung, zuletzt geändert durch Artikel 2 des Gesetztes vom 02.09.2002 (BGBl. I S. 3448), erhält keinen Zusatz.

privatrechtliche Gebietsschutzverträge (Konzessions- und Demarkationsverträge) manifestiert wurden.[12] In Konzessionsverträgen, deren Laufzeiten gem. § 103a Abs. 1 S. 1 GWB a.F. zwanzig Jahre nicht überschreiten durften, konnten die Gemeinden ein ausschließliches Wege- und Versorgungsrecht an ein EltVU gegen entsprechende Konzessionsabgaben gewähren.[13] In Demarkationsverträgen[14] verpflichteten sich zwei EltVU, das Gebiet des jeweils anderen Unternehmens nicht zu beliefern.[15]

Im Bereich der Stromerzeugung entstanden in der Praxis aufgrund der §§ 4 u. 5 EnWG a.F. Erzeugungsmonopole. Gem. § 4 Abs. 1 EnWG a.F. waren EltVU verpflichtet, vor Beginn des Baus, der Erneuerung, der Erweiterung oder der Stillegung von Stromanlagen diese bei der zuständigen Energieaufsichtsbehörde anzuzeigen, um dabei Fehl- oder Doppelinvestitionen zu vermeiden. Zudem bedurften Unternehmen, die keine EltVU sind, nach § 5 Abs. 1 EnWG a.F. für die Aufnahme der Versorgung anderer mit Elektrizität einer energiewirtschaftlichen Genehmigung.[16]

Im Verteilungsbereich wurde bzw. wird bisher noch bei den Endverbrauchern zwischen Tarifkunden und Sondervertragskunden unterschieden. Nach § 6 Abs. 1 EnWG a.F. ist ein Energieversorgungsunternehmen in seinem versorgten Gebiet verpflichtet, "[...] allgemeine Bedingungen und allgemeine Tarifpreise öffentlich bekanntzugeben und zu diesen Bedingungen und Tarifpreisen jedermann an sein Versorgungsnetz anzuschließen und zu versorgen."[17] Diese Pflicht beschränkt sich gem. § 1 Abs. 1 S. 1 BTOElt nur auf Kunden, die aus dem Niederspannungsnetz versorgt werden. Gem. § 12 BTOElt sind Tarife genehmigungspflichtig. Das bedeutet, dass ein EltVU sein Tarifangebot bzw. eine Tarifpreiserhöhung "[...] in Anbetracht der gesamten Kosten- und Erlöslage bei elektrizitätswirtschaftlich rationeller Betriebsführung [...]"[18] nachzuweisen hat.

Alle Kunden, die keine Tarifkunden sind, stellen Sondervertragskunden dar, die im wesentlichen aus dem Mittel- und Hochspannungsnetz versorgt und mit denen individuelle Konditionen ausgehandelt werden.[19] Obwohl die dort vereinbarten Preise nicht der Tarifaufsicht der BTOElt unterliegen, sind sie doch der wettbewerbsrechtlichen Missbrauchsaufsicht durch das Diskriminierungsverbot des

---

12 Vgl. VDEW [Grundprinzipien, 1997], S. 1.
13 Vgl. § 103 Abs. 1 Nr. 2 GWB und § 1 KAV.
14 Vgl. § 103 Abs. 1 Nr. 1 GWB.
15 Vgl. Britz [Umsetzung, 1997], S. 335.
16 Vgl. Lukes [Neuregelung, 1998], S. 1218.
17 Im novellierten Energierecht findet sich eine entsprechende allgemeine Anschluss- und Versorgungspflicht in § 10 EnWG.
18 § 12 Abs. 2 S. 1 BTOElt.
19 Vgl. VDEW [Begriffe, 1992], S. 16.

§ 26 Abs. 2 GWB a.F. unterworfen. D.h., Sondervertragskunden mit gleichartigen Abnahmeverhältnissen haben Anspruch auf gleiche Vergünstigungen.[20]

Mit Inkrafttreten des StrEG am 01.01.1991 wurde gem. § 2 StrEG eine Abnahmepflicht für erneuerbare Energien, wie z.B. die Stromgewinnung aus Wasserkraft, Windkraft, Sonnenenergie, Deponie- und Klärgas, eingeführt.[21] D.h., EltVU sind dazu verpflichtet, den in ihren Versorgungsgebieten erzeugten Strom aus erneuerbaren Energien abzunehmen und zu vergüten. Die Höhe der Vergütung wurde in § 3 StrEG geregelt.

2.2 Die EUStrRl als Ausgangspunkt der Liberalisierung

Die rechtlichen Rahmenbedingungen für die Liberalisierung der europäischen Strommärkte liefert die EU-Binnenmarkt-Richtlinie Strom (EUStrRl) vom 19.12.1996, die am 19.02.1997 in Kraft getreten ist.[22] Danach mussten die einzelnen EU-Mitgliedsstaaten bis zum 19.02.1999 die erforderlichen Rechts- und Verwaltungsvorschriften in nationales Recht umsetzen, um dieser Richtlinie nachzukommen.[23]

Für die Öffnung des Strommarktes werden nach der EUStrRl sukzessive in drei Stufen die Schwellenwerte (Stromverbrauch je Endverbraucher) bzw. nationale Marktquoten (Anteil am gesamten Stromverbrach, ausgehend von den Endverbrauchern mit dem jeweils höchsten Verbrauch) als Mindestöffnungsgrenzen herabgesetzt. Nach Art. 19 Abs. 1 u. 2 EUStrRl musste ein Schwellenwert von 40 GWh bis zum 19.02.1999, von 20 GWh bis zum 19.02.2000 und von 9 GWh bis zum 19.02.2003 umgesetzt werden.

---

20 Vgl. Evers [Recht, 1983], S. 134 u. 170. EltVU können Sonderverträge auch mit Kunden, die aus dem Niederspannungsnetz versorgt werden, abschließen. Dies kann z.B. bei Kleinbetrieben oder bei Privatkunden mit Nachtspeicherheizung der Fall sein.

21 Das StrEG wurde 2000 durch das Erneuerbare-Energien-Gesetz abgelöst. Vgl. Abschnitt 5.3.2.2.1.

22 Vgl. Fn. 1. Eine Änderung der Richtlinie 96/92/EG befand sich noch im Gesetzgebungsverfahren. Vgl. den Richtlinienentwurf vom 29.01.2003 als Gemeinsamer Standpunkt des Rates im Hinblick auf den Erlass der Richtlinie des Europäischen Parlaments und des Rates über gemeinsame Vorschriften für den Elektrizitätsbinnenmarkt und zur Aufhebung der 96/92/EG (abgerufen am 10.03.2003 unter http://register.consilium.eu.int/pdf/de/02/st15/st15528de02.pdf).

23 Vgl. Art. 27 Abs. 1 EUStrRl. Ausnahmeregelungen gelten gem. Art. 27 Abs. 2 EUStrRl für Belgien und Irland, die jeweils eine Frist von einem Jahr in Anspruch nehmen können, und für Griechenland mit einer Frist von zwei Jahren.

Dazu teilte zunächst jedes EU-Mitglied der europäischen Kommission den Anteil an Endverbrauchern mit, die mehr als 40 GWh pro Jahr an Strom verbrauchen. Aus diesen Werten errechnete die Kommission einen Mittelwert, wobei die Einzelwerte jedes Staates unterschiedlich gewichtet in die Rechnung einflossen. Die so ermittelte nationale Marktquote betrug 1998 25 %.[24] D.h., in jedem EU-Staat können diejenigen Endverbrauchern ihren Stromerzeuger bzw. sonstigen Stromanbieter frei wählen, die, ausgehend vom jeweils höchsten Verbrauch, zusammen einen Anteil von 25 % am gesamten Stromverbrauch ihres Landes abdecken. Endverbraucher, die ihr EltVU frei wählen können, werden hierbei als „zugelassene Kunden“ bezeichnet. In Deutschland wären danach alle Endverbraucher zugelassene Kunden, die ca. 42 GWh und mehr verbrauchen.[25] Analog wurde auch bei der Herabsetzung der Schwellenwerte auf 20 GWh und 9 GWh vorgegangen.[26]
Zusätzlich besitzen gem. Art. 19 Abs. 3 EUStrRl ab 19.02.1999 alle Endverbraucher mit einem Verbrauch von mehr als 100 GWh die Möglichkeit, ihr EltVU frei zu wählen.

Im Stromerzeugungsbereich haben die Mitgliedsstaaten gem. Art. 4 RL EUStrRl für den Bau neuer Erzeugungsanlagen die Wahlmöglichkeiten zwischen einem Genehmigungsverfahren und/oder Ausschreibungsverfahren. Bei beiden Verfahren sind objektive, transparente und nicht diskriminierenden Kriterien anzuwenden. Im Fall des Genehmigungsverfahrens gem. Art. 5 RL EUStrRl sind von den Mitgliedsstaaten Kriterien festzulegen, welche die Aspekte der Anlagensicherheit, Flächennutzung, Standortwahl, Gebrauch von öffentlichen Flächen, Energieeffizienz und Umweltschutz umfassen können. Ausgangspunkt des Ausschreibungsverfahrens gem. Art. 6 EUStrRl ist die regelmäßige Erstellung von Planungen für neue Erzeugungsanlagen anhand der Bedarfsprognosen der Übertragungsnetzbetreiber seitens der Mitgliedsstaaten, die entsprechend benötigte Kapazitäten ausschreiben. Insofern ist das Ausschreibungsverfahren im Vergleich zum Genehmigungsverfahren wettbewerbshemmender, weil Ausschreibungen nur für zusätzlich benötigte Erzeugungskapazitäten durchgeführt und somit bereits vorhanden Anlagen vor dem Wettbewerb geschützt werden.[27]

Der Netzzugang wird in den Art. 16, 17 und 18 EUStrRl geregelt. Dabei haben die Mitgliedsstaaten die Möglichkeit, den Netzzugang auf Vertragsbasis (Art. 17

---

24 Vgl. VDEW [Glossar, 1998], S. 12.
25 Vgl. VDEW [Glossar, 1998], S. 13, berechnet für 1997.
26 Artikel 21 des Richtlinienentwurfs vom 29.01.2003 (Fn. 22) sieht vor, dass spätestens ab dem 01.07.2004 alle Nicht-Haushaltskunden und ab dem 01.07.2007 alle Kunden zugelassene Kunden sind.
27 Vgl. Britz [Öffnung, 1997], S. 86.

Abs. 1,2 u. 3 EUStrRl) bzw. den geregelten Netzzugang (Art. 17 Abs. 4) und/oder das Alleinabnehmersystem (Art. 18 EUStrRl) zu wählen.

Beim Netzzugang auf Vertragsbasis schließt ein Stromerzeuger bzw. sonst. Stromanbieter einen Liefervertrag mit einem zugelassenen Kunden (Art. 17 Abs. 1 EUStrRl). Der Betreiber des Verteilernetzes und der zugelassene Kunden verhandeln dann ein Durchleitungsentgelt für die Netzdurchleitung aus. Gleiches trifft auch für die Verhandlungen des Zugangs zum Übertragungsnetz mit dem Betreiber des Übertragungsnetzes zu (Art. 17 Abs. 2 EUStrRl).[28] Die Durchleitungsentgelte sind im ersten Jahr nach Anwendung der EUStrRl zu veröffentlichen. Für die Folgejahre sollen Durchschnittswerte veröffentlicht werden (Art. 17 Abs. 3). Kommt es zu keiner Einigung in den Verhandlungen, so findet ein Schlichtungsverfahren statt, für das eine vom Staat benannte unabhängige Stelle zuständig ist (Art. 20 Abs. 3 EUStrRl).[29]
Daneben besteht die Möglichkeit der EU-Staaten, sich für den geregelten Netzzugang zu entscheiden. Dabei werden die Durchleitungsentgelte staatlich festgelegt und veröffentlicht. Netzzuzgangsverhandlungen finden in diesem Fall nicht statt (Art. 17 Abs. 4).

Eine Besonderheit ist das Alleinabnehmersystem.[30] Gem. Art. 2 Nr. 22 EUStrRl ist ein Alleinabnehmer definiert als "[...] eine juristische Person, die in dem System, in dem sie eingerichtet ist, für den einheitlichen Betrieb des Übertragunssystems und/oder die zentralisierte Abnahme und den zentralisierten Verkauf der Elektrizität verantwortlich ist."[31]

Dabei wird zwischen dem abnahmepflichtigen und dem nicht abnahmepflichtigen Alleinabnehmer unterschieden. Ersterer ist gem. Art. 18 Abs. 2 EUStrRl verpflichtet, Strommengen, die ein zugelassener bei einem Lieferanten bestellt hat, zu übernehmen und das Durchleitungsentgelt, das er für die Benutzung seines

28 Unklar ist hier, mit wem der Betreiber des Übertragungsnetzes entsprechende Verhandlungen führt.

29 Vgl. Britz [Öffnung, 1997], S. 89.

30 Dieses Modell wurde im September 1994 von Frankreich als Alternative zum verhandelten Netzzugang in den Beratungen des EU-Energie-Ministerrats eingebracht. Um die Versorgungssicherheit auf der Verteilerstufe zu sichern, soll der Alleinabnehmer in seinem Gebiet allein als Käufer von Strom und als alleiniger Netzbetreiber auftreten. Beim Vorschlag Frankreichs ist jedoch zu berücksichtigen, dass das staatliche EltVU EDF quasi alleiniger Betreiber des Verteilungsnetzes für ganz Frankreich ist (vgl. Abschnitt 3.2 dieser Arbeit). Durch den Status eines Alleinabnehmers hätten insbesondere ausländische EltVU keine Möglichkeiten, direkt mit Endverbrauchern in Kontakt zu treten. Vielmehr können sie ihre Vertragsverhandlungen nur mit der EDF führen, dessen Monopolstellung erhalten bleibt. Vgl. VKU [Alleinabnehmersystem, 1997], S. 2.

31 Art. 2 Nr. 22 EUStrRl.

Netzes erhält, zu veröffentlichen.[32] Prinzipell lässt sich das sog. Dreiecksgeschäft wie folgt darstellen: Der zugelassene Kunde verhandelt mit dem Erzeuger bzw. sonst. Anbieter einen Strombezugsvertrag aus. Der Alleinabnehmer kauft nun den vom Kunden vereinbarten Strom vom Erzeuger zu dem Preis, den der Alleinabnehmer dem Kunden anbietet und in Rechnung stellt abzüglich eines veröffentlichungspflichtigen Durchleitungsentgelts. Vom Erzeuger bekommt der zugelassene Kunde dann die Differenz zwischen dem Preis, den der Kunde an den Alleinabnehmer bezahlt und den der Kunde mit dem Erzeuger vereinbart hat. Im Endeffekt erhält der Alleinabnehmer allein das Entgelt für die Durchleitung. Den Preis, den der Endverbraucher mit dem Lieferanten vereinbart hat, erfährt er nicht.[33]

Im Falle eines nicht abnahmepflichtigen Alleinabnehmers hat der Mitgliedsstaat gem. Art. 18 Abs. 3 EUStrRl sicherzustellen, dass die Lieferträge zwischen zugelassenem Kunden und Lieferanten ausgeführt werden. Weitere Angaben, wie dies in der Praxis aussehen soll, lassen sich in der EUStrRl nicht finden.[34]

Die in Art. 17 u. 18 EUStrRl genannten Netzzugangskonzepte müssen gem. Art. 3 Abs. 1 S. 2 EUStrRl "[...] zu gleichenwertigen wirtschaftlichen Ergebnissen und daher zu einer direkt vergleichbaren Marktöffnung sowie einem direkt vergleichbaren Zugang zu den Elektrizitätsmärkten führen."[35]

Um ein Ungleichgewicht der EU-Staaten bei der Marktöffnung zu verhindern, wurde in Art. 19 Abs. 5 EUStrRl die sog. Anti-Ungleichgewichts- oder Reziprozitätsklausel eingeführt. Danach kann einem EltVU die Durchleitung zu einem zugelassenen Kunden bzw. Abnehmer eines anderen EU-Mitglieds verweigert werden, wenn dieser Kunde im Land des EltVU kein zugelassenenr Kunde bzw. Abnehmer wäre. Damit soll verhindert werden, dass die EltVU eines EU-Mitglieds mit geringer Marktöffnungsquote in einem anderen EU-Staat mit höherer Quote zugelassene Kunden abwerben können, da umgekehrt die EltVU des anderen Landes nicht die Möglichkeit haben, dort Kunden zu gewinnen.[36] Die Reziprozitätsklausel gilt zunächst bis zum 19.02.2006.[37]

Sowohl beim verhandelten bzw. geregelten Netzzugangs als auch beim Alleinabnehmermodell besteht gem. Art. 21 EUStrRl für alle EltVU die Möglichkeit, Direktleitungen zu bauen, um zugelassene Kunden direkt zu beliefern. Dabei ha-

32 Vgl. Art. 18 Abs. 2 EUStrRl i. V. m. Art. 18 Abs. 1 Satz 2 Ziffer i) EUStrRl.
33 Vgl. VDEW [Glossar, 1998], S. 2.
34 Vgl. VDEW [Glossar, 1998], S. 3.
35 Art. 3 Abs. 1 S. 2 EUStrRl.
36 Vgl. Britz [Öffnung, 1997], S. 90.
37 Vgl. Art. 26 EUStrRl.

ben die Mitgliedsstaaten objektive und nicht diskriminierende Kriterien für die Erteilung einer Baugenehmigung festzulegen.

Um Diskriminierungen, Quersubventionen und Wettbewerbsverzerrungen zu vermeiden und die Transparenz der Aktivitäten Erzeugung, Übertragung, Verteilung und den sonstigen Aktivitäten herzustellen, sind die einzelnen Bereich organisatorisch bzw. verwaltungsmäßig und buchungstechnisch entsprechend zu entflechten (Unbundling). Im organisatorischen bzw. verwaltungsmäßigen Bereich ist gem. Artikel 7 Abs. 6 EUStrRl das Übertragungssystem „[...] zumindest auf Verwaltungsebene unabhängig von den anderen Tätigkeiten, [...] die nicht mit dem Übertragungssystem zusammenhängen", getrennt zu führen.

Im Bereich des Rechnungswesens ist die Buchführung gem. Art. 14 Abs. 3 S. 1 EUStrRl nach getrennte Konten für die Bereiche Erzeugung, Übertragung, Verteilung und sonstige Aktivitäten außerhalb des Strombereichs derart zu führen, als wenn die einzelnen Bereiche als separate Unternehmen betrachtet würden. Dabei ist gem. Art. 14 Abs. 3 S. 2 EUStrRl im Jahresabschlusses innerhalb des Anhangs für jede Aktivität eine Bilanz und Ergebnisrechnung aufzunehmen.

2.3 Die Umsetzung der EUStrRl in Deutschland

Am 28.11.1997 hat der Bundestag das Gesetz zur Neuregelung des Energiewirtschaftsrechts (GNEnWR)[38] verabschiedet, das am 29.04.1998 in Kraft getreten ist. Von diesem Gesetz waren im wesentlichen das EnWG und das GWB a.F. betroffen.

Änderungen des EnWG

Da im EnWG keine Mindestquoten für die Öffnung des Strommarktes festgeschrieben worden sind, kann jeder Endverbraucher, unabhängig von seinem Jahresstromverbrauch, seinen Stromlieferanten – zumindest theoretisch – frei wählen. Jeder Endverbraucher in Deutschland ist mithin ein zugelassener Kunde.

---

38 Vgl. Fn. 5. Einer Änderung des EnWG, mit der die Vorgaben der EU-Binnenmarktrichtlinie Gas (vgl. Fn. 2) in nationales Recht umgesetzt werden sollen, hatte der Bundestag zwar am 14.02.2003 zugestimmt. Vgl. Entwurf eines Ersten Gesetzes zur Neuregelung des Energiewirtschaftsrechts vom 17.12.2002 (BT-Drs. 15/197). Der Bundesrat hielt den Gesetzesentwurf jedoch für unzureichend und zustimmungspflichtig und rief deshalb auf seiner Sitzung am 14.03.2003 den Vermittlungsausschuss an. Vgl. Pressemitteilung des Bundesrates Nr. 25/2003 vom 14.03.2003 (abgerufen am 15.03.2003 unter http://www.bundesrat.de/pr/pr25_03.html).

Für die Genehmigung der Aufnahme der EltV wurde gem. Art. 1 § 3 Abs. 1 S. 1 GNEnWR das Genehmigungsverfahren gewählt. Danach sind nur solche Unternehmen genehmigungspflichtig, die vorher noch keine Energieversorgung betrieben haben und nicht den Ausnahmeregelungen des Art. § 3 Abs. 1 S. 2 Nr. 1-3 GNEnWR unterliegen. Nach dem Wortlaut des EnWG benötigen Unternehmen, die bereits EltV betreiben, keine energiewirtschaftliche Genehmigung für den Bau zusätzlicher Erzeugungsanlagen. Damit geht das EnWG in diesem Punkt nicht konform mit dem Art. 4 EUStrRL, nach dem sich der Genehmigungstatbestand generell auf den Bau von Energieerzeugungsanlagen bezieht.[39]

Die Organisation des Netzzugangs erfolgt gem. Art. 1 § 5 GNEnWR mit dem Modell des verhandelten Netzzugangs. Dies gilt vorbehaltlich des Art. 1 § 7 GNEnWR, der als Netzzugangsalternative auch das Alleinabnehmersystem mit abnahmepflichtigem Alleinabnehmer zulässt. Der verhandelte Netzzugang stellt mithin den Regelfall dar, während das Alleinabnehmersystem als Ausnahmefall zusehen ist.

Im Falle des verhandelten Netzzugangs haben Netzbetreiber "[...] anderen Unternehmen das Versorgungsnetz für Durchleitungen zu Bedingungen zur Verfügung zu stellen, die nicht ungünstiger sind, als sie von ihnen in vergleichbaren Fällen für Leistungen innerhalb ihres Unternehmens oder gegenüber verbundenen oder assoziierten Unternehmen tatsächlich oder kalkulatorisch in Rechnung gestellt werden."[40] Ab dem Jahr 2000 sollen die Netzbetreiber jährlich Richtwerte zur Spanne der Durchleitungsentgelte veröffentlichen.[41] Ab dem zweiten Jahr erfolgt die Veröffentlichung von Durchschnittswerten auf Basis der vergangenen zwölf Monate.[42]

Als Alternative können EltVU, die Netze für die Versorgung von Endverbrauchern betreiben, bei den zuständigen Landesbehörden (i. d. R. das Wirtschafts- bzw. Energieministerium) den Status eines Alleinabnehmers beantragen.[43] Voraussetzung dafür ist u.a., "[...] dass dieser Netzzugang zu gleichwertigen wirtschaftlichen Ergebnissen und daher zu einer direkt vergleichbaren Marktöffnung [...]"[44] wie beim verhandelten Netzzugang führt. Die Möglichkeit, als Alleinabnehmer zugelassen zu werden, ist gem. Art. 1 § 7 S. 3 GNEnWR bis zum 31.12.2005 beschränkt. Von dem Alleinabnehmermodell wollen im wesentlichen die kommunalen EltVU Gebrauch machen, weil sie sich davon eine gewis-

39 Vgl. Lukes [Neuregelung, 1998], S. 1218.
40 Art. 1 § 6 Abs. 1 S. 1 GNEnWR.
41 Vgl. Art. 1 § 6 Abs. 4 S. 1 GNEnWR.
42 Vgl. Art. 1 § 6 Abs. 4 S. 2 GNEnWR.
43 Vgl. VKU [Alleinabnehmer, 1998], S. 4.
44 Art. 1 § 7 S. 2 GNEnWR.

se Erhaltung ihrer Gebietsmonopole, zumindest bis zum Ende des Jahres 2005, versprechen. Dies trifft jedoch nicht zu, da in Deutschland alle Endverbraucher zugelassene Kunden sind und sie somit auch nicht gezwungen werden, von ihrem kommunalen EltVU Strom zu dessen Konditionen abzunehmen. Im Endeffekt erhält das kommunale EltVU nur ein Entgelt für die Stromdurchleitung, das gem. Art. 1 § 7 Abs. 3 S. 2 GNEnWR von den entsprechenden Behörden zu genehmigen und zu veröffentlichen ist. Der einzige Vorteil des Alleinabnehmermodells in Deutschland liegt darin, dass die Geschäfte zwischen dem zugelassenen Kunden und dem Endverbraucher über das kommunale EltVU laufen und so der direkte Kundenkontakt erhalten bleibt.[45]

In Art. 4 § 2 GNEnWR findet sich die Anti-Ungleichgewichtsklausel wieder, die bis zum 31.12.2006 gültig ist. Für aus dem Ausland importierten Strom besteht eine Schutzklausel zur Ablehnung des Netzzugangs, wenn der belieferte Endverbraucher im Land des Lieferanten nicht durch Dritte ebenfalls beliefert werden könnte.

Die Umsetzung der Unbundling-Vorschriften für die Rechnunglegung erfolgte in Art. 1 § 9 GNEnWR. Danach haben EltVU innerhalb der Buchführung getrennte Konten für die Erzeugung, Übertragung, Verteilung und sonstige Aktivitäten zu führen. Im Jahresabschluss sind innerhalb des Anhangs für jede Aktivität eine Bilanz und Gewinn- und Verlustrechnung aufzunehmen. Ist keine oder nur mit erheblichem Aufwand verbundene direkte Zuordnung zu den einzelnen Aktivitäten möglich, sind entsprechende Schlüsselungen vorzunehmen.

Das organisatorische Unbundling wird in Art. 1 § 4 Abs. 4 GNEnWR umgesetzt, nach dem das Übertragungsnetz getrennt von der Erzeugung, Verteilung und den sonstigen Aktivitäten als eigene Betriebsabteilung zu führen ist.

Änderungen des GWB

Gleichzeitig mit der Novellierung des EnWG waren auch Änderungen des GWB verbunden. Das GWB seinerseits wurde im August 1998, d.h. nach Inkrafttreten des GNEnWR, novelliert.

Bis zum Liberalisierungsbeginn waren Versorgungsunternehmen durch die §§ 103 und 103a GWB von den wettbewerblichen Bestimmungen weitestgehend freigestellt. So fanden § 1 GWB a.F. (Unwirksamkeit wettbewerbsbeschränkender Vereinbarungen), § 15 GWB a.F. (Nichtigkeit von Verträgen über Preisgestal-

45 Vgl. Säcker/Busche [Umsetzung, 1998], S. 20; Hilz/Abs [Vergleich, 1998], S. 242-243; Britz [Umsetzung, 1997], S. 335; VKU [Durchleitung, 1997], S. 1.

tung) und § 18 GWB a.F. (Aufhebung von Ausschließlichkeitsbindungen) keine Anwendung auf folgende, in § 103 Abs. 1 GWB a.F. erfassten Verträge:

- Demarkationsverträge (§ 103 Abs. 1 Nr. 1 GWB)
- Konzessionsverträge (§ 103 Abs. 1 Nr. 2 GWB)
- Verträge über vertikale Preisbindung (§ 103 Abs. 1 Nr. 3 GWB)
- Verbundverträge (§ 103 Abs. 1 Nr. 4 GWB)

Mit Novellierung des EnWG erfolgte gem. Art. 2 GNEnWR die Einfügung des § 103b GWB a.F., der besagt, dass die §§ 103 und 103a GWB a.F. nicht mehr auf die Versorgung mit Elektrizität und Gas anzuwenden sind.[46] Somit unterliegen die o.g. Verträge – und hier insbesondere Demarkationsverträge und die Vergabe ausschließlicher Wegerechte in Konzessionsverträgen – den wettbewerblichen Bestimmungen der § 1, 15 und 18 GWB a.F..[47] In der Folge kann ein EltVU auch Endverbraucher, die bisher von ihrem kommunalen EltVU versorgt worden sind, über sog. Stichleitungen direkt beliefern. In diesem Fall könnte ein kommunales EltVU auch mit Status eines Alleinabnehmers die Belieferung des Endverbrauchers durch ein fremdes EltVU nicht verhindern.[48] Trotz Wegfall der Ausschließlichkeit bleiben gem. Art. 4 § 1 GNEnWR laufende Konzessionsverträge, einschließlich der vereinbarten Konzessionsabgaben, unberührt.[49]

Aufgrund der Harmonisierung des europäischen Rechts wurde im Rahmen der sechsten Novelle des GWB vom 26.08.1998 (BGBl. I S. 2521) das Kartellrecht geändert. Dabei erfolgte in der neuen Fassung die Streichung der §§ 103, 103a und 103b GWB a.F., so dass das neue Kartellrecht ohne Ausnahmeregelungen auf Energieversorgungsunternehmen anzuwenden ist.

Gleichzeitig wurde im Zuge der GWB-Novellierung explizit das Verbot einer miss-bräuchlichen Ausnutzung einer marktbeherrschenden Stellung durch ein oder mehrere Unternehmen (§ 19 Abs. 1 GWB) beim Netzzugang mit aufgenommen. So liegt nach § 19 Abs. 4 GWB ein Missbrauch insbesondere vor, wenn ein marktbeherrschendes Unternehmen einem anderen Unternehmen gegen angemessenes Entgelt Zugang zu den eigenen Netzen verweigert und das andere Unternehmen ohne die Mitbenutzung keine Möglichkeit hat, auf dem vor- oder nachgelagetren Markt als Mitbewerber des marktbeherrschenden Unternehmens aufzutreten. Allerdings gilt dies nicht, wenn das marktbehrrschende Unternehmen nachweist, dass aus betriebsbedingten oder anderen Gründen eine Mitbenutzung nicht möglich oder zumutbar ist.

---

46 Vgl. Art. 2 GNEnWR.

47 Vgl. Bechtold, [Kartellgesetz, 1998], S. 2771.

48 Vgl. Säcker/Busche [Umsetzung, 1998], S. 20-21.

49 Zu weiteren Einzelheiten vgl. Schwintowski [Wettbewerb, 1997], S. 775-781.

3 Die Unternehmensstrukturen der Elektrizitätswirtschaft in Europa

Die Elektrizitätswirtschaft in Deutschland lässt sich grundsätzlich in die vier Bereiche allgemeine Stromversorgung, Industrielle Kraftwirtschaft, Stromerzeugung der Deutschen Bahn AG und Einspeisung von Privatpersonen unterteilen.[50]

Unter der allgemeinen oder öffentlichen Stromversorgung ist „[...] die Beschaffung (Erzeugung und Bezug) und Bereitstellung (Übertragung, Verteilung und Lieferung) von elektrischer Energie für andere durch EVU über feste Leitungswege"[51] zu verstehen.

Wie aus Tabelle 1 hervorgeht, macht die allgemeine Stromversorgung knapp 90 % der gesamten Netto-Stromerzeugung (ohne Fremdbezug) aus. Entsprechend gering ist die Bedeutung der übrigen drei Erzeugerbereiche. Während die Gesamterzeugung zwischen 1998 und 2000 um 3,5 % anstieg, ergab sich bei den privaten Einspeisern ein relativ großer Zuwachs von 76 %. Verantwortlich hierfür ist eine zunehmende Zahl kleiner privater Erzeuger, die Strom aus regenerativen Energieformen erzeugen und – im wesentlichen subventioniert – in die Netze der Stromversorger einspeisen.[52]

Stromerzeuger	1998		1999		2000	
	Mrd.kWh	%	Mrd.kWh	%	Mrd.kWh	%
Allgemeine Versorgung	457,0	87,8	457,6	88,3	472,2	87,7
Industrielle Eigenanlagen	49,7	9,6	46,0	8,9	47,5	8,8
Deutsche Bahn	6,8	1,3	6,8	1,3	6,8	1,3
Private Einspeiser	6,8	1,3	8,1	1,6	12,0	2,2
Gesamt	520,3	100,0	518,5	100,0	538,5	100,0

Tabelle 1: Netto-Stromerzeugung in Deutschland von 1998 bis 2000 (Datenquelle: VDEW [Stromversorger, 2003]; VDEW [Stromversorger, 2002]; VDEW [Strommarkt, 2000], S. 18-19; VDEW [Strommarkt, 1999], S. 18-19)

50 Vgl. VDEW [Strommarkt, 1999], S.18.

51 VDEW [Begriffe, 2001], S. 2 (EVU steht hier für Elektrizitätsversorgungsunternehmen).

52 Vgl. VDEW [Strommarkt, 1999], S. 22.

3.1 Die Unternehmensstrukturen in Deutschland bis zu Beginn der Liberalisierung

In Deutschland waren im Jahr 1997, d.h. kurz vor dem offiziellen Beginn der Liberalisierung mit Inkrafttreten des GNEnWR, rund 1000 EltVU an der Erzeugung, der Übertragung und der Verteilung von Elektrizität beteiligt. Hinsichtlich der Tätigkeitsspektren der EltVU kann eine Differenzierung nach Verbundunternehmen, Regionalversorgern und kommunalen EltVU vorgenommen werden. In den folgenden Abschnitten soll daher explizit auf die einzelnen Unternehmensstrukturen eingegangen werden.[53]

3.1.1 Verbundunternehmen

Gemeinsames Merkmal der acht deutschen Verbundunternehmen, die in der Deutschen Verbundgesellschaft e. V. (DVG) organisiert sind, ist, dass sie im sog. Verbundnetz (Höchstspannungsnetz mit 220 und 380 kV) miteinander arbeiten, d.h. Strom untereinander austauschen können. Weitere Hauptaufgaben dieser Unternehmen liegen in der Stromerzeugung, Reservehaltung, Störungsaushilfe, Unterstützung sowie der Stromlieferung an Regionalversorger, kommunale EltVU und Endverbraucher über Hoch- (110 kV), Mittel- (10 bis 20 kV) und Niederspannungsnetze (230/400 V).[54]

Das deutsche Verbundnetz ist in das westeuropäische Verbundnetz der UCTE [55] integriert und ermöglicht es den Verbundunternehmen, sowohl mit den Nachbarländern der UCTE als auch mit den skandinavischen Ländern (über das Netz NORDEL), mit Großbritannien (Britisches Verbundnetz) und den östlichen Nachbarstaaten (über das Netz CENTREL) Stromaustausch vorzunehmen.[56]

Die Tabelle 2 zeigt die nutzbare Stromabgabe der Verbundunternehmen in Deutschland von 1993 bis 1997. Dabei ist zu berücksichtigen, dass sich die Angaben jeweils nur auf die AG beziehen. Die nutzbare Stromabgabe von Tochtergesellschaften bzw. Beteiligungen (Anteile an Verbundunternehmen, Regionalversorgern und Stadtwerken) ist hier nicht erfasst.

---

53 Vgl. VDEW [Strommarkt, 1998], S. 16.

54 Vgl. IZE [Netz, 1995], S. 2-3.

55 UCTE = Union pour la Coordination du Transport de l'Electricite (Union für die Koordinierung des Transports elektrischer Energie). Bis 30.06.1999 firmiert unter UCPTE (Union pour la Coordination de la Production et du Transport de l'Electricite). Vgl. DVG [Jahresbericht 2000], S. 21.

56 Vgl. z.B. DVG [Bericht, 1997], S. 5-12 und IZE [Struktur, 1995], S. 8.

Verbund-unternehmen	Nutzbare Stromabgabe in Mrd. kWh				
	1997	1996	1995	1994	1993
RWE Energie AG[1]	129,7	124,3	125,6	123,6	121,5
PreussenElektra AG	61,3	61,9	57,4	58,3	57,4
Veag	47,2	49,8	48,3	49,9	50,0
Bayernwerk AG[2]	38,3	39,1	37,9	36,4	36,2
VEW Energie AG	33,4	33,8	33,8	33,3	33,8
Badenwerk AG	21,0	21,1	19,5	19,4	18,4
EVS AG	20,7	20,9	20,9	19,8	19,9
HEW AG	14,2	14,1	12,9	12,2	12,4
Bewag[1]	13,1	13,3	13,0	13,2	13,1
Gesamt	378,9	378,3	369,3	366,1	362,7

([1] GJ 1.7.-30.6; [2] ab 1995 GJ 1.1-31.12. vorher 1.10-30.9)

Tabelle 2: Nutzbare Stromabgabe deutscher Verbundunternehmen von 1993 bis 1997
(Datenquelle: entsprechende Geschäftsberichte der Verbundunternehmen)

Anzumerken ist, dass die Energie-Versorgung Schwaben AG (EVS) und Badenwerk AG im Jahr 1997 zur Energieversorgung Baden-Württemberg AG (EnBW) fusioniert sind. Um die Vergleichbarkeit der Stromabgabe von 1993 bis 1997 auf einheitlicher Basis darzustellen, sind die Einzelwerte der Fusionspartner EVS und Badenwerk AG explizit in Tabelle 2 aufgeführt.[57]

Vergleicht man die gesamt nutzbare Stromabgabe der Verbundunternehmen[58] 1993 bis 1997, so ergibt sich pro Jahr ein durchschnittliches Wachstum von lediglich 1,1 % pro Jahr.[59] Dieser relativ geringe Anstieg lässt sich unter anderem durch die Aufteilung der Versorgungsgebiete zwischen den Verbundunternehmen, die zu diesem Zweck Demarkationsverträge abgeschlossen haben, erklären. Aufgrund solcher freiwillig geschlossenen Verträge verpflichten sie sich, außer dem „eigenen" Versorgungsgebiet keine anderen Areale zu versorgen. Die Folge ist

57 Zur Fusion vgl. auch Abschnitt 3.4 dieser Arbeit.

58 Das sind Lieferungen an Regionalversorger, Stadtwerke, Endverbraucher sowie die Abgabe der Verbundunternehmen untereinander. Prinzipiell müssten die letzt genannten herausgerechnet werden, um eine Doppelberücksichtigung zu vermeiden. Dies war jedoch aufgrund fehlender Daten nicht möglich.

59 $(378{,}9/362{,}6)^{1/4} = 1{,}011 \Rightarrow 1{,}1$ % pro Jahr.

zum einen, dass im angestammten Gebiet der Stromabsatz gesichert ist, zum anderen aber Expansionsmöglichkeiten außerhalb der Demarkationsgrenzen bisher nicht möglich waren. Mit Inkrafttreten des GNEnWR am 29.04.1998 sind Demarkationsverträge unwirksam; somit fallen die Demarkationsgrenzen fort.[60]

Die Abbildung 2 zeigt den Verlauf der Gebietsgrenzen der Verbundunternehmen bis zum Inkrafttreten des GNEnWR, die z.T. mit derzeitigen oder früheren Landesgrenzen übereinstimmen. In der Abbildung 3 sind die Eigentums- und Beteiligungsverhältnisse der Verbundunternehmen graphisch dargestellt, wie bis Ende des Jahres 1997 – also kurz bevor Beginn der Liberalisierung in Deutschland – Bestand hatten. Die Angaben beziehen sich jeweils auf die Anteile am Grundkapital, das bei einigen Unternehmen neben den Stammaktien mit einfachem Stimmrecht auch in Vorzugsaktien und Stammaktien mit mehrfachem Stimmrecht eingeteilt war.[61]

Auffällig ist, dass die ostdeutsche VEAG bis zu Beginn der Liberalisierung vollständig in Besitz der anderen Verbundunternehmen war und sich somit die Anzahl der Verbundunternehmen quasi auf sieben reduzierte. Die VEAG selbst wurde nach der deutschen Wiedervereinigung am 12.12.1990 gegründet und war zunächst in Besitz der Treuhand. Im Rahmen der Privatisierung erfolgte am 1.1.1994 die Übertragung der Anteile auf die übrigen sieben Verbundunternehmen.[62]

Aber auch unter den „verbleibenden“ sieben EltVU bestanden wesentliche Beteiligungen untereinander. So war die PreußenElektra noch an HEW und der Bewag beteiligt, Bayernwerk an der Bewag sowie direkt und indirekt an der VEW Energie und RWE Energie indirekt an der VEW Energie.

---

60 Vgl. Kapitel 2.3 dieser Arbeit.

61 Neben Inhaberaktien traten auch Namensaktien auf. Zu näheren Einzelheiten vgl. die entsprechenden Geschäftsberichte.

62 Vgl. Geschäftsberichte der VEAG. Die Badenwerk AG hatte ihre Anteile mit Wirkung vom 1.1.1995 an HEW,EVS, BEWAG und VEW Energie veräußert.

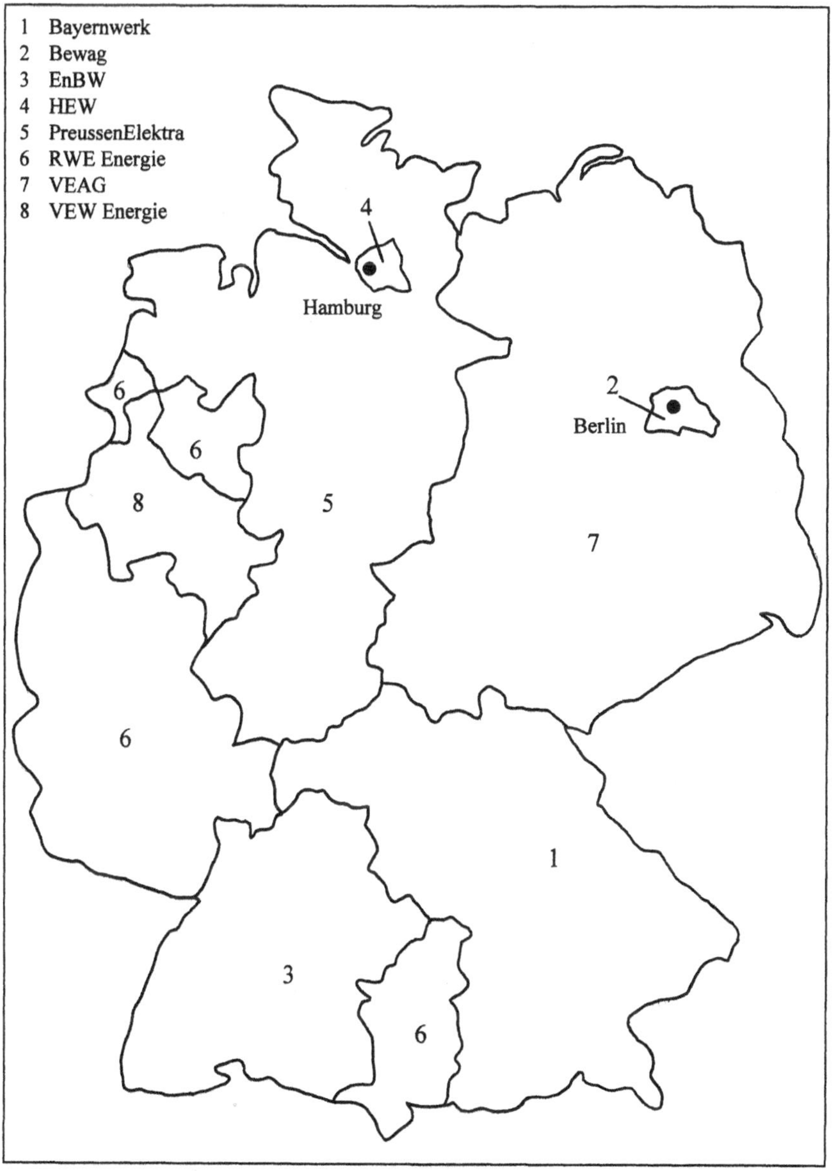

Abbildung 2: Stromversorgungsgebiete der acht Verbundgesellschaften bis zum Inkrafttreten des GNEnWR am 29.04.1998
(eigene Darstellung; in Anlehnung an DVG [Jahresbericht, 1998], S. 54)

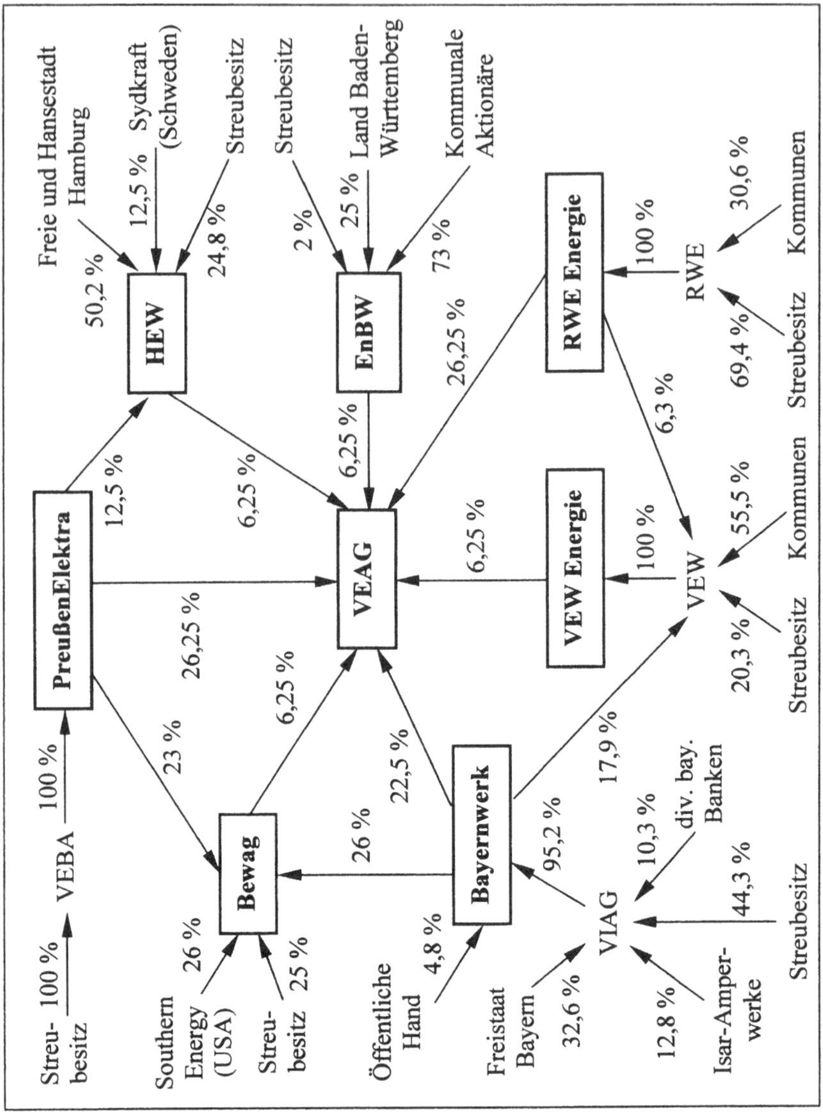

Abbildung 3: **Eigentumsverhältnisse und Beteiligungen deutscher Verbundunternehmen**
(Anteile am Grundkapital, Stand Ende 1997)
(eigene Darstellung; Datenquelle: Hoppenstedt's Handbuch der deutschen Aktiengesellschaften, Jg. 1996/97 und Geschäftsberichte)

3.1.2 Regionalversorger

Von den rund 70 Regionalversorgungsunternehmen waren im Jahr 1997 52 in der Arbeitsgemeinschaft regionaler Energieversorgungsunternehmen e.V. (ARE) organisiert. Ihr Tätigkeitsgebiet umfasste bis zum Liberalisierungsbeginn vornehmlich die Übertragung und Verteilung des eigenerzeugten bzw. fremdbezogenen Stroms an kommunale Versorger und Endverbraucher, um eine flächendeckende Elektrizitätsversorgung sowohl ländlicher als auch städtischer Gebiete sicherzustellen. 1998 betrug der Anteil an der gesamten Stromabgabe bei der direkten Versorgung (Endverbraucher) 70,4 % und bei den Verteilerwerken (kommunale Versorger) 29,6 %.[63]

Mit 79 % wurde der Großteil des gesamten Stromaufkommens der ARE-Mitglieder 1998 fremdbezogen, wobei die Verbundunternehmen mit 77,5 % den größten Anteil lieferten und 1,5 % auf den Stromaustausch der Regionalversorger untereinander entfielen. Die verbleibenden 21 % des Stromaufkommens betrafen eigenerzeugten Strom der Regionalversorger.[64]

Insgesamt betrachtet waren bis zur Liberalisierung die Öffentliche Hand mit 59,3 %[65] und private Unternehmen (im wesentlichen EltVU) mit 40,7 % am Grundkapital der Regionalversorger beteiligt.[66] Aus der Tabelle 3 lässt sich erkennen, dass unter den Privatunternehmen vor allem die Verbundunternehmen wesentliche Anteile an den Regionalversorgern halten. Ferner befanden (bzw. befinden) sich noch größere Aktienpakete von regionalen EltVU in den neuen Bundesländern im Besitz der Bundesanstalt für vereinigungsbedingte Sonderaufgaben (BvS), die an diejenigen Kommunen des entsprechenden Versorgungsgebietes abgegeben werden sollen, die keine eigenen Stadtwerke zu gründen beabsichtigen.[67]

---

63 Vgl. ARE [Energieversorgung, 2000], S. 53.

64 Vgl. ARE [Energieversorgung, 2000], S. 56-57.

65 Kommunale Gebietskörperschaften 50,1 % und sonstige öffentliche Hand 9,2 %.

66 Vgl. ARE [Energieversorgung, 2000], S. 40.

67 Vgl. IZE [Struktur, 1995], S. 3.

Nr.	Regionalversorger (Mitglieder der ARE)	Gehaltene Anteile in [%] am Grundkapital
1	SCHLESWAG AG	*PreußenElektra 65,3 %*
		Öffentliche Hand 34,7 %
2	Hanseatische Energieversorgung AG	*PreußenElektra 56,4 %*
		Öffentliche Hand 43,6 %
		davon BvS 29,2 %
3	Westmecklenburgische Energieversorgung AG	*HEW 51 %*
		Öffentliche Hand 49 %
		davon BvS 34,5 %
4	Energieversorgung Müritz-Oderhaff AG	*PreußenElektra 54,7 %*
		Öffentliche Hand 45,3 %
5	EWE AG	*PreußenElektra 26 %*
		Öffenliche Hand 74 %
6	Überlandwerk Nord-Hannover AG	*PreußenElektra 33,3 %*
		Öffentliche Hand 66,7 %
7	Elektrizitätswerk Wesertal GmbH	Öffentliche Hand 100 %
8	HASTRA AG	*PreußenElektra 57,5 %*
		Öffentliche Hand 42,5 %
9	Stromversorgung Osthannover GmbH	*PreußenElektra 14,4 %*
		Öffentliche Hand 85,6 %
10	Landelektrizität GmbH	*PreußenElektra 20,3 %*
		Bayernwerk 19,1 %
		Öffentliche Hand 11 %
11	Überland-Zentrale Helmstedt AG	*PreußenElektra 100 %*
12	Licht- und Kraftwerke Harz	*Bayernwerk 85,8 %*
13	EVM AG	*PreußenElektra 62,7 %*
		Öffentliche Hand 37,3 %
14	Mitteldeutsche Energieversorgung AG	*VEW Energie 58,0 %*
		Isar-Amperwerke 11 %
		Öffentliche Hand 31 %
		davon BvS 22 %
15	Märkische Energieversorgung AG	*PreußenElektra 75,2 %*
		Öffentliche Hand 24,8 %
16	Oder-Spree-Energieversorgung AG	*PreußenElektra 65,4 %*
		BvS 34,6 %

Tabelle 3: Regionalversorger und deren Anteilseigner
(direkt und indirekt gehalten, Stand Ende 1997)
(Datenquelle: Hoppenstedt's Handbuch der deutschen Aktiengesellschaften, Jg. 1996/97 und Geschäftsberichte)

Nr.	Regionalversorger (Mitglieder der ARE)	Gehaltene Anteile in [%] am Grundkapital
17	Energieversorgung Spree-Schwarze Elster AG	*RWE Energie 51 %*
		BvS 49 %
18	Niederrheinische Licht- und Kraftwerke AG	*RWE Energie 50 %*
		Öffentliche Hand 50 %
19	ELEKTROMARK AG	*RWE Energie 10 %*
		VEW Energie 10 %
		Öffentliche Hand 80 %
20	Lister- und Lennekraftwerke GmbH	Öffentliche Hand 100 %
21	Elektrizitätswerk Minden-Ravensberg GmbH	Öffentliche Hand 100 %
22	PESAG AG	*PreußenElektra 54,7 %*
		Stadt Paderborn 28,7 %
		sonst. Öffentl. Hand 16,6 %
23	Vereinigte Saar-Elektrizitäts-AG	*RWE Energie 41 %*
		EdF (Frankreich) 2,7 %
		Öffentliche Hand 56,3 %
24	OIE AG	*RWE Energie 100 %*
25	Pfalzwerke AG	*RWE Energie 27 %*
		Öffentliche Hand 73 %
26	Elektrizitätswerk Rheinhessen AG	*RWE Energie 50 %*
		Stadt Worms 50 %
27	Kraftversorgung Rhein-Wied AG	*RWE Energie 70 %*
		Öffentliche Hand 30 %
28	Koblenzer Elektrizitätswerk und -Verkehrs AG	*RWE Energie 57 %*
		Öffentliche Hand 43 %
29	Main-Kraftwerke AG	*RWE Energie 72,2 %*
		Öffentliche Hand 27,8 %
30	Überlandwerk Groß-Gerau GmbH	*RWE Energie 50 %*
		Stadt Mainz 50 %
31	HEAG Versorgungs-AG	Stadt Darmstadt 100 %
32	Energieversorgung Offenbach AG	Stadtwerke Offenbach 75 %
		sonst. Öffent. Hand 25 %
33	Oberhessische Versorgungsbetriebe AG	Öffentliche Hand 100 %
34	Überlandwerk Fulda AG	Öffentliche Hand 100 %
35	Energie-AG Mitteldeutschland EAM	*PreußenElektra 46 %*
		Öffentliche Hand 54 %
36	TEAG Thüringer Energie AG	*Bayernwerk 69,8 %*
		PreußenElektra 6,3 %
		Öffentliche Hand 23,9 %

noch Tabelle 3

Nr.	Regionalversorger (Mitglieder der ARE)	Gehaltene Anteile in [%] am Grundkapital
37	Energieversorgung Südsachsen AG	*RWE Energie 30,6 %*
		Bayernwerk 20,4 %
		BvS 49 %
38	Westsächsische Energie AG	*RWE Energie 54 %*
		Öffentliche Hand 46 % davon BvS 20,7 %
39	Energieversorgung Sachsen Ost AG	*EnBW 50,2 %*
		HEW 29,1 %
		Öffentliche Hand 20,7 % davon BvS 5,4 %
40	Kraftübertragungswerke Rheinfelden AG	*Bayernwerk 16,9 %*
		EnBW 17,4 %
41	Kraftwerk Laufenburg AG	*Bayernwerk 18,8 %*
		EnBW 18,8 %
42	Elektrizitätswerk Mittelbaden AG	Öffentliche Hand 100 %
43	Neckarwerke Stuttgart AG	*EnBW 31,8 %*
		Öffentliche Hand 62,5 %
44	ZEAG Elektrizitätswerk Heilbronn AG	Stadt Heilbronn 50,7 %
		Heidelberger Zement 27,4 %
45	Kraftwerk Altwürttemberg AG	*RWE Energie 78,0 %*
		Öffentliche Hand 15 %
46	Überlandwerk Jagstkreis AG	*EnBW 100 %*
47	Fränkisches Überlandwerk AG	*PreußenElektra 67,0 %*
		Öffentliche Hand 26,7 %
48	Überlandwerk Unterfranken AG	*Bayernwerk 55,4 %*
		PreußenElektra 41,0 %
49	EVO Energieversorgung Oberfranken AG	*Bayernwerk 84,2 %*
		Öffentliche Hand 15,8 %
50	Lech-Elektrizitätswerke AG	*RWE Energie 77,8 %*
		Bayernwerk 11,1 %
		Öffentliche Hand 7,9 %
51	Isar-Amperwerke AG	*Bayernwerk 81,8 %*
		Lech-Elektrizitätswerke 10,8 %
52	OBAG Energieversorgung Ostbayern AG	*Bayernwerk 96,4 %*

noch Tabelle 3

3.1.3 Kommunale Elektrizitätsversorgungsunternehmen

Wesentliches Betätigungsfeld der kommunalen EltVU, von denen im Jahr 1997 551 Mitglieder im Verband kommunaler Unternehmen e. V. (VKU) organisiert waren (1997: 929 Mitglieder insgesamt) [68], ist die Stromversorgung der Endverbraucher in „ihrem" Gemeindegebiet. Die Zentralnorm für die kommunale Betätigung auf diesem Gebiet wird in Art. 28 Abs. 2 S. 1 Grundgesetz gesehen, nachdem die Kommunen eine verfassungsrechtliche Garantie der kommunalen Selbstverwaltung für alle Angelegenheiten der örtlichen Gemeinschaft besitzen.[69]

Im Jahr 1998 betrug der Anteil der unmittelbaren Lieferungen an Endverbraucher 95,2 % der gesamten Stromabgabe, während 5,7 % mittelbare Lieferungen an andere EltVU (Verbundunternehmen, Regionalversorger und kommunale EltVU) betrafen. Der Anteil der Eigenerzeugung am gesamten Stromaufkommen lag 1998 bei 31,4 %, der Anteil von fremdbezogenen Strom bei 68,6 %.[70]

Seit der Wiedervereinigung sind in den neuen Bundesländern bis zum Jahr 1997 insgesamt 122 Stadtwerke mit dem Geschäftsfeld EltV durch Übertragung des Vermögens der örtlichen Stromversorgung von den Regionalversorgern entstanden.[71]

Bis zum Beginn der Liberalisierung befand sich die Mehrheit der Stadtwerke in Besitz der Kommunen, wobei jedoch zunehmend privatwirtschaftlich organisierte EltVU Beteiligungen erwerben. Tabelle 4 zeigt einige Stadtwerke, an denen Verbundunternehmen beteiligt sind.

Zieht man die Beobachtung aus Abschnitt 3.1.2 über die Eigentumsverhältnisse der Regionalversorger heran, so ist zu erkennen, dass sich auf dem deutschen Elektrizitätsmarkt quasi nur die „wahren sieben" Verbundunternehmen und die Öffentliche Hand – im wesentlichen Kommunen, Städte, Landkreise und Länder – gegenüberstehen.

---

68 Vgl. VKU [Geschäftsbericht, 1997], S. 7.

69 Zur kritischen Auseinandersetzung, inwieweit die EltV Bestandteil der kommunalen Selbstverwaltung ist, vgl. Dyk van [Elektrizitätsversorgung, 1994], S. 33-93.

70 Vgl. VKU [Geschäftsbericht, 1999], S. 17.

71 Vgl. VKU [Geschäftsbericht, 1997], S. 25 und VKU [Geschäftsbericht, 1995], S. 13-16.

Verbundunternehmen	Stadtwerke	Anteil in [%]
RWE Energie	Düren	25,0
	Düsseldorf	20,0
	Emmerich	25,0
	Geldern	49,0
	Bad Kreuznach	25,0
	Ratingen	25,0
	Tonisvorst	49,0
	Troisdorf	25,0
PreußenElektra	Bremen	24,9
	Hannover	12,0
	Magdeburg	29,0
Bayernwerk	Telgte	64,1
	Bad Mergentheim	29,9
	Bad Sachsa	21,5
	Altenau	20,5
	Arnstadt	20,9
	Gotha	21,5
	Ilmenau	41,9
	Mühlhausen	21,5
	Weimar	21,5
	Sondershausen	21,5
VEW Energie	Ahaus	36,0
	Bernburg	22,5
	Dühnen	50,0
	Steinfurt	48,0
	Werl	25,1
	Borna	24,5
	Brandenburg	10,5
	Magdeburg	17,0
EnBW	Calw	49,0
	Karlsruhe	20,0
	Meißen	20,9
HEW	Lübz	20,0
	Wittenberge	45,4
	Elbtal	30,0
	Meißen	33,0

Tabelle 4: Verbundunternehmen und ausgewählte Beteiligungen an Stadtwerken
(direkt und indirekt gehalten, Stand Ende 1997)
(Datenquelle: entsprechende Geschäftsberichte der Verbundunternehmen)

3.2 Die Unternehmensstrukturen in Europa

3.2.1 Unternehmensstrukturen ausgewählter Mitgliedsstaaten der EU

Von der EUStrRl sind unmittelbar alle EU-Mitgliedsstaaten erfasst. Im Bestreben, einen EU-Binnenmarkt für Strom zu verwirklichen, bedarf es der Richtlinien-Umsetzung auf nationaler Ebene. Je nachdem, inwieweit Reformen der Stromwirtschaft in den Mitgliedsstaaten bereits eingeleitet wurden bzw. fortgeschritten sind, kommt es im weiteren Verlauf der Liberalisierung mehr oder minder zu Veränderungen in den Unternehmensstrukturen der jeweiligen Länder. Im folgenden soll auf die Entwicklung der Unternehmensstruktur anhand ausgewählter EU-Mitgliedsstaaten eingegangen werden.

Großbritannien

Bis zur Reform der britischen Elektrizitätswirtschaft 1989 befanden sich alle EltVU in Besitz der öffentlicher Hand. In England und Wales existierten neben dem zentralen Stromerzeuger und -übertrager Central Electricity Generating Board (CEGB) noch zwölf für die regionale Übertragung und Verteilung zuständige Regional Electricity Companies (REC). In Schottland dominierten die zwei voll vertikal integrierten EltVU Scottish Power und Hydro Electric und in Nordirland die ebenfalls vollständig vertikal integrierte Northern Ireland Electricity (NIE).

Ziel der Reform war es, die Bereiche Erzeugung, Übertragung und Verteilung zu trennen. Dabei wurde CEGB in die Stromerzeuger PowerGen und National Power, die für nukleare Erzeugung zuständige Nuclear Electric[72] und die Stromnetzgesellschaft National Grid (NGC) aufgespalten, die alle in der Zwischenzeit privatisiert und an der Börse notiert sind, ebenso wie die zwölf Regionalversorger und die nordirische NIE. Nach Abspaltung der nuklearen Erzeugung, die zunächst in Staatsbesitz verblieb, fand in Schottland die Privatisierung und Börsennotierung der beiden Gesellschaften statt.[73]

Die Stromerzeuger in England und Wales sind verpflichtet im sog. Pool, der von der NGC verwaltet wird, ihren produzierten Strom zu verkaufen.[74] Zu dem von

---

72 Im Jahr 1996 teilte die britische Regierung die nukleare Erzeugung in England, Wales und Schottland in die beiden EltVU British Energy und Magnox Electric auf, wobei ersteres privatisiert und an der Börse plaziert wurde und letzteres in Staatsbesitz verbleibt. Vgl. Dale [Kriterien, 1996], S. 713.

73 Vgl. Dale [Kriterien, 1996], S. 712-713 und Wälde [Regelung, 1996], S. 83.

74 Zu Einzelheiten des Poolpreise-Bildung vgl. Boulding [Preisentwicklung, 1995], S. 295-296.

der NGC ermittelten Poolpreis können Weiterverteiler oder Stromhändler Strommengen erwerben. Durch den Erwerb von Lizenzen ist es interessierten Unternehmen möglich, als Stromerzeuger und -händler tätig zu werden.[75]

Italien

Durch das vom italienischen Parlament verabschiedete Gesetz Nr. 1643 vom 6.12.1962 wurden fast alle privaten EltVU auf die ENEL als Anstalt des öffentlichen Rechts übertragen. Bis auf Selbsterzeuger, die mindestens 70 % des eigenproduzierten Stroms für eigene Anlagen nutzen, EltVU, die pro Jahr nicht mehr als 15 GWh erzeugen und kommunale Betriebe fand eine vollständige Verstaatlichung der italienischen EltVU statt. Dadurch erreichte ENEL in der italienischen Stromwirtschaft eine Vormachtstellung, wie auch die Zahlenangaben zur Stromverteilung und -erzeugung in Tabelle 5 verdeutlichen.[76]

EltVU	Stromverteilung Anteil in [%]	Stromerzeugung Anteil in [%]
ENEL	83,5	80,0
Selbsterzeuger	10,0	10,0
komunale EltVU	6,5	4,5
Sonstige	-	5,5

Tabelle 5: Anteile der Stromversorgung und -erzeugung am italienischen Strommarkt
(Datenquelle: Ferrari [Versorgungswirtschaft, 1996], S. 47-48)

ENEL wird zentralistisch von Rom aus geführt und ist geographisch in acht Bezirke (compartimento) aufgeteilt. Jeder Bezirk ist in Distrikte und diese sind wiederum in Zonen eingeteilt. Seit 1992 gibt es Bestrebungen ENEL, zu privatisieren. Trotz der im gleichen Jahr durchgeführten Umwandlung in eine AG erfolgte aufgrund eines fehlenden politischen Konsens die Börsenplazierung einer ersten Tranche von 34,5 % erst Anfang November 1999. Dies brachte einen Plazierungserlös von 17,9 Mrd. € ein und entsprach einer Börsenbewertung der ENEL von 51,6 Mrd. €.[77] Im April 1998 hatte die damalige Regierung unter Ministerpräsident Romano Prodi allerdings noch bekräftigt, ENEL vorerst nicht zu privatisieren.[78]

75 Vgl. Lottermann [Preisentwicklung, 1995], S. 93.
76 Vgl. Ferrari [Versorgungswirtschaft, 1996], S. 47-48.
77 Vgl. Ferrari [Versorgungswirtschaft, 1996], S. 48-51; o.V. [Enel-Plazierung, 1999], S. 23.
78 Vgl. o.V. [Italien, 1998], S. 17.

Spanien

In Spanien ist die öffentliche Hand quasi nur durch den Zentralstaat über seine Holding Sociedad Estatal de Participaciones Industriales (SEPI) an EltVU beteiligt; Kommunen (sog. Autonome Gemeinschaften) haben nur in sehr geringem Maße Anteilsbesitz. In der Regel sind die EltVU vertikal integriert, d.h. sie übernehmen die Stromerzeugung, die Stromübertragung und die Verteilung des Stroms.[79]

Der größte (noch-)staatliche Stromerzeuger ist ENDESA (Empresa Nacional de Electricidad), der bedeutende Anteile an EltVU, welche auch die Übertragung und Verteilung durchführen, besitzt, wie z.B. die Empresa Nacional Hidroélectrica Ribagorzana (ENHER) und Fuerzas Eléctricas de Cataluña (FESCA).[80] ENDESA hält einen Marktanteil von 40 - 45 % an der spanischen Stromerzeugung. Im Jahr 1997 sind rd. 25 % des Stammkapitals (bisher hielt Sepi 66,9 %, der Rest befand sich in Streubesitz)[81] und 1998 der Restbesitz von 41,19 %[82] im Rahmen der vollständigen Privatisierung an der Börse plaziert worden.

Die ENDESA, ENHER und die Staatsholding (SEPI)[83] halten 51 % an der REDESA (Red Eléctrica Español), die, 1985 gegründet, einziger Besitzer und Betreiber des Hochspannungs-Verbundnetzes und somit Monopolist in diesem Übertragungs-Sektor ist.[84] Zusammen mit dem privaten EltVU Iberdrola hat ENDESA einen Marktanteil in der Übertragung und Verteilung von ca. 80 %. Diesen beiden stehen nur noch die relativ kleinen Stromversorger Fenosa und Hidrocantábrico gegenüber.[85]

Portugal

1976 entstand durch den Zusammenschluss von 13 Stromversorgern der Staatskonzern Electricidade de Portugal SA (EDP), der zwischen 99 und 100 % der

---

79 Bis 1995 waren alle Staatsunternehmen in der Holding Institutio Nacional de Industria (INI) organisiert. Danach übernahm Sepi die lukrativen staatlichen Unternehmen. Die maroden Staatsbetriebe wurden in der Holding Agencia Industrial del Estado (AIE), die bereits 1998 wieder aufgelöst wird, zusammengefasst. Seitdem sind alle Unternehmen unter dem Dach der SEPI zusammengefasst. Vgl. López-Jurado [Regulierung, 1994], S. 176 und o.V. [Staatsholding, 1997], S. 23.

80 Vgl. López-Jurado [Regulierung, 1994], S. 176.

81 Vgl. o.V. [Stromkonzern, 1997], S. 18; o.V. [Privatisierung, 1997], S. 32.

82 Vgl. o.V. [Endesa, 1998], S. 29.

83 SEPI ist wiederum mit 41,2 % an ENDESA und mehrheitlich an ENHER beteiligt.

84 49 % befinden sich in Privatbesitz, vgl. López-Jurado [Regulierung, 1994], S. 179.

85 Vgl. o.V. [Endesa, 1997], S. 21.

Stromverteilung und 86 bis 90 % der Stromerzeugung Portugals beherrscht. Im Rahmen der Privatisierung sind 1997 knapp 30 % des Stammkapitals über die Börse an private Anleger veräußert worden.[86] Eine zweite Tranche von 18 % wurde im Juni 1998 an der Börse platziert, so dass der Staat unter Berücksichtigung einer 1998 erfolgten Überkreuzbeteiligung von jeweils 2,25 % mit dem spanischen EltVU Iberdrola noch eine Mehrheitsbeteiligung von 50 % plus 100 Aktien hält.[87]

Frankreich

Durch das Verstaatlichungsgesetz vom 08.04.1946 wurde fast die gesamte Elektrizitätserzeugung, -übertragung und -verteilung einschließlich Stromim- und export verstaatlicht und auf den staatlichen Konzern Electricité de France (EdF) übertragen.[88] Ausnahmen bilden bei der Stromproduktion Eigenerzeuger und kleine Privatkraftwerke, bei der Verteilung selbständige kommunale Unternehmen.[89] 1997 erzeugte EdF 457,7 Mrd. kWh Strom und deckte damit 82 % des heimischen Strombedarfsab.[90] Im Jahr 2000 lag die Erzeugung mit 460 Mrd. KWh[91] nur geringfügig höher.[92]

Österreich

Auf der ersten Stufe des drei Ebenen umfassenden Systems steht das börsennotierte Verbundunternehmen Österreichische Elektrizitätswirtschafts-AG, die zu 51 % vom Staat kontrolliert wird. Sie ist zuständig für das Höchstspannungsnetz, die Projektabwicklung der großen Heiz- und Wasserkraftwerke und tätigt mehr als 50 % des grenzüberschreitenden Stromhandels. Sie deckt 38 % des Endverbrauchs in Österreich ab.[93]

Auf der zweiten Stufe stehen die neun Landeselektrizitätsversorger, die gebietsmonopolartig in ihrem jeweiligen Bundesland das Hochspannungsnetz betreiben, sowie selbst Strom erzeugen bzw. bei Bedarf von der Verbundgesellschaft zukaufen. Bis auf die börsennotierten Versorger Vorarlberger Kraftwerke AG,

86 Vgl. o.V. [EDP, 1997], S. 26.
87 Vgl. o.V. [Staat, 1998], S. 24; o.V. [EDP, 1998], S. 29.
88 Vgl. Fiquet [System, 1996], S. 18.
89 Vgl. Zinow [Rechtsprobleme, 1991], S. 64.
90 Vgl. o.V. [EdF, 1998], S. 25.
91 Das entspricht in etwa dem Niveau der jährlichen Netto-Stromerzeugung der allgemeinen Versorgung in Deutschland (vgl. Tabelle 1).
92 Vgl. o.V. [EdF, 2001], S. 32.
93 Vgl. Bender [Energiewirtschaft, 1997], S. 14.

Elektrizitätsversorgung Niederösterreich (EVN), die zu 49 % teilprivatisiert ist und u.a. 5 % an der Verbundgesellschaft besitzt, und die Bewag[94], die zu 49 % in Besitz der börsennotierten Burgenland-Holding ist, befinden sich die anderen Unternehmen vollständig in Besitz der öffentlichen Hand.[95] Insgesamt haben die Ländergesellschaften einen Endverbraucheranteil von 49 %.[96]

Die dritte Stufe bilden fünf größere Stadtwerke, die jeweils fünf Landeshauptstädte versorgen, und kleinere, in Privatbesitz oder kommunaler Hand befindliche Elektrizitätswerke. Zusammen decken sie 13 % des Endverbrauchs in Österreich ab.[97]

Schweden

Im Zuge der energiewirtschaftlichen Reform in Schweden wurde 1992 das Staatsunternehmen Vattenfallswerk in den Stromerzeuger Vattenfall AB, der noch privatisiert werden soll, und den Betreiber des Höchstspannungnetzes Svenska Kraftnät[98] aufgespalten. Bisher hatte Vattenfallswerk einen Anteil an der schwedischen Stromerzeugung von 50 % und war zugleich Betreiber des Übertragungsnetzes. Zweitgrößter Erzeuger ist die Sydkraft AB mit einem Anteil von 25 %. Insgesamt bringen es die acht größten Stromproduzenten auf einen Wert von 90 %; die restlichen 10 % entfallen auf 77 kleinere Erzeuger. Unter den ca. 270 Verteilerunternehmen befinden sich 112 Stadtwerke, die teilweise im Rahmen der Reform von Vattenfall AB und Sydkraft AB aufgekauft wurden oder untereinander fusionierten.[99]

Niederlande

Die Stromerzeugung wird zum Großteil von vier EltVU durchgeführt, die in deren Gemeinschaftsunternehmen Sammenwerkende Elekticiteits-Produktiebedrijven (SEP) zusammenarbeiten. SEP übernimmt u.a. den Betrieb des Hochspannungsnetzes und kauft die gesamte Stromproduktion der vier EltVU, um sie an die

94 Nicht zu verwechseln mit der Berliner Kraft- und Licht (Bewag)-AG.
95 Vgl. o.V. [Energieversorger, 1997], S. 23.
96 Vgl. Bender [Energiewirtschaft, 1997], S. 14.
97 Vgl. Bender [Energiewirtschaft, 1997], S. 14.
98 Seit 1996 ist Svenska Kraftnät zu 50 % an Nord Pool-Gesellschaft, welche die norwegisch-schwedische Strombörse organisiert, beteiligt. Vgl. Abschnitt 3.3 unter Norwegen.
99 Vgl. Menges/ Barzantny [Liberalisierung, 1997], S. 51-52.

knapp 40 Verteilungsunternehmen weiterzuveräußern. Letztere sind ebenso wie die vier EltVU im wesentlichen in Besitz der Provinzen und Kommunen.[100]

Dänemark

In Dänemark sind die zwei Verbundunternehmen ELKRAFT und ELSAM, 10 Regionalversorgungsunternehmen, die insgesamt 19 Großkraftwerke betreiben, und etwa 100 Verteilungsunternehmen an der Stromversorgung beteiligt. ELKRAFT und ELSAM, beide in Besitz der 10 Regionalversorger, erzeugen Strom und übernehmen die Stromübertragung über das Hoch- und Höchstspannungsnetz. Da sich die Regionalversorger wiederum in Besitz der kommunalen und genossenschaftlichen Verteilerunternehmen befinden, haben letztgenannte EltVU erheblichen Einfluss auf die Aktivitäten übergeordneter Versorgungsstufen.[101]

3.2.2 Unternehmensstrukturen ausgewählter Nicht-EU-Mitgliedsstaaten

Bei den europäischen Staaten, die nicht bzw. noch nicht Mitglieder der EU sind, handelt es sich zum einen mit Norwegen und der Schweiz um Länder, in denen Energiereformen bereits durchgeführt bzw. erste Schritte eingeleitet wurden. Zum anderen fallen hierunter ost- und südosteuropäische Staaten, von denen eine Vielzahl im Rahmen der EU-Osterweiterung eine Mitgliedschaft in der EU anstrebt. Die Nicht-EU-Mitgliedsstaaten sind zwar nicht bzw. noch nicht unmittelbar von der EUStrRL betroffen. Gleichwohl dürfte die Nähe zu einem EU-Binnenmarkt bzw. die angestrebte EU-Mitgliedschaft mit Auswirkungen auf die Unternehmensstrukturen in diesen Ländern verbunden sein.

Norwegen

Die 127 Stromerzeuger in Norwegen befinden sich zu 18 % in Privatbesitz und zu 82 % in Besitz der öffentlichen Hand.[102] Die Übertragung und Verteilung übernehmen 124 überwiegend in öffentlicher Hand befindliche Verteilerunternehmen.[103] Das System ist gekennzeichnet durch eine hohe vertikale Integration

---

100 Vgl. Klemm [Elektrizitätsgesetz, 1999], S. 700; Prieckaerts [Elektrizität, 1994], S. 656-659; Zinow [Rechtsprobleme, 1991], S. 67-68.

101 Vgl. Krawinkel/Mez [Energiepolitik, 1996], S. 340; Zinow [Rechtsprobleme, 1991], S. 71.

102 27 % befinden sich in Staatsbesitz und 55 % in kommunaler Hand. Vgl. Menges/ Barzantny [Liberalisierung, 1997], S. 39.

103 Vgl. Dunkel [Bürgersteige, 1997], S. 28.

der EltVU, da 60 % des produzierten Stroms von vertikal integrierten Unternehmen übertragen bzw. verteilt wird. Größter Stromproduzent ist die staatliche Statkraft, die 27 % der norwegischen Erzeugungskapazität besitzt. Nach der Energiereform 1991 wurde 1992 das vorher zu 80 % in Besitz der Statkraft befindliche Höchst- und Hochspannungsnetz auf das neu gegründete Staatsunternehmen Statnett übertragen. Diesem kommt die Aufgabe zu, das komplette Höchst- und Hochspannungsnetz[104] jedem interessierten Unternehmen zu gleichen Bedingungen zur Verfügung zu stellen.[105]

Ab 1991 besteht freier Zugang für Unternehmen (bei Zahlung entsprechender Gebühren) zu der bereits seit 1971 existierenden norwegischen Strombörse, die von der Statnett Marked, einer 100 % Tochtergesellschaft der Statnett, organisiert wurde. Durch die 1996 vorgenommene Einführung der norwegisch-schwedischen Strombörse erfolgte die Ablösung von Statnett durch die Nord Pool ASA, einer AG, an der Statnett und der schwedische Netzbetreiber Svenska Kraftnät zu je 50 % beteiligt sind. Anfang 1997 betrieben 96 norwegische, 21 schwedische, zwei dänische, vier finnische und ein russisches Unternehmen an dieser Börse Stromhandel. Unter ihnen befanden sich u.a. 43 Stromerzeuger, 43 Stromverteiler, 14 industrielle Großabnehmer und 19 eingetragene Broker und Händler. Obwohl nur ein relativ geringer Teil von derzeit 30 % des produzierten Stroms an der Börse gehandelt wird, hat der im Börsenhandel ermittelte Strompreis Auswirkungen auf die zum Großteil noch bilateral zwischen Erzeuger, Übertrager, Verteiler und Endverbraucher vereinbarten Preise.[106]

Schweiz

Ähnlich wie in Deutschland betreiben sieben Verbundunternehmen das Höchstspannungsnetz der Schweiz. Daneben produzieren sie etwa 2/3 des in der Schweiz erzeugten Stroms in eigenen Erzeugungsanlagen und besitzen teilweise Netzverbindungen bis zum Letztverbraucher (Hoch-, Mittel- und Niederspannungsnetze).[107] Die Aare-Tessin AG für Elektrizität (Atel) und die Elektrizitätsgesellschaft Laufenburg AG (EGL) sind zudem die größten Schweizer Strom-Händler und besitzen aufgrund ihrer geographischen Lage eine wichtige Rolle im Netzverbund zwischen Nord- und Südeuropa. 1997 erwarben die RWE Energie und EDF

---

104 Die restlichen 20 % werden von den Regionalversorgern angemietet. Vgl. Menges/ Barzantny [Liberalisierung, 1997], S. 42.

105 Vgl. Menges/Barzantny [Liberalisierung, 1997], S. 41-42.

106 Zu weiteren Einzelheiten vgl. Menges/Barzantny [Liberalisierung, 1997], S. 42-45 und von Altenbockum [Norwegen, 1997], S. 14.

107 Vgl. VSE [Schweiz, 1995], S. 23; Ott [Schweiz, 1999], S. 8; Fuchs [Schweiz, 1998], S. 720.

jeweils 20 % an der Muttergesellschaft von Atel, der Motor Columbus AG. EGL ist ebenso wie das schweizerische Verbundunternehmen Central-schweizerische Kraftwerke AG und die beiden deutschen Regionalverteiler Kraftwerk Laufenburg und Kraftübertragungswerke Rheinfelden AG in Mehrheitsbesitz der aus der Aufspaltung der schweizerischen Elektrowatt AG hervorgegangenen Watt AG.[108] An der Watt AG sind wiederum die deutschen Verbundunternehmen EnBW und Bayernwerk mit jeweils 24,5 % beteiligt.[109]

Weiterhin gibt es mehrheitlich in Öffentlicher Hand befindliche Kantonswerke, Regionalwerke und Stadtwerke mit und ohne eigenen Erzeugungsanlagen, die für die Übertragung und/oder Verteilung in ihrem jeweiligen Gebiet zuständig sind. Ferner treten Gemeindewerke, die als Wiederverkäufer fungieren, und reine Erzeugerwerke auf. Insgesamt sind ca. 1200 Unternehmen für die Elektrizitätsversorgung in der Schweiz zuständig, davon etwa 1000 in der Endverteilung.[110]

Polen

Bis zum Reformbeginn im Jahr 1990 wurde die polnische Elektrizitätswirtschaft vom Ministerium für Bergbau und Elektrizitätswitschaft, das im Februar 1990 aufgelöst wurde, gelenkt.[111] Nach britischem Vorbild folgte dann die Auflösung der vertikal integrierten Struktur des Stromsektors durch Trennung der Bereiche Erzeugung, Übertragung und Verteilung. So gibt es in der Erzeugung 32 EltVU, in der Übertragung die Netzgesellschaft Polskie Sieci Elektroenergetyczne S.A. (PSE SA), in dessen Besitz sich das Hochspannungsnetz befindet, und 33 Verteilerunternehmen, die die regionale Distribution durchführen und die Verteilernetze betreiben.[112]

Zur Zeit sind diese Unternehmen noch direkt oder indirekt in Staatsbsitz. Die Privatisierung befindet sich jedoch in der Vorbereitungsphase. Geplant ist zudem ein Großhandelsmarkt für Strom, auf dem die Erzeuger, Verteiler und die PSE SA als Zwischenhändler agieren sollen.[113]

---

108 Vgl. o.V. [Strom, 1998], S. 27; o.V. [Verkauf, 1996], S. 24.

109 Vgl. o.V. [Sparpotential, 1998], S. 16.

110 Vgl. VSE [Schweiz, 1995], S. 23-24; Ott [Schweiz, 1999], S. 8; Fuchs [Schweiz, 1998], S. 720-721.

111 Vgl. Kuba [Umstrukturierung, 1998], S. 112.

112 Vgl. Kuba [Umstrukturierung, 1998], S. 113.

113 Vgl. Kuba [Umstrukturierung, 1998], S. 114.

Bulgarien

In Bulgarien wurde der Stromsektor bis zum Jahr 2000 noch durch die Nationale Elektrizitätsgesellschaft (NEK) zentralistisch kontrolliert betrieben. Die NEK war bis dahin in Besitz der Übertragung- und Verteilungnetze und erzeugte rd. 90 % des in Bulgarien erzeugten Stroms. Die übrigen 10 % in der Stromerzeugung entfielen auf Distriktunternehmen und industrielle Stromerzeuger.[114]

Im Zuge der Liberalisierung des bulgarischen Stromsektors wird die NEK zukünftig nur noch als Betreiber des Übertragungsnetzes und einzelner Wasserkraftwerke fungieren. Seit 2000 werden Kraftwerke der NEK zunächst in Aktiengesellschaften mit Staatsbeteiligung umgewandelt, um sie dann zu einem späteren Zeitpunkt an private Investoren abzugeben. Die Verteilungsparte der NEK wurde abgespalten und in sieben neu gegründete und unabhängig agierender Verteilerunternehmen, die sich derzeit noch vollständig in Staatsbesitz befinden, eingebracht.[115]

Rußland

In der russischen Stromwirtschaft wird die Stromerzeugung und -übertragung vom staatlich kontrollierten Energieverbund RAO ESS dominiert. So ist RAO ESS in Besitz der großen Wärme- und Wasserkraftwerke sowie Inhaber und Betreiber des Übertragungsnetzes. Nur die Kernkraftwerke werden, bis auf das selbständige KKW Leningrad, innerhalb des Staatskonzerns Rosenergoatom Moskau gebündelt. Die Stromverteilung führen 74 regionale Versorgungsunternehmen durch, die bis auf zwei Gesellschaften Töchterunternehmen der RAO ESS sind. Neben der eigenen Stromerzeugung kaufen die regionalen Versorgungsunternehmen Strom auf einem sog. Stromgroßhandelsmarkt, der von der RAO ESS verwaltet wird.[116]

Im Zuge der russischen Privatisierungwelle Ende der 90er Jahre wurde RAO ESS in eine Aktiengesellschaft umgewandelt und Anteile an Investoren abgegeben. Im Jahr 2001 hielt der Staat noch 52,5 %, während 34,3 % auf ausländische Aktionäre, 5 % auf russische Unternehmen und 8,2 % auf private Anleger entfielen.[117]

---

114 Vgl. Petrov [Stromsektor, 2000], S. 20.
115 Vgl. o.V. [Bulgarien, 2000], S. 65.
116 Vgl. Riesner/Kraemer/Bauer [Entwicklung, 1998], S. 635.
117 Vgl. Siegl [Russen, 2001], S. 15

3.3 Ausgewählte Unternehmenstransaktionen auf dem europäischen Elektrizitätsmarkt seit 1997

Um die Bedeutung der Bewertung von EltVU zu verdeutlichen, sind zunächst in Tabelle 6 ausgewählte Transaktionen auf dem europäischen Strommarkt des Jahres 1997 aufgeführt.

Mit Abstand die größte Transaktion war die Fusion der Badenwerk AG mit der Energie-Versorgung Schwaben AG (EVS). Dabei handelte es sich um eine Verschmelzung durch Neugründung gem. § 2 Nr. 2 UmwG, bei der die Vermögen der beiden Unternehmen auf die neu gegründete Energie Baden-Württemberg AG (EnBW) übertragen wurden. Im Wirtschaftsprüfer-Gutachten ergab sich für die Badenwerk AG ein Wert von 2,6 Mrd. € und für die EVS von 4,4 Mrd. €.[118] Anfang 2000 veräußerte das Land Baden-Württemberg seinen 25,01 %-Anteil an der EnBW zu einem Preis von 2,4 Mrd. € an die französische EdF.[119]

Transaktions-objekte	*Art der Transaktion*	*Transaktionsvolumen in Mrd. €*
Badenwerk EVS	Verschmelzung durch Neugründung	7,0 (2,6 + 4,4)
Neckarwerke TWS	Spaltung durch Ausgliederung	3,0 (1,5 + 1,5)
Bewag	Restprivatisierung	1,5 (für 50,8 %)
HEW	Teilprivatisierung	0,7 (für 25 %)
Endesa, Spanien	Teilprivatisierung	5,1 (für 25 %)
EDP, Portugal	Teilprivatisierung	2,0 (für 30 %)

Tabelle 6: Unternehmenstransaktionen in der europäischen Stromwirtschaft 1997
(Datenquelle: Erläuterungen im Text)

Im Zuge einer Spaltung durch Ausgliederung gem. § 123 Abs. 3 Nr. 1 UmwG sind die Neckarwerke Elektrizitätsversorgungs-AG (NW) und die Technischen Werke der Stadt Stuttgart AG (TWS) umgewandelt worden. Nachdem ein Teil des Vermögens der TWS auf die NW übertragen wurde, firmiert letztere unter dem

---

118 Vgl. o.V. [Energieriese, 1997], S. 38-39; o.V. [Hochspannung, 1997], S. 19; o.V. [Südwesten, 1997], S. 16.

119 Vgl. o.V. [EdF, 2000], S. 20.

Namen Neckarwerke Stuttgart AG (NWS). Die Wirtschaftsprüfer kamen in einem Gutachten auf einen Wert von jeweils 1,5 Mrd. € für NW und TWS.[120]

Im Jahr 1997 veräußerte der Berliner Senat die Restbeteiligung von 50,8 % an der Bewag an ein Konsortium aus der damaligen PreußenElektra (13 %; jetzt EON), Bayernwerk (16 %; jetzt EON) sowie dem US-amerikanischen EltVU Southern Energy (21,8 %) zu einem Preis von 1,5 Mrd. €. Damit hat zum ersten mal ein ausländisches Unternehmen eine wesentliche Beteiligung an einem deutschen EltVU erworben.[121]

Ebenfalls in 1997 verkaufte die Freie und Hansestadt Hamburg von ihrem 75,2 %-igen Anteil an der HEW jeweils 12,5 % an die damalige PreußenElektra und das schwedische EltVU Sydkraft AB für insgesamt 0,7 Mrd. €.[122] Quasi im Gegenzug hat sich HEW mit 15,7 % am Kapital der Sydkraft AB zum Preis von 0,6 Mrd. € beteiligt.[123] Im November 1999 erwarb das ebenfalls in Schweden ansässige EltVU Vattenfall AB einen HEW-Anteil von 25,1 % von der Stadt Hamburg zu einem Kaufpreis von 0,9 Mrd. €.[124]

Der Regionalversorger Hessische Elektrizitäts AG (HEAG) erwirbt 1997 33,3 % an der Kraftwerke Mainz-Wiesbanden AG (KMV) und wird damit dritter Gesellschafter neben der Stadtwerke Mainz AG und der Stadtwerke Wiesbaden AG.[125]

Im Jahr 1998 fusionierten rückwirkend zum 01.01.1998 die beiden Regionalversorger EWE AG und Überlandwerk Nord-Hannover AG (ÜNH) zum größten deutschen Regionalversorger. Neben der Öffentlichen Hand mit 72,6 % ist die damalige PreußenElektra mit 27,4 % an der neuen EWE AG beteiligt.[126]

Im Juli 1998 hatte der Aufsichtsrat der zur Stadt Mannheim gehörenden Mannheimer Versorgungs- und Verkehrsgesellschaft mbH (MVV) beschlossen, ihre 100 %-ige Tochtergesellschaft Stadtwerke Mannheim im Frühjahr 1999 als erstes deutsches Kommunalunternehmen teilweise zu privatisieren. Dazu wurde

---

120 Vgl. o.V. [Hafen, 1997], S. 36.

121 Vgl. Pressemitteilungen der Senatsverwaltung für Finanzen des Landes Berlin vom 13.05.1997 und 22.09.1997 zum Verkauf der Beteiligung an der Bewag.

122 Vgl. o.V. [HEW-Anteile, 1997], S. 17; o.V. [Hamburg, 1997], S. 21; o.V. [HEW, 1997], S. 26.

123 Vgl. Geschäftsbericht 1997 der HEW auf S. 10.

124 Vgl. o.V. [HEW, 1999], S. 28.

125 Vgl. o.V. [Zusammenschluss, 1997], S. 19; Medien-Information Nr. 70769 des Magistrats der Stadt Darmstadt vom 05.09.1997.

126 Vgl. o.V. [Norden, 1998], S. 17; o.V. [Fusion, 1998], S. 26; o.V. [Norden, 1997], S. 29; Pressemitteilungen der EWE AG vom 12.12.1997 und 16.01.1998 zur geplanten Fusion von EWE und ÜNH.

das Unternehmen in MVV Energie AG umbenannt und nach einer Kapitalerhöhung 25,1 % des Stammkapitals Anfang März 1999 an der Börse plaziert. [127] Bei einem Emissionskurs von 16 € je Aktie betrug das Plazierungsvolumen 203 Mio. €.[128]

Mit Zustimmung der Stadt Leipzig im Juli 1998 hat der Regionalversorger Mitteldeutsche Energieversorgung AG (MEAG) rückwirkend zum 01.01.1998 40 % der Stadtwerke Leipzig GmbH zu einem Kaufpreis von 215 Mio. € erworben.[129]

Im Mai 1999 sind rückwirkend zum 1. Januar 1999 die Regionalversorger Energieversorgung Müritz-Oderhaff AG, Hanseatische Energieversorgung AG, Oder-Spree Energieversorgung AG und Märkische Energieversorgung AG zur Edis Energie Nord AG verschmolzen worden. An dem neu entstandenen Versorgungsunternehmen sind die damalige PreußenElektra AG mit 69 %, Kommunen und kommunale Zweckverbände mit 29,7 % und die schwedische Sydkraft Eldistibution AB mit 1,3 % beteiligt.[130]

Im Juli 1999 erwarb die damalige PreussenElektra AG einen Anteil von 87 % am viertgrößten niederländischen Energieversorger EZH für einen Kaufpreis von 0,9 Mrd. €.[131] Die Europäische Kommission hatte diesem Vorhaben ohne Auflagen im September 1999 zugestimmt.[132]

Im September 1999 akquirierte die Fortum Energie GmbH, eine Tochtergesellschaft des finnischen Energieversorgers Fortum Corp., vollständig den Regionalversorger Elektritätswerk Wesertal GmbH für einen Kaufpreis von 389 Mio. €. Damit ging der erste deutsche Regionalversorger komplett in ausländische Hände über.[133]

Mit dem Erwerb von 25,01 % der Anteile am Verbundunternehmens EnBW vom Land Baden-Württemberg zu einem Kaufpreis von 2,4 Mrd. € gelingt der französischen EDF im Januar 2000 ein wesentlicher Schritt auf den deutschen Strommarkt.[134] Zuvor hatte im Dezember 1999 die EnBW den Zuschlag für die in

---

127 Vgl. o.V. [Mannheim, 1998], S. 17; Becker [MVV, 1998] S. 17; o.V. [Börse, 1998], S. 24.

128 Zunächst wurden 12,68 Mio. Stückaktien ausgegeben, vorbehaltlich einer Mehrzuteilungsoption von zusätzlich 1,1 Mio. Stückaktien. Vgl. o.V. [MVV-Plazierungspreis, 1999], S. 26; o.V. [MVV, 1999], S. 24

129 Vgl. o.V. [Leipzig, 1998], S. 22.

130 Vgl. o.V. [Regionalversorger, 1999], S. 24; o.V. [Fusion, 1999], S. 14.

131 Vgl. o.V. [PreussenElektra, 1999], S. 16.

132 Vgl. o.V. [EU, 1999], S. 21.

133 Vgl. o.V. [Fortum, 1999], S. 17.

134 Vgl. o.V. [EDF, 2000], S. 20.

Besitz der Stadt Stuttgart befindlichen Anteile von 17,5 % am Regionalversorger Neckarwerke Stuttgart AG (Kaufpreis 0,6 Mrd. €) und 9 % an der EnBW (Kaufpreis 0,86 Mrd. €) erhalten.[135]

Die größten Umwälzungen im Jahr 2000 ergaben sich durch die Fusion der VEBA mit der VIAG zur EON[136] und der RWE mit VEW zur RWE (neu)[137]. Im Zuge dieser Verschmelzungen haben beide fusionierten Unternehmen vor allem aus kartellrechtlichen Gründen Beteiligungen veräußert. Bei EON handelt es sich dabei auf Verbundebene um Anteile an der Bewag, HEW und VEW, bei RWE (neu) um die Beteiligung an der VEAG.

Im Jahr 2002 erfolgte dann der Zusammenschluss der Verbundunternehmen HEW, Bewag und VEAG zur Vattenfall Europe AG. An diesem neuentstandenen nordostdeutschen Verbundunternehmen ist die schwedische Vattenfall AB Mehrheitseigner.[138]

Somit hat sich die Anzahl der EltVU auf Verbundebene in Deutschland von vormals acht auf vier Unternehmen reduziert[139]:

- ***RWE (neu)*** aus Fusion RWE und VEW
- ***EON*** aus Fusion VEBA mit VIAG
- ***EnBW*** aus Fusion Badenwerk und EVS
- ***Vattenfall Europe*** aus Fusion HEW, Bewag und VEAG

Außerhalb Deutschlands gab es in Europa u.a. auf der iberischen Halbinsel wesentliche Umwälzungen. So hat die spanische Regierung 1997 zunächst durch den Verkauf von 25 % am Kapital der ENDESA 5,1 Mrd. € erlöst.[140] Der Restbesitz von 41,2 % kam 1998 mit einem Börsenwert von ca. 10 Mrd. € an die Börse.[141]

In Portugal ist die EDP zu 30 % im Rahmen eines Börsengangs im Jahr 1997 privatisiert worden. Der Staat erlöste dabei 2 Mrd. €. Weitere 18 % wurden 1998 plaziert, so dass 48 % an der Börse notiert sind.[142]

---

135 Vgl. o.V. [Zuschlag, 1999], S. 16.7
136 Vgl. o.V. [Veba-Aktionäre, 2000], S. 16.
137 Vgl. o.V. [Aktionäre, 2000], S. 24.
138 Vgl. o.V. [Stromkonzern, 2002], S. 19.
139 Vgl. auch Abschnitt 3.1.1.
140 Vgl. o.V. [Rekorde, 1997], S. 22.
141 Vgl. o.V. [Endesa, 1998], S. 29.
142 Vgl. o.V. [EDP, 1997], S. 26 und o.V. [EDP, 1998], S. 29.

Im Mai 1998 hat das US-amerikanische EltVU Texas Utilities die britische Energy Group plc. nach einem knapp ein Jahr dauernden Bietergefecht mit der ebenfalls US-amerikanischen Pacific Corp. für 6,9 Mrd. € übernommen.[143]

Im November 1998 erwarb der französische Strommonopolist EDF den britischen Regionalversorger London Electricity für umgerechnet 2 Mrd. € vom US-amerikanischen EltVU Energy Corp. aus New Orleans.[144]

Diese Aufstellung macht die Konsolidierung der EltVU auf dem europäischen Strommarkt deutlich. Allerdings dürfte die Konsolidierungsphase noch nicht abgeschlossen sein. So besteht weiteres Transaktionspotential, das sich zusammenfassend aus folgenden Faktoren ableiten lässt:

- Privatisierungspotential in den Mitgliedsstaaten der EU und den Nicht-EU-Ländern, insbesondere in Osteuropa
- Konsolidierung durch Fusionen bzw. Übernahmen europäischer EltVU
- Akquisitionsinteresse außereuropäischer – insbesondere US-amerikanischer – EltVU an europäischen EltVU

Vor diesem Hintergrund weiterer potentieller Transaktionen auf dem europäischen Strommarkt besteht die Notwendigkeit, sich intensiv mit den Fragestellungen der Bewertung von EltVU im Zusammenhang mit der europäischen Strommarktliberalisierung auseinanderzusetzen.

143 Vgl. o.V. [Texas, 1998], S. 22.
144 Vgl. o.V. [London, 1998], S. 22.

4 Spezifische Bewertungsfragestellungen bei Elektrizitätsversorgungsunternehmen auf einem liberalisiertem Strommarkt

4.1 Die Anwendung der Bewertungsverfahren im Rahmen des Bewertungskalküls

Für die folgenden Betrachtungen soll das Bewertungskalkül in zwei Schritte unterteilt werden. In einem ersten Bewertungschritt sind zunächst die zukünftigen Entnahmemöglichkeiten aus dem Unternehmen Gegenstand der Betrachtung (Abschnitt 4.1.1). Der zweite Bewertungschritt behandelt die Alternative einer Vollreproduktion der Unternehmenssubstanz (Abschnitt 4.1.2). Anschließend sind die Bewertungsverfahren einer kritischen Würdigung zu unterziehen (Abschnitt 4.1.3).

4.1.1 Erster Bewertungsschritt: Zukunftsentnahmeorientierte Bewertung

4.1.1.1 Investitionstheoretischer Bewertungsansatz

Im Rahmen der Entscheidungsfindung innerhalb einer Investitionsplanung stehen einem potentiellen Unternehmenskäufer verschiedene Handlungsalternativen zur Verfügung. Berücksichtigt der Investor nur rein finanzielle Nutzenvorteile[145], so wird er nur dort investieren, wo er die höchste Rendite erwartet. Der Nutzen bestimmt sich mithin aus den vom Bewerter in der Zukunft erwarteten finanziellen Zuflüssen, die auf den Bewertungsstichtag diskontiert, ihren Niederschlag als Barwert finden. *Münstermann* spricht zutreffend vom Zukunftsentnahmewert.[146]

Im Rahmen des investitionstheoretischen Bewertungsansatzes ist der Zukunftsentnahmewert anhand des Kapitalwertes abzuleiten. Aus Sicht eines potentiellen

---

145 Nichtfinanzielle Nutzenvorteile wie berufliche Entfaltung oder persönliche Unabhängigkeit spielen im wesentlichen bei Kleinbetrieben und Mittelstandsunternehmen, in denen der Anteilseigner zugleich die Geschäftsführungsfunktion innehat, eine bedeutende Rolle. Für EltVU können nichtfinanzielle Bestandteile nahezu ausgeschlossen werden, da in der Regel eine Trennung von Eigner und Unternehmensführung vorliegt. Die Entscheidung zum Kauf oder Verkauf eines Unternehmens wird von mehreren Personen (Geschäftsführung, Vorstand, Aufsichtsrat, evtl. Beirat, Anteilseigner) getragen, die zwar neben rein finanziellen auch ihre persönlichen Argumente (Prestigegewinn, Bekleidung eines neuen Amtes im erworbenen Unternehmens bzw. Verlust eines bestehenden Amtes im veräußerten Unternehmen) in die Entscheidungsfindung einbringen. Im Sinne eines Grundkonsens überwiegen letztendlich doch die weniger personenbezogenen Nutzenvorteile.

146 Vgl. Münstermann [Zukunftsentnahmewert, 1980], S. 119.

Investors gilt formal für den Kapitalwert bezogen auf den Bewertungszeitpunkt t=0 [147]:

$$KW_0 = -AA_0 + \sum_{t=1}^{T} \frac{EZÜ_t}{\prod_{u=1}^{t}(1+k_u)} \qquad (1)$$

mit $EZÜ_t = EZ_t - AZ_t$

KW_0	=	Kapitalwert zum Zeitpunkt t = 0
AA_0	=	Anschaffungsauszahlung für den Erwerb des Investitionsobjekts bzw. Unternehmens in t = 0
EZÜ	=	erwartete Einzahlungsüberschüsse des Investitionsobjekts bzw. Unternehmens
EZ	=	erwartete Einzahlungen
AZ	=	erwartete Auszahlungen
k	=	Renditeforderung des Investors (Kalkulationszins)
t,u	=	Periodenindizes
T	=	Lebensdauer des Investitionsobjekts bzw. Unternehmens

Der Erwerb des Investitionsobjekts bzw. Unternehmens zum Bewertungszeitpunkt t=0 ist für den potentiellen Investor vorteilhaft, wenn der Kapitalwert zum Zeitpunkt t=0 nicht negativ ist. Die geforderte Mindestrendite des Investors wird in diesem Fall erreicht oder überschritten.[148] Aus der Bedingung $KW_0 \geq 0$ für eine Kaufentscheidung folgt gemäß Gl. (1):

$$AA_0 \leq \sum_{t=1}^{T} \frac{EZÜ_t}{\prod_{u=1}^{t}(1+k_u)} \qquad (2)$$

Demnach wird der Investor den Kauf tätigen, wenn die Anschaffungsauszahlung bzw. der Kaufpreis den Barwert der Einzahlungsüberschüsse nicht übersteigt. Somit entspricht der Barwert der Einzahlungsüberschüsse der Kaufpreisobergrenze und ist gleichzeitig der Zukunftsentnahmewert eines potentiellen Unternehmenskäufers. Denn mehr als dem Barwert der Einzahlungsüberschüsse ist dem Investor das Unternehmen nicht wert.[149]

---

147 Vgl. Hax [Investitionstheorie, 1993], S. 14.

148 Vgl. Blohm/Lüder [Investition, 1995], S. 60.

149 Im Rahmen eines Unternehmenskauf ermittelt ein potentieller Käufer zunächst seine Kaufpreisobergrenze (Grenzpreis), die seinen subjektiven (Käufer-)Unternehmenswert darstellt;

Auf Basis des investitionstheoretischen Bewertunganasatzes sind unterschiedliche Bewertungsverfahren entwickelt worden, von denen im folgenden auf die zwei bedeutendsten Verfahren, das Discounted Cash Flow (DCF)-Verfahren und das Ertragswertverfahren, explizit eingegangen werden soll.

4.1.1.2 Zukunftsentnahmeorientierte Bewertungsverfahren

4.1.1.2.1 Discounted Cash Flow (DCF)-Verfahren

Das DCF-Verfahren knüpft an den investitionstheoretischen Bewertungsansatz an und verwendet als Entnahmegrößen die zukünftig dem Unternehmen entziehbaren Cash Flows. Der Unternehmenswert, i.e.S. verstanden als Marktwert des Eigenkapitals, kann entweder mittelbar bestimmt werden, indem vom Gesamtwert des Unternehmens[150] der Marktwert des Fremdkapitals abzuziehen ist (Entity-Methode).[151] Daneben besteht die Möglichkeit, den Marktwert des Eigenkapitals unmittelbar durch Diskontierung der von den Eigenkapitalgebern entziehbaren Cash Flows zu bestimmen (Equity-Methode). Fornal gilt für die Berechnung des DCF nach der Equity-Methode[152]:

$$DCF = \sum_{t=1}^{T} \frac{CF_t^{EK}}{\prod_{u=1}^{t}(1+k_u^{EK})} \qquad (3)$$

mit DCF = Discounted Cash Flow
CF^{EK} = erwartete Cash Flows, die den Eigenkapitalgebern zur Verfügung stehen bzw. die dem Unternehmen entziehbar sind
k^{EK} = Kapitalkosten der Eigenkapitalgeber[153]
t,u = Periodenindizes
T = Lebensdauer des Investitionsobjekts bzw. Unternehmens

---

analog bestimmt der Verkäufer seine Kaufpreisuntergrenze. Eine Transaktion kommt dann zustande, wenn der Kaufpreis zwischen dem Maximalpreis des Käufers und dem Minimalpreis des Käufers liegt. Zum Grenzpreisprinzip vgl. Moxter [Grundsätze, 1983], S. 9-15.

150 Der Gesamtwert eines Unternehmens ist durch Diskontierung der Cash Flows, die den Eigen- und Fremdkapitalgebern zur Verfügung stehen, mit einem gewogenen Kapitalkostensatz zu ermitteln.

151 Vgl. ausführlich z.B. Ballwieser [Moxter, 1994], S. 1383-1386; Schmidt [Abwandlung, 1995], S. 1090-1091.

152 Vgl. Hachmeister [Discounted Cash Flow, 2000], S. 92.

153 Der Eigenkapitalkostensatz k^{EK} repräsentiert die Renditeforderung der Eigenkapitalgeber und wird i.d.R. aus dem Capital Asset Pricing Model (CAPM) abgeleitet. Grundlegend zum CAPM vgl. den Aufsatz von Sharpe [Equilibrium, 1964].

Die Ermittlung der zukünftigen Cash Flows erfolgt i.d.R. indirekt, da die Erfolgsrechnung eines Unternehmens (GuV-Rechnung) in Deutschland traditionell auf Gewinngrößen (Ertrag und Aufwand) ausgerichtet ist.[154] In diesem Fall sind dann folgende Korrekturen beim Gewinn vorzunehmen[155]:

Cash Flow	=	Erträge – Aufwendungen
		+ nicht ertragswirksame Einzahlungen
		– nicht zahlungswirksame Erträge
		+ nicht zahlungswirksame Aufwendungen
		– nicht aufwandswirksame Auszahlungen

Gleichwohl kann auch eine direkte Ermittlung der Cash Flows erfolgen. So wird im Deutschen Rechnungslegungsstandard Nr. 2 (DRS 2) Kapitalflussrechnung[156] alternativ zur indirekten Ableitung des Cash Flow ein Gliederungsschema zur direkten Bestimmung des Cash Flow aus laufender Geschäftstätigkeit vorgeschlagen.[157] Dieser kann, in Verbindung mit den Cash Flows aus Investitionstätigkeit und aus Finanzierungstätigkeit, als Planungsgrundlage für die zukünftig von den Eigenkapitalgebern entziehbaren Cash Flows herangezogen werden.

Die Verwendung von Cash Flows als Entnahmegröße ist jedoch in Zusammenhang mit der Fragestellung zu sehen, inwieweit die den Eigenkapitalgebern zur Verfügung stehenden Cash Flows als Nettoausschüttungen an die Eigenkapitalgeber fließen können. Zu beachten sind daher vor allem bei Kapitalgesellschaften gesellschafts- und handelsrechtliche Restriktionen der Ausschüttungspolitik, die bilanzielle Ausschüttungssperren auslösen können (vgl. hierzu auch Abschnitt 4.1.1.2.3). Somit ist für Kapitalgesellschaften nicht der Einzahlungsüberschuss für die Ausschüttung maßgebend, sondern der Bilanzgewinn, der entsprechend aus der GuV bzw. einer Ertragsüberschussrechnung abzuleiten wäre.[158]

Ein weiteres Problem ergibt sich in Zusammenhang mit der Ermittlung der betrieblichen Ertragsteuern und der persönlichen Ertragsteuerbelastung des Eigenkapitalgebers (Einkommensteuer, Solidaritätszuschlag und ggf. Kirchensteuer). Hierfür sind jeweils die ertragsteuerlichen Bemessungsgrundlagen zu

---

154 Vgl. auch Scheffler [Kapitalflussrechnung, 2002], S. 295.

155 Vgl. Blohm/Lüder [Investition, 1995], S. 56.

156 Der DRS 2 legt Inhalt und Aufbau der Kapitalflussrechnung in der deutschen Rechnungslegung fest und wurde im Jahr 2000 vom Deutschen Rechnungslegungs Standards Committee (DRSC) verabschiedet und veröffentlicht. Vgl. Bundesanzeiger vom 31.05.2000, S. 10189.

157 Zum Inhalt und Aufbau der Kapitalflussrechnung nach DRS 2 vgl. Scheffler [Kapitalflussrechnung, 2002], S. 297-298.

158 Vgl. IDW [WP-Handbuch, 2002], Abschnitt A, Rn. 90.

bestimmen, so dass zumindest in einer Nebenrechnung die Ermittlung handels- und steuerrechtlich relevanter Ertragsüberschüsse zu erfolgen hat.[159]

4.1.1.2.2 Ertragswertverfahren

Im Unterschied zum DCF-Verfahren bilden im Ertragswertverfahren zukünftige Ertragsüberschüsse, d.h. die Salden aus den Erträgen und Aufwendungen in den jeweiligen Perioden, die Entnahmegröße. Dabei wird von der Annahme ausgegangen, dass die Ertragsüberschüsse an die Anteilseigner voll ausgeschüttet werden.[160]

Für die Berechnung des Ertragswerts einer Kapitalgesellschaft gilt unter Berücksichtigung der Steuerbelastung auf Unternehmens- und Anteilseignerebene formal[161]:

$$EW = \sum_{t=1}^{T} \frac{EÜ_t \cdot (1 - s_t^{GewESt}) \cdot (1 - s_t^{KSt}) \cdot (1 - 0{,}5 \cdot s_t^{ESt})}{\prod_{u=1}^{t} (1 + k_u \cdot (1 - s_u^{ESt}))} \qquad (4)$$

mit $EÜ_t = E_t - A_t$

EW	=	Ertragswert
EÜ	=	erwartete Ertragsüberschüsse
E	=	erwartete Erträge
A	=	erwartete Aufwendungen
k	=	Kalkulationszinsfuß
s^{ESt}	=	persönlicher Ertragsteuerbelastung
s^{KSt}	=	Körperschaftsteuerbelastung
s^{GewESt}	=	Gewerbeertragsteuerbelastung
t, u	=	Periodenindex
T	=	Lebensdauer des Unternehmens

Die persönliche Ertragsteuerbelastung auf Ebene des Anteilseigeners wird beim Bewertungsobjekt durch Kürzung der Ertragsüberschüsse (nach Halbeinkünfte-

159 Vgl. IDW [WP-Handbuch, 2002], Abschnitt A, Rn. 91.

160 Das Ertragswertverfahren geht zwar von der Vollausschüttung der Ertragsüberschüsse aus. Gleichwohl können aber auch Gewinnthesaurierungen, die z.B. zur Finanzierung von Investitionen oder zur Fremdkapitaltilgung dienen, berücksichtigt werden. Vgl. Moxter [Grundsätze, 1983], S. 85-87 und das Beispiel in Maul [Basis, 1973], S. 57-63.

161 In Anlehnung an Auge-Dickhut/Moser/Widmann [Reform, 2000], S. 370 u. Hötzel/Beckmann [2000], S. 699.

verfahren halber persönlicher Ertragsteuersatz) und bei der Alternativinvestition im Kalkulationszinsfuß berücksichtigt.[162]
Als persönliche Ertragsteuerbelastung ist jeweils die tatsächliche Steuerlast (Einkommensteuer, Solidaritätszuschlag und ggf. Kirchensteuer) des einzelnen Unternehmenseigners anzusetzen. Lässt sich im konkreten Bewertungsfall die individuelle Ertragsteuerbelastung der Anteilseigner nicht bestimmen, schlägt das IDW eine typisierte persönliche Ertragsteuerbelastung von 35 % vor.[163] Dies wäre etwa der Fall, wenn ein Abfindungsangebot an eine Vielzahl von Aktionären, die i.d.R. eine unterschiedliche persönliche Ertragsteuerbelastung aufweisen, gerichtet ist.

Um potentielle Abweichungen zwischen den Ertrags-/Aufwandsgrößen und den Zahlungsströmen einer Periode zu berücksichtigen und die Auswirkungen der Ausschüttung zukünftiger Ertragsüberschüsse auf Kapitalbindung und -freisetzung periodisch zu erfassen, ist eine gesonderte Finanzbedarfsrechnung erforderlich (vgl. Abbildung 4). Dazu erfolgt eine Gegenüberstellung des laufenden Finanzbedarfs (resultierend aus nicht aufwandswirksamen Auszahlungen und nicht zahlungswirksamen Erträgen) mit der laufenden Finanzdeckung (resultierend aus nicht zahlungswirksamen Aufwendungen und nicht ertragswirksamen Einzahlungen). Von besonderer Bedeutung sind hierbei das zeitlichen Auseinanderfallen von Investitionsauszahlungen und entsprechenden Abschreibungen sowie von Rückstellungszuführungen und entsprechenden Auszahlungen in Folge von Rückstellungsauflösungen.[164]

Durch Gegenüberstellung von Finanzbedarf und -deckung aus laufender Geschäftstätigkeit und aus Investitionstätigkeit ergibt sich innerhalb der Finanzbedarfsrechnung entweder eine Unter- oder Überdeckung (vgl. Abbildung 4). Liegt eine Finanzunterdeckung vor, entsteht ein zusätzlicher Kreditbedarf, der durch eine Kreditneuaufnahme zu decken wäre. Bei einer Finanzüberdeckung erfolgt eine Rückführung des Kreditbedarfs durch Kredittilgung aus laufenden Mitteln.[165]

---

162 Vgl. IDW [IDW S 1, 2000], S. 836; Wagner [Einfluss, 1972], S. 1638-1639.

163 Vgl. IDW [IDW S 1, 2000], S. 830. Sollten die Pläne der Bundesregierung, eine Abgeltungssteuer auf Zinserträge einzuführen, Realität werden, wäre die daraus resultierende persönliche Ertragsteuerbelastung (bei Alternativinvestition in festverzinsliche Wertpapiere) im Nenner von Gl. (4) zu berücksichtigen. Vgl. Referentenentwurf eines Gesetzes zur Neuregelung der Zinsbesteuerung und Förderung der Steuerehrlichkeit vom 17.03.2003 (abgerufen am 19.03.2003 unter http://www.bundesfinanzministerium.de/Anlage17724/Referentenentwurf_Zinsabgeltung_Stand_17032003.pdf)

164 Vgl. IDW [WP-Handbuch, 2002], Abschnitt A, Rn. 94-96.

165 Vgl. IDW [WP-Handbuch, 2002], Abschnitt A, Rn. 99 u. 275-279.

Periode	t=1 [T€]	t=2 [T€]	t=3 [T€]	t=4 [T€]	t=5 [T€]
Finanzbedarf aus laufender Geschäftstätigkeit und aus Investitionstätigkeit					
Nicht aufwandswirksame Auszahlungen					
Investitionen	3.500	2.400	1.850	1.100	1.000
Pensionszahlungen	300	320	350	370	400
Sonstige	110	120	180	80	90
Nicht zahlungswirksame Erträge	40	30	20	20	10
	3.950	2.870	2.400	1.570	1.500
Finanzdeckung aus laufender Geschäftstätigkeit und aus Investitionstätigkeit					
Nicht zahlungswirksame Aufwendungen					
Abschreibungen	1.300	1.650	1.700	1.900	1.950
Zuführung Pensionrückstellungen	120	100	100	150	120
Sonstige	70	30	130	230	240
Nicht ertragswirksame Einzahlungen	30	20	20	20	10
	1.520	1.800	1.950	2.300	2.320
Unter- bzw. Überdeckung	**-2.430**	**-1.070**	**-450**	**730**	**820**
Finanzierungstätigkeit					
Vortrag Kredite	10.000	12.430	13.500	13.950	13.221
Kredittilgung					
planmäßig (5 % des Vortrags)	-500	-622	-675	-698	-661
außerplanmäßig (aus Überdeckung)	0	0	0	-32	-159
Kreditneuaufnahme					
zur Finanzierung Unterdeckung	2.430	1.070	450	0	0
zur Refinanzierung der Tilgung	500	622	675	0	0
Kreditbedarf	12.430	13.500	13.950	13.221	12.401
Zinsaufwand (8 % auf den Bestand Anfang des Jahres)	**800**	**994**	**1.080**	**1.116**	**1.058**

Abbildung 4: Beispiel einer Finanzbedarfsrechnung für das Ertragswertverfahren

(in Anlehnung an: IDW [WP-Handbuch, 2002], Abschnitt A, Rn. 279)

Anhand des ermittelten Kreditbedarfs lässt sich in Verbindung mit dem prognostizierten Kreditzins der periodische Zinsaufwand bestimmen, der zur Ermittlung der Ertragsüberschüsse in Ansatz zu bringen ist.[166]

Für die Diskontierung der Ertragsüberschüsse mit dem Kalkulationszinsfuß k ist grundsätzlich die beste alternative Geldanlagemöglichkeit bzw. die Renditeforderung des Investors heranzuziehen. Handelt es sich hierbei z.B. um festverzinsliche Wertpapiere, so wird deren zukünftig erwartete Rendite, erhöht um einen Risikozuschlag, der die Investition in das Unternehmen widerspiegelt, in Ansatz gebracht. Dabei kann die Bestimmung des Risikozuschlags wie beim DCF-Verfahren auf Basis von Kapitalmarktmodellen erfolgen (vgl. hierzu auch Abschnitt 4.3.2).

4.1.1.2.3 Kritische Würdigung

Ein wesentlicher Vorteil des DCF-Verfahrens liegt in der Verwendung von Ein- und Auszahlungen, die im Gegensatz zu Erträgen und Aufwendungen das Periodenergebnis nicht durch Ausnutzung bilanzpolitischer Handlungsspielräume mehr oder minder stark beeinflussen können. Dies trifft bei EltVU z.B. in großem Maße bei Abschreibungen auf Kraftwerke und Rückstellungen für atomare Entsorgung zu.

Allerdings ist auf der anderen Seitze zum einen zu berücksichtigen, dass für die Berechnung der Unternehmenssteuern und der persönlichen Ertragsteuern der Antelseigner die maßgebenden Bemessungsgrößen – inkl. Ausnutzung steuerrechtlicher Bewertungsspielräume – zusätzlich ermittelt werden müssen.[167]

Zum anderen ist zu beachten, inwieweit ein beim DCF-Verfahren ermittelter Cash Flow an die Eigenkapitalgeber unter Berücksichtigung handels- und gesellschaftsrechtlicher Vorschriften ausgeschüttet werden kann. Hierbei sind zwei Konstellationen zu unterscheiden:

- Für den Fall, dass der Cash Flow an die Eigenkapitlageber geringer ausfällt als der Ertragsüberschuss ($EÜ_t > CF^{EK}{}_t$) kann der Cash Flow in vollem Umfang an die Eigenkapitalgeber ausgeschüttet werden. Der Differenzbetrag ($EÜ_t - CF^{EK}{}_t$) wäre dann durch Rücklagendotierung zu thesaurieren.[168]

---

166 Vgl. IDW [WP-Handbuch, 2002], Abschnitt A, Rn. 279-280.
167 Vgl. Schwetzler [Überschüsse, 1998], S. 696.
168 Vgl. Schwetzler [Überschüsse, 1998], S. 697.

- Für den Fall, dass der Cash Flow an die Eigenkapitalageber höher ausfällt als der Ertragsüberschuss ($EÜ_t < CF^{EK}_t$) müsste der über den Ertragsüberschuss hinausgehende Betrag ($CF^{EK}_t - EÜ_t$) etwa durch Kapitalherabsetzung oder Auflösung von Rücklagen an die Eigenkapitalgeber ausgeschüttet werden. Hierbei kann es jedoch zu einer Ausschüttungssperre kommen, wenn keine ausreichenden Rücklagen vorhanden sind bzw. gesellschaftsrechtliche Vorschriften eine Rücklagenauflösung oder Kapitalherabsetzung nicht zulassen. In diesem Fall würde der Betrag, der nicht ausgeschüttet werden kann, zwangsweise im Unternehmen verbleiben.[169]

Zusammenfassend betrachtet liegt der Vorteil des Ertragswertverfahrens in der Berücksichtigung steuer-, handels- und gesellschaftsrechtlicher Rahmenbedingungen, während beim DCF-Verfahren das wirtschaftliche Potential des Unternehmens stärker Berücksichtigung findet. Mithin verdeutlichen die Einzahlungsüberschüsse das Ausschüttungspotential und dienen als Entscheidungshilfe der zukünftigen Ausschüttungspolitik.[170]

Die Kritik, dass beim Ertragswertverfahren aufgrund der Vollausschüttungshypothese die Finanzierung starr vorgegeben ist, lässt sich nicht aufrechterhalten, da jede beliebige Ausschüttungspolitik bzw. Finanzierungsmaßnahme durch entsprechende Anpassungen innerhalb der Finanzbedarfsrechnung berücksichtigt werden kann.[171] Insofern schlägt die Finanzbedarfsrechnung die Brücke von der Ertragsüberschussrechnung zur Einzahlungsüberschussrechnung.[172]

4.1.2 Zweiter Bewertungsschritt: Substanzorientierte Bewertung

Hat der Bewerter den Zukunftsentnahmewert nach dem Ertragswert- oder DCF-Verfahren ermittelt, ist in einem zweiten Bewertungsschritt zu überprüfen, ob eine Verwertung oder Vollreproduktion der Unternehmenssubanz Auswirkungen auf die Kauf- bzw. Verkaufsentscheidung hat.

Mit der *Verwertung der Unternehmenssubstanz* ist die Liquidation des Unternehmens gemeint, sofern eine solche rechtlich möglich ist. Der Liquidationswert stellt eine Art Sonderfall des Zukunftsentnahmewertes dar, bei dem die in der Liquidationsphase anfallenden, zukünftigen Erträge und Aufwendungen bzw. Ein- und Auszahlungen periodenweise diskontiert werden. Zu berücksichtigen sind

169 Vgl. Schwetzler [Überschüsse, 1998], S. 697.
170 Vgl. Ballwieser [Moxter, 1994], S. 1383.
171 Vgl. Sieben [Unternehmensbewertung, 1995], S. 733.
172 Vgl. IDW [WP-Handbuch, 1992], Abschnitt A, Rn. 86.

hierbei Wirkungen u.a. aus der Auflösung von Verbindlichkeiten und Forderungen, aufgrund von Sozialplanverpflichtungen und aus der Auflösung stiller Reserven. Liegt der Liquidationswert über dem Zukunftsentnahmewert bei Fortführung des Unternehmens bildet der Liquidationswert aus Sicht des Käufers die Kaufpreisobergrenze bzw. des Verkäufers die Verkaufspreisuntergrenze.[173]

Eine *Vollreproduktion der Unternehmenssubtanz* steht in Zusammenhang mit der Fragestellung, welcher Betrag aufzuwenden wäre, ein Unternehmen oder Teile des Unternehmens neu aufzubauen, das die gleichen Ertrags- bzw. Einzahlungsüberschüsse erwirtschaftet wie das zu bewertende Akquisitionsobjekt.

Für die Bestimmung dieses als Vollreproduktionswert bezeichnen Wertes bestehen eine Reihe von Problemen. So ist zu analysieren, welche Vermögensgegenstände für die Erzielung der Überschüsse erforderlich, d.h betriebsnotwendig, und welche nicht erforderlich, d.h. nicht betriebsnotwendig, sind. Die betriebsnotwendigen Vermögensgegenstände sind mit ihren Wiederbeschaffungswerten unter Berücksichtigung der Restnutzungsdauer, Kapazität und technischem Stand einzubeziehen. Dabei ist zu beachten, dass insb. bei Maschinen und technischen Anlagen steigende Kapazitäten und technischer Fortschritt den Vergleich erschweren. Die nicht betriebsnotwendigen Vermögensgegenstände werden mit ihrem Veräußerungserlös angesetzt.

Neben den materiellen Vermögensgegenstände sind auch immaterielle zu berücksichtigen. Zu nennen sind hier Kundenstamm, Lieferantenbeziehungen, Verhältnis zu Kreditgebern, Human Capital der Belegschaft und des Manage-ments, für die entsprechende Aufwendungen bzw. Auszahlungen – evtl. verteilt auf zukünftige Perioden – anzusetzen sind.[174]

Liegt der Vollreproduktionswert unterhalb des Zukunftsentnahmewerts, so bildet der erst genannte Wert den Grenzpreis des Käufers bzw. dessen Kaufpreisobergenze, da bei potentiellen Kaufpreisen oberhalb des Vollreproduktionswert der Aufbau rentabler ist. Für den Verkäufer bildet der Vollreproduktionswerts insofern nur dessen Grenzpreis bzw. Verkaufspreisuntergrenze, wenn er das Objekt zu einem Preis oberhalb des Vollreproduktionswertes verkaufen und zum Vollreproduktionswert ein vergleichbares Objekt wieder aufbauen kann.

---

173 Zum Liquidationswert vgl. Moxter [Grundsätze, 1983], S. 103; Piltz [Rechtsprechung, 1994], S. 189-197; IDW [IDW S 1, 2000], S. 838-839.

174 Zum Vollreproduktionswert vgl. Moxter [Grundsätze, 1983], S. 44-45.

4.2 Definition und Segmentierung des Bewertungsobjekts

4.2.1 Begriffsdefinition und buchungstechnische Umsetzung der Segmentierung

Für die Abgrenzung des Bewertungobjekts ist es zweckmäßig, zunächst den Begriff des EltVU zu definieren. Eine unmittelbare Definition des Begriffs EltVU ist in der EUStrRl nicht zu finden. Explizit genannt werden gem. Art. 2 Nr. 17 EUStrRL vertikal und horizontal integrierte EltVU. Nach Art. 2 Nr. 18 EUStrRl nimmt ein vertikal integriertes EltVU mindestens zwei der Funktionen Stromerzeugung, -verteilung oder -übertragung wahr, während nach Art. 2 Nr. 19 EUStrRl ein horizontales EltVU eine dieser Funktionen und zudem eine weitere Aktivität außerhalb des Strombereichs wahrnimmt. Großhändler, die Strom kaufen oder verkaufen, ohne in der Erzeugung, Übertragung und Verteilung tätig zu sein, werden neben den Endverbrauchern gem. Art. 2 Nr. 7 EuStrRl als Kunden bezeichnet.

In der deutschen Umsetzung des Energierechts sind nach § 2 Abs. 1 u. 3 EnWG die Merkmale eines EltVU die Versorgung anderer mit Elektrizität oder das Betreiben eines Netzes für die allgemeine Versorgung. Dies können sowohl Unternehmen – verstanden als wirtschaftliche Einheit – sein, als auch Betriebe, die zwar organisatorisch eine Einheit bilden, aber juristisch nicht selbständig sind, wie z.B. ein Regiebetrieb.[175] Die Versorgung anderer umfasst die unmittelbare Stromversorgung von Endkunden und die Einspeisung in das Netz eines EltVU, wobei sich Versorger und Abnehmer jeweils als eigenständige Wirtschaftseinheiten gegenüberstehen müssen.[176]

Die Segmentierung in die Aktivitäten Erzeugung, Übertragung und Verteilung, die innerhalb des Rechnungswesens sowohl in der EUStrRl als auch im EnWG gefordert wird[177], kann als Ansatzpunkt für eine differenzierte Betrachtung des Bewertungsproblems herangezogen werden. Hinsichtlich der Rechnungslegung kann zwischen den Grundauffassungen des *IDW* auf der einen Seite und der *VDEW* und dem *VKU* auf der anderen Seite differenziert werden. Unterscheidungsmerkmal ist hierbei, ob der Zu- und Verkauf von Strom gesondert als eigene Aktivität zu führen (*IDW*-Auffassung) oder den Aktivitäten Übertragung bzw. der Verteilung (*VDEW/VKU*-Auffassung) zuzurechnen sind.

Innerhalb der EUStrRl wird unter den Begriffen Übertragung und Verteilung lediglich Stromtransport über ein Hochspannungsnetz bzw. Netz für mittlere und

175 Vgl. Danner [Kommentar § 2 EnWG, 2001], Rn. 25-28.

176 Vgl. Danner [Kommentar § 2 EnWG, 2001], Rn. 29-33.

177 Vgl. hierzu Abschnitt 2.2 und 2.3 dieser Arbeit.

niedrige Spannung zu Endverbauchern und Verteilern verstanden.[178] Gesondert definiert wird der Begriff Versorgung als "[...] Lieferung und/oder Verkauf von Elektrizität an Kunden."[179]

Aus Sicht des *IDW* beinhalten die Übertragung und Verteilung lediglich den Transport von Elektrizität und nicht den Zu- und Verkauf von Strom. Demnach erscheint es sachgerecht, eine weitere Aktivität für Strombezug und -verkauf zu bilden.[180] Gestützt wird diese Ansicht auch durch die o.g. explizite Defintion des Begriffs Versorgung innerhalb der EUStrRl, wobei allerdings dort für einen solchen Bereich eine gesonderte Trennung nicht erwähnt wird.

Demgegenüber verteten die *VDEW* und der *VKU* die Auffassung, dass die Forderung des *IDW* nach Bildung eines weiteren Bereichs sich nicht aus § 9 Abs. 2 EnWG ergibt, da hier nur die Bereiche Erzeugung, Übertragung, Verteilung und die Aktivitäten außerhalb des Strombereichs genannt werden. Als weiteres Argument wird angeführt, dass gem. Art. 14 Abs. 3 S. 1 EUStrRl die Kontentrennung in der Art zu erfolgen hat, als ob die Bereiche als separate Unternehmen geführt würden. Daraus leiten die *VDEW* und der *VKU* ein Profit Center-Konzept[181] ab, bei dem neben den betrieblich-technischen Funktionen auch die Aktivitäten der Verwaltung und des Vertriebs der Übertragungs- und Verteilungsebene zuzuordnen sind.

In Abbildung 5 sind die beiden Standpunkte noch einmal schematisch gegenübergestellt, wobei auf die Darstellung der Aktivitäten außerhalb des Strombereichs verzichtet wurde. Deutlich wird hier die Zusammenfassung der Vertragserzeugung (= Strombezug von Dritten) aus dem Erzeugungbereich sowie des Stromverkaufs aus dem Übertragungs- und Verteilungsbereich in einen neuen Bereich Vertragserzeugung und Verkauf.

---

178 Vgl. Art. 2 Nr. 5 und 6 EUStrRl.

179 Art. 2 Nr. 16 EUStrRl.

180 Vgl. IDW [Entwurf, 2001], S. 1495-1496; IDW [ÖFA, 1998], S. 829. Allerdings hält es das IDW auch für vertretbar, den Strombezug und -verkauf der Aktivität Erzeugung zuzuordnen. Vgl. IDW [Entwurf, 2001], S. 1496.

181 Vgl. VDEW [Unbundling, 1998], S. 4-5.

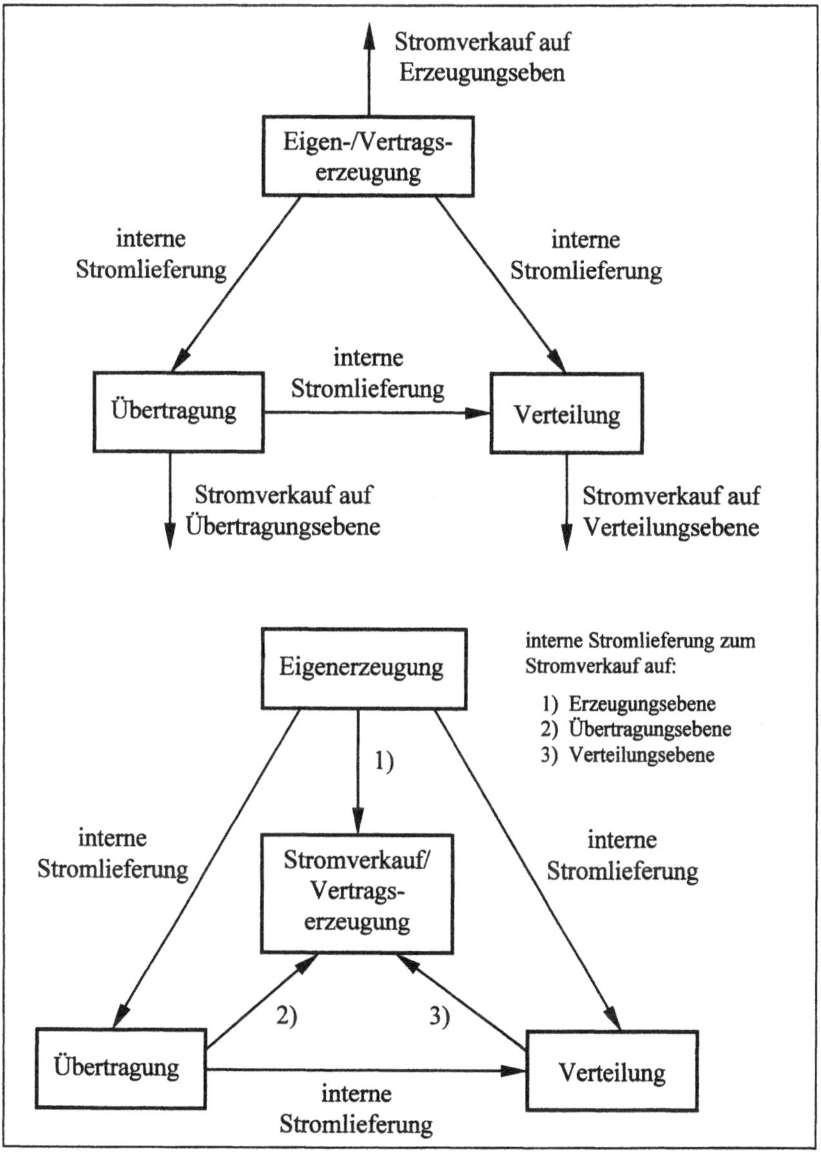

Abbildung 5: Entflechtung der Stromaktivitäten innerhalb der Rechnungslegung (nach Grundauffassung von *IDW* (unten) und *VDEW/VKU* (oben))
(eigene Darstellung)

Die Leistungsbeziehungen zwischen den einzelnen Bereichen werden als interne Stromlieferungen gesehen. Dabei ist ein Vorgang so zu behandeln, als ob die Lieferung und Leistung von einem anderen EltVU bezogen wird bzw. an ein anderes EltVU erfolgt. Liefert z.B. der Bereich Erzeugung eine Strommenge an den Bereich Übertragung, so fallen bei der Erzeugung Umsatzerlöse und bei der Übertragung entsprechender Materialaufwand in gleicher Höhe an. In der konsoldierten Gesamtbetrachtung ergeben sich keine erfolgswirksamen Auswirkungen.[182]

Für die Bewertung der Lieferungen und Leistungen sind entsprechende Verrechnungspreise zu bestimmen, die nach urspünglicher Auffassung des *IDW* keine kalkulatorischen Gewinnaufschläge enthalten und sich nicht an vergleichbaren Preisen am Strommarkt orientieren durften, da eine Realisation von Gewinnen nur bei Vertragsbeziehungen mit Dritten möglich ist. Insofern würde bei internen Lieferungen eine Verrechnung zu Selbstkosten erfolgen, die innerhalb der Bereiche keine Gewinne entstehen lassen.[183]
Das *IDW* ist im Zeitablauf jedoch der Auffassung des *VDEW* und der *VKU* gefolgt, nach der die Bewertung auch auf Basis von "objektivierten", d.h. für Dritte nachvollziehbare Entgelte, wie Marktpreise oder kalkulatorische Kosten (auch mit Gewinnaufschlag), erfolgen kann. Als Grund hierfür wird angeführt, dass gem. § 6 Abs. 1 S. 1 EnWG ein EltVU für die Netzdurchleitung von anderen Unternehmen die gleichen Entgelte zu fordern hat, die es innerhalb des eigenen Unternehmens tatsächlich oder kalkulatorisch in Rechnung stellt.[184] Bezogen auf das konsolidierte EltVU ist die interne Leistungsverrechnung unabhängig von der Höhe der Verrechnungspreise. Lediglich die Ergebnisse der einzelnen Bereiche werden dadurch beeinflusst.

4.2.2 Der Einfluss der Segmentierung auf die Bewertung

Für die Bewertung von EltVU bietet eine Segmentierung der Aktivitäten zwei wesentliche Vorteile:

- die Möglichkeit einer detaillierten Analyse und Planung der wertbestimmenden Komponenten
- die Möglichkeit, die einzelnen, wirtschaftlich selbständigen Bereiche separat zu bewerten

---

182 Vgl. IDW [Entwurf, 2001], S. 1497-1498; IDW [ÖFA, 1998], S. 830-831.
183 Vgl. IDW [Rechnungslegung, 1999], S. 14-15; IDW [ÖFA, 1998], S. 831.
184 Vgl. IDW [Entwurf, 2001], S. 1498; IDW [Rechnungslegung, 1999], S. 8.

Mit einer Segementierung lässt sich der Ertragswert darstellen als Summe der Teilwerte der einzelnen Bereiche. Abhängig von der Sichtweise der Segmentierung führt die *VDEW/VKU*-Auffassung zu:

$$EW_{EltVU} = EW_{Erzeugung} + EW_{Übertragung} + EW_{Verteilung} + EW_{sonst}$$

und die Grundauffassung des *IDW* zu:

$$EW_{EltVU} = EW_{Erzeugung} + EW_{Übertragung} + EW_{Verteilung} + EW_{Handel} + EW_{sonst}$$

Damit besteht nicht nur Möglichkeit die einzelnen Aufwendungen und Erträge nach Bereichen zu bestimmen. Es können auch innerhalb des Kalkulationszinssatzes unterschiedliche Risikozuschläge verwendet werden, um damit die erwarteten Schwankungen der Bereiche abzubilden.

Die separate Bewertung der Bereiche ist vor allem dann relevant, wenn nur Teile des EltVU, wie ein Kraftwerk, Übertragungs- oder Verteilungsnetz, im Rahmen eines Kaufs bzw. Verkaufs oder Bewertungsgutachtens zu bewerten sind. Dann stellt sich die Frage, wie die Behandlung der internen Lieferungen und Leistungen zu erfolgen hat. Geht man davon aus, dass für den zu bewertenden Bereich eine Verrechnung der intern abgesetzten Strommengen in Höhe der Selbstkosten erfolgt, ist der daraus resultierende Ertragsüberschuss gleich Null. Nach Auffassung des *IDW* würde dies bei folgenden Konstellationen gelten (vgl. auch Abbildung 5 unten):

- Erzeugung verkauft Strom nur intern an Übertragung, Verteilung oder Vertrieb zu Selbstkosten
- Übertragung verkauft Strom nur intern an Verteilung oder Vertrieb zu Selbstkosten
- Verteilung verkauft Strom nur intern an Vertrieb zu Selbstkosten

Im ersten Fall wäre der Ertragswert des Bereichs Erzeugung, im zweiten Fall der Ertragswert des Bereichs Übertragung und im dritten Fall Ertragswert des Bereichs Verteilung gleich Null. Ertragsüberschüsse würden dann lediglich im Bereich Vertrieb entstehen, da dort der Strom zu Marktpreisen, die annahmegemäß über den internen Bezugskosten liegen, an Verteiler oder Letztkunden abgesetzt wird und zur Realisierung von Überschüssen führt.

Nach der Auffassung der *VDEW/VKU* führen interne Stromlieferungen nur dann zu Ertragsüberschüssen in Höhe von Null, wenn der interne Strombezug eines Bereiches als interne Weiterlieferung zu Selbstkosten an einen anderen Bereich erfolgt und somit einen Durchlaufposten darstellt. Dies ist in den folgenden beiden Fällen gegeben (vgl. auch Abbildung 5 oben):

- Erzeugung verkauft Strom intern an Übertragung und Verteilung zu Selbstkosten
- Übertragung verkauft Strom intern an Verteilung zu Selbstkosten

Bei Stromlieferungen an Dritte, die nicht als interne sondern als externe Vorgänge zu behandeln sind, kommt es im entsprechenden Bereich zur Realisierung von Marktpreisen bzw. von Preisen, die von der Vertriebspolitik des EltVU durchgesetzt werden. Unter der Annahme, dass diese Preise höher liegen als die Selbstkosten, fallen aus den externen Stromlieferungen positive Ertragsüberschüsse an, die zu einem positiven Ertragswert des Bereichs führen.

Zumindest für die Bewertung einzelner Bereiche müssten m.E. auch die internen Lieferungen zu Marktpreisen oder zu Preisen, die der Bewerter in der Zukunft erwartet, zugrunde gelegt werden. Insofern ist die Profit Center-Auffassung des *VDEW/VKU* bzw. die spätere *IDW*-Auffassung zu den Verrechnungspreisen geeigneter, da bereits innerhalb der zu bewertenden Bereiche Stromlieferungen mit Dritten Berücksichtigung finden, die zur Realisierung von Ertragsüberschüssen bzw. Ertragswerten führen.

Bei der Bewertung des gesamten EltVU ist die interne Verrechnung zu Marktpreisen prinzipiell nicht notwendig, da es sich im Endeffekt nur um eine Verschiebung der Teilertragswerte der einzelnen Bereiche innerhalb des EltVU handelt, die in der Summe zu gleichen Ergebnissen führt. Letztendlich ist abzuwägen zwischen dem Aufwand, der für die Berechnung der Bereichswerte entsteht, und dem Nutzen, der sich z.B. aus der Potentialbeurteilung der Bereiche ergibt.

Neben den internen Verrechnungen der Lieferungen und Leistungen sind auch Schlüsselungen der Aufwendungen und Erträge sowie Aktiv- und Passivposten vorzunehmen. Dies wäre dann notwendig, wenn interne Leistungen für mehr als einen Bereich erbracht werden und eine direkte Zuordnung zu den Bereichen nicht möglich oder nur mit zu hohem Aufwand verbunden ist.[185] Insbesondere sind die zentralen Bereiche von der Schlüsselung betroffen, wie z.B. Rechnungswesen, Finanzen, Controlling, Recht und Steuern, Personalwesen, allgemeine und technische Verwaltung.[186]

---

185 Vgl. auch § 9 Abs. 2 S. 3 EnWG. Danach hat die Schlüsselung sachgerecht und für Dritte nachvollziehbar zu erfolgen.

186 Vgl. VDEW [Unbundling, 1998], S. 6-7.

Als Schlüsselungsgrößen schlägt der *VDEW* – als Basis-Schlüssel – einen Umsatzschlüssel, einen Mitarbeiter- oder Personalaufwandsschlüssel sowie einen Anlagenschlüssel vor.[187] Grundsätzlich ist bei der Bewertung die Schlüsselung nur dann notwendig, wenn Teilaktivitäten eines EltVU zu bewerten sind und damit je nach Bewertungsfragestellung (Ausgliederung oder Erwerb von Teilaktivitäten) entsprechende Aufwendungen und Erträge zusätzlich entstehen oder wegfallen.

4.3 Das Problem der Festlegung des Einzelprognosehorizonts bei EltVU

Wie in Abschnitt 4.1.1 beschrieben, bildet der Zukunftsentnahmewert im ersten Bewertungsschritt die Grundlage der Grenzpreisermittlung. Hierzu ist es notwendig, sowohl die zukünftigen Entnahmeströme als auch die Kalkulationszinssätze zu prognostizieren. In Abschnitt 4.3.1 wird zunächst auf die Problematik bei der Bestimmung des Einzelplanungshorizonts bei Stromversorgungsunternehmen eingegangen. Im anschließenden Abschnitt 4.3.2 erfolgt eine quantitative Auseinandersetzung der Prognoseproblematik anhand konkreter Daten für EltVU.

4.3.1 Relevanz des Planungshorizonts für Einzelprognosewert und Residualwert

Wie aus den Gleichungen für die Bestimmung des DCF bzw. des Ertragswerts ersichtlich, sind jeweils in den Zukuftsperioden die relevanten Größen zu prognostizieren. Da eine Prognose der einzelnen Perioden mit steigendem Planungshorizont zunehmend schwieriger werden dürfte, erscheint es zweckmäßig, bis zu einem bestimmten Zeitpunkt eine detaillierte Einzelprognose vorzunehmen und anschließend in eine Residualbetrachtung überzugehen.[188] Damit stellt sich das Problem, den Prognosehorizont für eine Detailprognose entsprechend festzulegen.

In der Literatur zur Unternehmensbewertung finden sich hierzu unterschiedliche Auffassungen. So schlug das *IDW* in der Stellungnahme HFA 2/1983 zur Unternehmensbewertung ein Drei-Phasen-Modell vor, bei dem in der ersten Phase detaillierte Einzelplanwerte eingehen, in der zweiten Phase der Trend der ersten Phase fortgeschrieben wird und in der dritten Phase die Entnahmewerte auf konstantem Niveau als ewige Rente (bei unendlicher Lebensdauer des Unternehmens) einfließen. Als Zeithorizont wurden für die erste Phase 3 Jahre

---

187 Vgl. VDEW [Unbundling, 1998], S. 10-13.

188 Vgl. IDW [WP-Handbuch, 2002], Abschnitt A, Rn. 180-184.

und für die zweite Phase weitere fünf Jahre vorgeschlagen. Näher ging das IDW jedoch nicht auf die Wahl der einzelnen Phasendauern ein.[189]
Im IDW Standard IDW S 1 zur Unternehmensbewertung aus dem Jahr 2000, der die St/HFA 2/1983 ersetzt hat, werden zwei Phasen vorgeschlagen, eine nähere erste Phase, die einen Zeitraum von 3 bis 5 Jahren erfasst und eine fernere zweite Phase, die den Restwert abbildet.[190]

Bei *Jonas* ist zu lesen: "Üblicherweise werden bei Unternehmensbewertungen für einen Planungszeitraum von 3 bis 10 Jahren Detailplanungen aufgestellt."[191] In all den vorgenannten Aussagen finden sich jedoch keine konkreten Anhaltspunkte, in welchen Fällen die angegebenen Zeitspannen anzuwenden sind bzw. welche Aspekte für einen relativ kurzen oder langen Planungshorizont sprechen.

Eine 1993 bis 1994 durchgeführten Untersuchung von *Peemöller/Bömelburg/ Denkmann* zeigte, dass in der Praxis ein Planungshorizont für detaillierte Einzelwertprognosen von nicht mehr als fünf Jahren dominiert. So haben von 61 befragten Unternehmen, die sich mit Unternehmensbewertungen beschäftigen[192], 74 % angegeben, Einzelwerte für maximal 5 Jahre zu planen. Nur 28 % setzen mehr als 5 Jahre an.[193]

Für EltVU spielt die Festlegung des Einzelprognosehorizonts insofern eine wesentliche Rolle, da es noch mehrere Jahre, ein Jahrzehnt oder noch länger dauern kann, bis eine vollständige Liberalisierung der europäischen Strommärkte erreicht wird.[194] Entsprechend ist der Planungszeitraum für detaillierte Einzelplanwerte an Zeitspannen in dieser Größenordnung auszurichten, um mögliche Szenarien von Entwicklungen des europäischen Strommarktes abbilden zu können. Der Übergang von Einzelprognosewerten zu einem Residualwert bietet sich an, wenn ab einer bestimmten Periode ein Beharrungszustand erwartet wird, in dem die Strommarktentwicklung bzw. die Zukunftsentnahmegrößen des EltVU keinen größeren Veränderungen mehr unterliegt.[195]

---

189 Vgl. IDW [St/HFA, 1983], S. 471.

190 Vgl. IDW [IDW S 1, 2000], S. 832-833.

191 Jonas [Unternehmensbewertung, 1995], S. 90.

192 Hierbei handelte es sich um Wirtschaftsprüfungsgesellschaften, M&A-Beratungen, Investmentbanken, Unternehmensberatungen, Banken, Beteiligungs- und Industrieunternehmen. Vgl. Peemöller/Bömelburg/Denkmann [Deutschland, 1994], S. 741.

193 Vgl. Peemöller/Bömelburg/Denkmann [Deutschland, 1994], S. 743.

194 So betrug in Großbritannien der Zeitraum von Beginn der Strommarktliberalisierung 1989 bis zur vollständigen Marktöffnung für Geschäfts- und Privatkunden im Jahre 1999 etwa ein Jahrzehnt. Vgl. o.V. [Großbritannien, 2000], S. 15.

195 Vgl. IDW [WP-Handbuch, 2002], Abschnitt A, Rn. 201.

Da die Wahl des Einzelprognosehorizonts Auswirkungen auf das Verhältnis zwischen Einzelprognosewert und Residualwert hat, ist dieser Zusammenhang konkret zu untersuchen. Dazu soll im folgenden der Einfluss des Einzelprognosehorizonts auf den Anteil des Residualwerts am Zukunftsentnahmewert untersucht werden.

Als Zukunftsentnahmewert sei an dieser Stelle auf den Ertragswert zurückgegriffen, um die steuerlichen Auswirkungen durch Verknüpfung der jeweilgen Steuerbelastung mit dem Ertragsüberschuss als Bezugsbasis unmittelbar darstellen zu können. Ferner wird zunächst von im Zeitablauf konstanten Bestimmungsgrößen ausgegangen:

$$
\begin{aligned}
&EÜ_t = EÜ = \text{const.}\\
&k_t = k = \text{const.}\\
&s_t^{ESt} = s^{ESt} = \text{const.}\\
&s_t^{KSt} = s^{KSt} = \text{const.}\\
&s_t^{GewESt} = s^{GewESt} = \text{const.}
\end{aligned}
$$

Unter diesen Annahmen gilt für die Bestimmung des Ertragswerts in Anlehnung an Gl. (4):

$$EW = \sum_{t=1}^{T} \frac{EÜ \cdot (1 - s^{GewESt}) \cdot (1 - s^{KSt}) \cdot (1 - 0{,}5 \cdot s^{ESt})}{(1 + k \cdot (1 - s^{ESt}))^t} \qquad (5)$$

und mit $T \rightarrow \infty \Rightarrow EW = \dfrac{EÜ \cdot (1 - s^{GewESt}) \cdot (1 - s^{KSt}) \cdot (1 - 0{,}5 \cdot s^{ESt})}{k \cdot (1 - s^{ESt})}$ (6)

Nimmt man eine Unterteilung des Ertragswerts EW in einen Einzelprognosewert EPW_m für die Perioden t = 1,...,m und in einem Residualwert RW_{m+1} ab t = m+1 vor, so gilt:

$$EW = EPW_m + RW_{m+1} \qquad (7)$$

Der Residualwert RW_{m+1} ab der Periode t = m+1 ergibt sich aus:

$$RW_{m+1} = \frac{EÜ \cdot (1 - s^{GewESt}) \cdot (1 - s^{KSt}) \cdot (1 - 0{,}5 \cdot s^{ESt})}{(1 + k \cdot (1 - s^{ESt}))^{m+1}}$$

$$+ \frac{EÜ \cdot (1 - s^{GewESt}) \cdot (1 - s^{KSt}) \cdot (1 - 0{,}5 \cdot s^{ESt})}{(1 + k \cdot (1 - s^{ESt}))^{m+2}}$$

$$+ \dots + \frac{EÜ \cdot (1 - s^{GewESt}) \cdot (1 - s^{KSt}) \cdot (1 - 0{,}5 \cdot s^{ESt})}{(1 + k \cdot (1 - s^{ESt}))^{T}} \quad (8)$$

Gl. (8) auf beiden Seiten multipliziert mit $(1 + k \cdot (1 - s^{ESt}))$ führt zu:

$$(1 + k \cdot (1 - s^{ESt})) \cdot RW_{m+1} = \frac{EÜ \cdot (1 - s^{GewESt}) \cdot (1 - s^{KSt}) \cdot (1 - 0{,}5 \cdot s^{ESt})}{(1 + k \cdot (1 - s^{ESt}))^{m}}$$

$$+ \frac{EÜ \cdot (1 - s^{GewESt}) \cdot (1 - s^{KSt}) \cdot (1 - 0{,}5 s^{ESt})}{(1 + k \cdot (1 - s^{ESt}))^{m+1}}$$

$$+ \dots + \frac{EÜ \cdot (1 - s^{GewESt}) \cdot (1 - s^{KSt}) \cdot (1 - 0{,}5 \cdot s^{ESt})}{(1 + k \cdot (1 - s^{ESt}))^{T-1}} \quad (9)$$

Durch Subtraktion der Gl. (8) von Gl. (9) und Auflösung nach RW_{m+1} erhält man:

$$RW_{m+1} = \frac{EÜ \cdot (1 - s^{GewESt}) \cdot (1 - s^{KSt}) \cdot (1 - 0{,}5 \cdot s^{ESt})}{(k \cdot (1 - s^{ESt})) \cdot (1 + k \cdot (1 - s^{ESt}))^{m}}$$

$$- \frac{EÜ \cdot (1 - s^{GewESt}) \cdot (1 - s^{KSt}) \cdot (1 - 0{,}5 \cdot s^{ESt})}{(k \cdot (1 - s^{ESt})) \cdot (1 + k \cdot (1 - s^{ESt}))^{T}}$$

und mit $T \rightarrow \infty$

$$\Rightarrow \quad RW_{m+1} = \frac{EÜ \cdot (1 - s^{GewESt}) \cdot (1 - s^{KSt}) \cdot (1 - 0{,}5 \cdot s^{ESt})}{(k \cdot (1 - s^{ESt})) \cdot (1 + k \cdot (1 - s^{ESt}))^m} \qquad (10)$$

Setzt man den Residualwert RW_{m+1} ins Verhältnis zum Ertragswert EW folgt:

$$\frac{RW_{m+1}}{EW} = \frac{\dfrac{EÜ \cdot (1 - s^{GewESt}) \cdot (1 - s^{KSt}) \cdot (1 - 0{,}5 \cdot s^{ESt})}{(k \cdot (1 - s^{ESt})) \cdot (1 + k \cdot (1 - s^{ESt}))^m}}{\dfrac{EÜ \cdot (1 - s^{GewESt}) \cdot (1 - s^{KSt}) \cdot (1 - 0{,}5 \cdot s^{ESt})}{k \cdot (1 - s^{ESt})}}$$

$$\Rightarrow \quad \frac{RW_{m+1}}{EW} = \frac{1}{(1 + k \cdot (1 - s^{ESt}))^m} \qquad (11)$$

Somit ist der Anteil des Residualwerts RW_{m+1} am Ertragswert EW – unter den oben genannten Voraussetzungen – abhängig vom Einzelprognosehorizont m, dem Kalkulationszins k und der persönlichen Ertragsteuerbelastung s^{ESt}, wobei der Anteil mit zunehmendem Einzelprognosehorizont m exponentiell abnimmt.

Um für ein bestimmtes Verhältnis von Residualwert RW_{m+1} zu Ertragswert EW den entsprechenden Einzelprognosehorizont m zu bestimmen, ist Gl. (11) nach m umzustellen:

$$\Rightarrow \quad (1 + k \cdot (1 - s^{ESt}))^m = \frac{EW}{RW_{m+1}} \quad \Rightarrow \quad m \cdot \ln(1 + k \cdot (1 - s^{ESt})) = \ln\left(\frac{EW}{RW_{m+1}}\right)$$

$$\Rightarrow \quad m = \frac{\ln\left(\dfrac{EW}{RW_{m+1}}\right)}{\ln(1 + k \cdot (1 - s^{ESt}))} \qquad (12)$$

Im folgenden Abschnitt soll anhand konkreter Daten die Relevanz des Einzelprognosehorizontes auf den Einzelprognosewert bzw. den Residualwert für EltVU untersucht werden.

4.3.2 Einfluss des Einzelprognosehorizonts auf den Einzelprognosewert bzw. Residualwert bei Elektrizitätsversorgungsunternehmen

Um die oben formal abgeleiteten Zusammenhänge quantitativ für EltVU zu analysieren, wird für die Bestimmung ds Kalkulationszinssatzes auf Kapitalmarktdaten zurückgegriffen. Als Ausgangspunkt für die Ermittlung des benötigten Kalkulationszinsfußes k soll hier die Gleichung für die Bestimmung der Eigenkapitalkosten k^{EK} aus dem DCF-Verfahren Anwendung finden[196]:

$$k = k^{EK} = i + \beta \cdot (k^M - i) \qquad (13)$$

i	=	risikoloser Zinsfuß
β	=	unternehmens- oder branchenspezifischer Betafaktor
k^M	=	Rendite des Marktportefeuilles risikobehafteter Wertpapiere

Die Ermittlung von Betafaktoren mit Hilfe des Capital Asset Pricing Model (CAPM), das von einem alleinigen Zusammhang zwischen Betafaktor und der jeweiligen Aktienkursrendite ausgeht, wurde durch die empirische Arbeit von *Fama/French* [197] angezweifelt. Am Beispiel des US-Aktienmarktes zeigten sie, dass andere Faktoren als die Aktienkurse teilweise einen signifikanteren Zusammenhang mit dem Betafaktor aufwiesen. Aus diesem Grund sind sog. Mehrfaktorenmodelle[198] entwickelt worden, die den Einfluss von Unternehmens-, Branchen- und makroökonomischen Daten auf den Betafaktor Rechnung tragen.

Für die weitere Berechnung greife ich auf Berechnungen der *Barra International Ltd.* zurück.[199] In dem von diesem Unternehmen entwickelten "*German Equity Model*" fließen insgesamt 27 Faktoren ein, davon 10 Faktoren, die sich auf den Jahresabschluss und den Aktienkurs des entsprechenden Wertpapiers beziehen und 17 Faktoren, die die Branchenzugehörigkeit der Aktie erfassen. Die Vergangenheitswerte umfassen einen Zeitraum von 5 Jahren, wobei für jeden Faktor Monatsrenditen ermittelt werden, so dass je Faktor eine Zeitreihe von 60 Beobachtungswerten vorliegt.[200]

---

196 Vgl. z.B. Ballwieser [Moxter, 1994], S. 1384.

197 Vgl. Fama/French [Section, 1992], S. 427-465.

198 Zu Mehrfaktorenmodellen vgl. z.B. die Aufsätze von Kleeberg [Einsatz, 1992], Beckers/Cummins/Woods [Estimation, 1993], Connor [Types, 1995].

199 Für die Berechnungen danke ich Frau Germann von der Barra International Ltd, Frankfurt.

200 Vgl. Kleeberg [Einsatz, 1992], S. 475-476.

Versorgungsunternehmen	Gewicht im CDAX-Versorgung in [%]
RWE AG (Stammaktien)	14,25
RWE AG (Vorzugsaktien)	6,47
VEBA AG	23,94
VIAG	14,74
VEW AG	3,30
Energie Baden Württemberg AG	3,45
Bewag	2,31
Main-Kraftwerke AG	0,39
KÜW Rheinfelden AG	0,39
Neckarwerke AG	1,15
Kraftwerk Altbadenwürttemberg AG	0,15
Überlandwerk Unterfranken AG	0,19
Lech-Elektrizitätswerke AG	0,88
Contigas AG	1,56
Thüga AG	1,77
Deutsche Telekom AG	24,46
Gelsenwasser AG	0,60
Summe	100,00

Tabelle 7: Versorgungsunternehmen im CDAX-Versorgung und deren Gewichtung
(Stand 31.07.1998)
(Datenquelle: *Barra International Ltd.*)

Um eine generelle Aussage des Branchenrisikos für den gesamten Stromversorgungssektor zu erhalten, wird auf den Branchenindex CDAX-Versorgung zurückgegriffen, der, wie aus Tabelle 7 ersichtlich, insgesamt 17 Versorgungsunternehmen enthält.[201] Als Benchmark wurde der CDAX gewählt, der alle deutschen Aktien des Amtlichen Handels umfasst.[202] Die Ergebnisse für die Monatsultimos Oktober 1997 bis September sind in Tabelle 8 abgebildet. Der arithmetische Mittelwert liegt bei 0,742, die Standardabweichung bei 0,015, was bezogen auf den Mittelwert ein Abweichung von ± 2 % ergibt.

201 Neben Unternehmen, die in der EltV tätig sind, befinden sich auch die Deutsche Telekom und der Wasserversorger Gelsenwasser AG in diesem Index.

202 Zum CDAX und den CDAX-Branchenindizes vgl. die Broschüre „Aktienindizes“, herausgegeben von der Deutschen Börse AG.

Monatsultimo	Branchenbeta CDAX-Versorgung
Oktober 1997	0,704
November 1997	0,737
Dezember 1997	0,763
Januar 1998	0,758
Februar 1998	0,742
März 1998	0,744
April 1998	0,741
Mai 1998	0,738
Juni 1998	0,753
Juli 1998	0,732
August 1998	0,750
September 1998	0,738

Tabelle 8: Branchenbetas CDAX-Versorgung im Zeitablauf
(nach Berechnungen der *Barra International Ltd.*)

Entscheidend sind das zukünftige bzw. bei periodenweiser Betrachtung die zukünftig erwarteten Betas, die i.d.R. auf der Basis von Vergangenheitswerten errechnet werden. Dabei spielen der betrachtete Vergangenheitszeitraum, die Renditefristen (z.B. Tages-, Wochen- oder Monatsrenditen)[203], die Wahl der Benchmark und die Frage, ob die in der Vergangenheit bestehenden Strukturen auch für die Zunkunft gelten, eine entscheidende Rolle. Insbesondere durch die Liberalisierung und einer möglichen Verschärfung des Wettbewerbs im Elektrizitätssektor sowie durch den Regierungswechsel nach der Bundestagswahl 1998 (Stichworte: Ausstieg aus der Kernenergie, schrittweise Auflösung der Rückstellungen für atomare Entsorgung zur Haushaltsentlastung, Einführung einer Energiesteuer auf Strom) könnten sich die Betas der einzelnen EltVU bzw. das Beta der Versorgerbranche in der Zukunft nachhaltig erhöhen.

Nach Gl. (13) ist für die Bestimmung des Kalkulationszinsfußes noch die Ermittlung der risikolosen Zinssätze und Marktrenditen erforderlich. In der Literatur umstritten ist die Frage, ob der risikolose Zinssatz, i.d.R. repräsentiert durch die Umlaufrendite festverzinslicher Wertpapiere, am Bewertungsstichtag oder der zukünftig erwartete bzw. bei Periodenbetrachtung die zukünftigen erwarteten maßgebend sind. *Jonas* [204] befürwortet den stichtagsbezogenen Zinssatz und verweist auf Anleihen mit Laufzeiten von 30 Jahren: "Die am Markt zu

203 Zum Vergangenheitszeitraum und zur Renditefristigkeit vgl. Baetge/Krause [Berücksichtigung, 1994], S. 440-448.

204 Vgl. Jonas [Unternehmensbewertung, 1995], S. 87-88 und die dort angegebene Literatur.

beobachtende Zinsstruktur ist die beste Prognose für die nächsten 30 Jahre, die es gibt."[205] Obwohl eine solche Anleihe ab dem Emissionsdatum 30 Jahre lang (bzw. bei Erwerb kurz nach Börsenplazierung entsprechend weniger als 30 Jahre) eine konstante Rendite verbrieft, ist die Problematik zu berücksichtigen, wenn sich am Bewertungsstichtag die Emissionsrendite bzw. die Umlaufrendite in einer Niedrigzinsphase befindet. Bei einem dann wahrscheinlichen Anstieg der Zinsen in zukünftigen Perioden wäre es nicht möglich, kursverlustfrei aus den 30-jährigen Anleihen auszusteigen und in höherverzinsliche Anleihen umzuschichten, da der Kurs der 30-jährigen Anleihe infolge der Anpassung an das höhere Zinsniveau sinken wird und ein Verkaufserlös unterhalb des ursprünglichen Nenn-betrags bzw. Kaufkurses zur Folge hat. Alternativ könnte ein Investor zunächst Anleihen mit relativ kurzer Laufzeit (z.B. vier Jahre) erwerben, um dann am Laufzeitende den Rückzahlungsbetrag in höherverzinsliche Anleihen kursverlustfrei umzuschichten. In diesem Fall wäre die Rendite der reinvestierten Anleihe zu prognostizieren, wobei das Unsicherheitsproblem zu berücksichtigen ist. Es sollte daher je nach Zinsniveau eine differenzierte Betrachtung vorgenommen werden.

Mitte des Jahres 1998 befand sich der Rentenmarkt in einer absoluten Niedrigzinsphase. So sank am 02.10.1998 die Umlaufrendite der Bundesanleihen auf 3,74 %[206], bis zu diesem Zeitpunkt der niedrigste Stand nach dem Zweiten Weltkrieg. Die im Januar 1998 emmitierte 30-jährige Bundesanleihen (WKN 113506) lag zu diesem Zeitpunkt bei 4,752 %[207]. Betrachtet man die geometrischen Mittelwerte[208] der Umlaufrenditen öffentlicher Anleihen für die 5-Jahres-Periode von Okt. 1993 bis Sept. 1998 und die 10-Jahres-Periode von Okt. 1988 bis Sept. 1998[209], liegen diese mit 5,67 % bzw. 6,72 % knapp 2 %-Punkte bzw. 3 %-Punkte über dem Tiefststand der Umlaufrendite vom 02.10.1998 und knapp 1 %-Punkt bzw. 2 %-Punkte oberhalb der am gleichen Tag notierten Rendite der 30-jährigen Bundesanleihe (WKN 113506).
Wie bei der Ermittlung des risikofreien Zinssatzes ergeben sich bei der Bestimmung der zukünftigen Marktrendite ausgehend von Vergangenheitswerten die Probleme der Festlegung des Beobachtungszeitraums und der Mittelwertbildung, wobei aufgrund der i.d.R. größeren Streuung von im Zeitablauf schwankenden Aktienrenditen gegenüber Umlaufrenditen die Unterschiede wesentlich

205 Jonas [Unternehmensbewertung, 1995], S. 88.
206 Vgl. z.B. FAZ, Nr. 230 vom 05.10.1998, S. 35.
207 Vgl. z.B. FAZ, Nr. 230 vom 05.10.1998, S. 37.
208 Alternativ kann auch das arithmetische Mittel berechnet werden. In der Literatur wird jedoch das geometrische Mittel bevorzugt, das hohe Schwankungen einzelner Periodenrenditen besser abgebildet. Vgl. das Beispiel in Stehle/Hartmond [Durchschnittsrenditen, 1991], S. 388-389.
209 Vgl. Anhang A.

größer sind. Am Beispiel der bereits oben verwendeten beiden Zeiträume Okt. 1993 bis Sept. 1998 und Okt. 1988 bis Sept. 1998 und dem CDAX als Marktindex errechnen sich Marktrenditen von 15,52 % bzw. 11,92 %.[210] Der Unterschied von 3,6 %-Punkten resultiert aus der unterschiedlichen Erfassung von Haussen und Baissen, die in die jeweiligen Beobachtungsperiode fallen. In einer Übersicht von *Baetge/Krause*[211] lassen sich für unterschiedliche Zeiträume Marktrenditen von 2,43 % bis 15,09 % ermitteln. Der Wert von 15,52 % für die Periode Okt. 1993 bis Sept. 1998 liegt damit im Vergleich relativ hoch. Im Sinne des Zukunftsprinzips ist die zukünftig erwartete Rendite maßgebend. Insofern dürfte der Wert von 11,92 % für den Zeitraum Okt. 1988 bis Sept. 1998 angemessener sein.

Die Tabelle 9 fasst die einzelnen Ergebnisse noch einmal zusammen.

Periode	risikoloser Zinssatz [%]	Betafaktor CDAX-Versorgung	Marktrendite CDAX [%]	Kalkulations-zinssatz [%]
Okt. 93 - Sept. 98	5,67	0,742	15,52	12,98
Okt. 88 - Sept. 98	6,72	0,742	11,92	10,58

Tabelle 9: Berechnung von Kalkulationszinssätzen für Versorger bei zwei unterschiedlichen Beobachtungsperioden
(eigene Berechnungen)

Wendet man nun die Gl. (13) an, indem der Wert für den Kalkulationszinsfuß k für Versorgerwerte, wie oben ermittelt, mit 10,58 % (k = 10,58) eingesetzt und von einer typisierten persönlichen Ertragsteuerbelastung von 35 % ($s^{ESt} = 0,35$)[212] ausgegangen wird, so gilt für den Anteil des Residualwertes RW_{m+1} am Ertragswert EW:

$$\frac{RW_{m+1}}{EW} = \frac{1}{(1+0{,}1058 \cdot (1-0{,}35))^m} = \frac{1}{1{,}0688^m} \qquad (14)$$

210 Vgl. Anhang B.

211 Vgl. Baetge/Krause [Berücksichtigung, 1994], S. 452, Tabelle 2.

212 Ein typisierte persönliche Ertragsteuerbelastung von 35 % wird vom Institut der Wirtschaftsprüfer vorgeschlagen, wenn sich im konkreten Fall die individuelle Ertragsteuerbelastung des Anteileigners nicht bestimmen lässt. Vgl. auch Abschnitt 4.1.1.2.2.

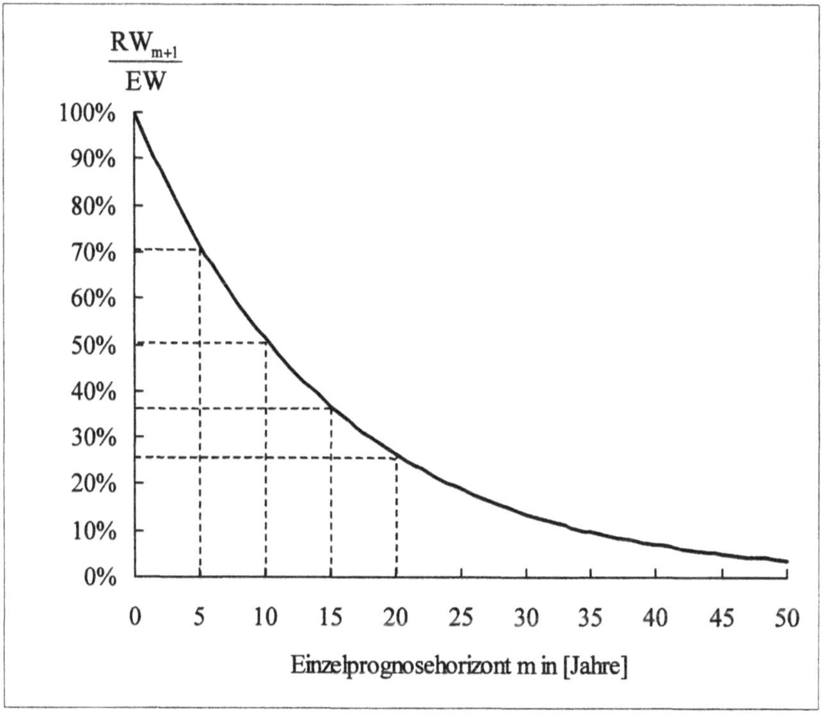

Abbildung 6: Verhältnis des Residualwert RW_{m+1} zum Ertragswert EW in Abhängigkeit vom Einzelprognosehorizont m (für k=10,58 % und s^{ESt} =35 %)
(eigene Darstellung)

In Abbildung 6 ist der Verlauf der Gl. (14) graphisch dargestellt. Wie dort zu erkennen, beträgt der Anteil des Residualwert am Ertragswert bei einem Einzelprognosehorizont von 5 Jahren immerhin noch über 70 %. Bei 10 Jahren reduziert sich der Anteil auf rund 50 %, bei 15 Jahren auf unter 40 % und bei 20 Jahren auf weniger als 30 %. Insofern würde ein in etwa ausgeglichenes Verhältnis von Einzelprognosewert und Residualwert mit einem Einzelprognosehorizont von 10 Jahren vorliegen.

Rechnerisch lässt sich der Einzelprognosehorizont, bei dem ein ausgeglichenes Verhältnis von Einzelprognosewert und Residualwert besteht, anhand der Gl. (12) bestimmen. Aus der Bedingung $EPW_m = RW_{m+1}$ folgt in Verbindung mit Gl. (7) $EW/RW_{m+1} = 2$ und eingesetzt in Gl. (12):

$$m = \frac{\ln 2}{\ln(1 + 0{,}1058 \cdot (1 - 0{,}35))} = 10{,}4 \text{ Jahre.}$$

Im Kontext zur Strommarktliberalisierung dürfte der oben ermittelte Einzelprognosehorizont bei ausgeglichenem Verhältnis von Einzelprognosewert und Residualwert von 10 Jahren in etwa dem Zeithorizont entsprechen, bis zu dem eine vollständige Liberalisierung der europäischen Strommärkte und mithin ein Beharrungszustand erreicht werden könnte.

Bei weniger als 10 Jahren Einzelprognosehorizont ließen sich spätere Entwicklungen der Strommärkte innerhalb der Liberalisierungsphase nicht mehr im Einzelprognosewert sondern nur noch mehr oder minder pauschal im Residualwert abbilden. Gleichzeitig nimmt die quantitative Bedeutung des Einzelprognosewertes im Vergleich zum Residualwert mit sinkendem Einzelprognosehorizont ab. Ab einem Einzelprognosehorizont von mehr als 10 Jahren würden weit in der Zukunft liegende Entwicklungen der liberalisierten Strommärkte verstärkt im Einzelprognosewert erfasst. Allerdings nimmt dann zum einen die Bedeutung des Einzelprognosewerts am Ertragswert nur noch relativ geringfügig zu. Zum anderen ist eine Einzelwertprognose in derartigen Zeitdimensionen mit erheblichen Schwierigkeiten verbunden, so dass hier eine pauschalisierte Erfassung innerhalb des Residualwerts angemessener erscheint.

Im konkreten Einzelfall wird der Einfluss auf das Verhältnis von Residualwert am Ertragswert durch den unternehmensspezifischen Kalkulationszins des zu bewertenden EltVU (insb. unternehmensspezifischer Betafaktor) und – soweit bekannt – durch die individuelle persönliche Ertragsteuerbelastung determiniert. In Abbildung 7 sind exemplarisch die Auswirkungen für verschiedene Kalkulationszinssätze bei unterschiedlichem Einzelprognosehorizont und einer typisierten persönlichen Ertragsteuerbelastung von 35 % graphisch dargestellt. Wie dort ersichtlich, können sich erhebliche Verschiebungen ergeben. So wird bei $k = 5\ \%$ ein ausgeglichenes Verhältnis von Einzelprognosewert und Residualwert erst bei einem Einzelprognosehorizont von über 20 Jahren erreicht, während dies bei 15 % bereits nach etwa 7 Jahren der Fall ist.

Insofern ist bei der Festlegung des Einzelprognosehorizonts für die konkrete Bewertung eines EltVU der unternehmensspezifische Kalkulationszinssatz bzw. die individuelle persönliche Ertragsteuerbelastung zu berücksichtigen.

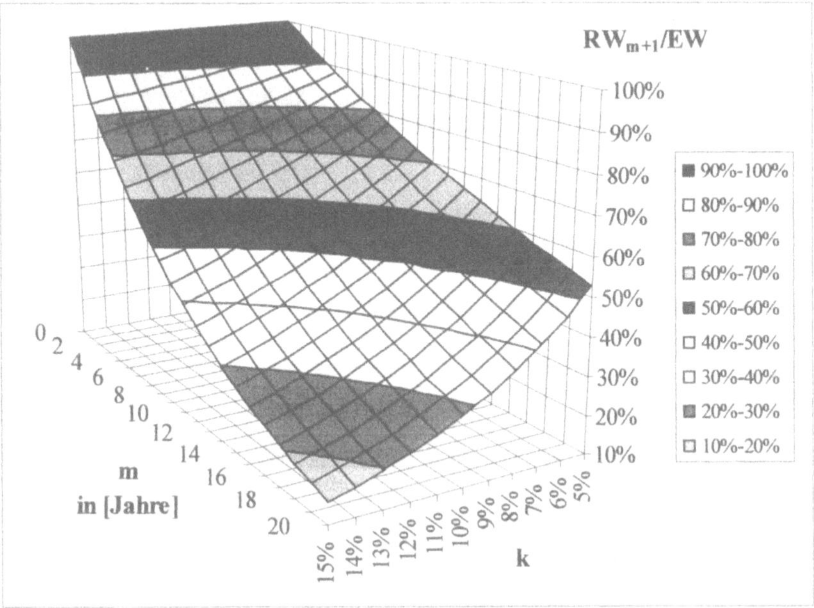

Abbildung 7: Verhältnis des Residualwert RW_{m+1} zum Ertragswert EW in Abhängigkeit vom Einzelprognosehorizont m und Kalkulationszinssatz k (für s^{ESt} = 35 %)

(eigene Darstellung)

Insgesamt ist jedoch einschränkend anzumerken, dass die oben vorgenommenen Berechnungen nur einen groben Anhaltspunkt geben können, da hier von konstanten Ertragsüberschüssen, Kalkulationszinssätzen und Steuerbelastungssätzen ausgegangen wurde. Im konkreten Bewertungsfall wären Veränderungen dieser Größen im zeitlichen Ablauf bei der Berechnung zu berücksichtigen, was Anpassungen des Einzelprognosehorizonts in die eine oder andere Richtung zur Folge hätte. Im folgenden Abschnitt soll daher explizit auf die Problematik sich im Zeitablauf ändernder Ertragsüberschüsse bzw. deren Einflußgrößen eingegangen werden.

4.4 Auswirkungen von Preis- und Mengenänderungen auf die Bewertung von EltVU

In Abschnitt 4.3 wurde zunächst von im Zeitablauf konstanten Entnahmegrößen ausgegangen. Während der Liberalisierungsphase dürften die Entnahmegrößen

jedoch aufgrund von Marktanpassungen mehr oder minder starken Schwankungen unterliegen und in der Phase nach Vollendung der Liberalisierung in eine stabilere Entwicklung übergehen.
Inwieweit Veränderungen der Entnahmegröße Auswirkungen auf die Bewertung von EltVU haben können, soll Gegenstand diese Abschnitts sein.

4.4.1 Differenzierung der Entnahmegröße nach Preis- und Mengenkomponenten

Vor dem Hintergrund potentieller Veränderungen der Entnahmegröße im Zeitablauf erscheint es angebracht, eine Zerlegung in die Bestimmungsgrößen und anschließend eine differenzierte Zukunftsbetrachtung der einzelnen Größen vorzunehmen.

So lässt sich etwa der Ertragsüberschuss EÜ als Differenz von Erträgen E und Aufwendungen A darstellen. Eine weitere Differenzierung führt zur Aufspaltung der Erträge und Aufwendungen in die einzelnen Ertrags- und Aufwandsgrößen, die sich wiederum jeweils aus einer Preiskomponente P^E bzw. P^A und einer Mengenkomponente ME^E bzw. ME^A zusammensetzen. Formal gilt dann mit den Ertragsgrößen $E_1,\ldots,E_m$ und den Aufwandsgrößen $A_1,\ldots,A_n$:

$$EÜ_t = E_t - A_t = \sum_{E=E_1}^{E_m} P_t^E \cdot ME_t^E - \sum_{A=A_1}^{A_n} P_t^A \cdot ME_t^A \qquad (15)$$

Konkret auf EltVU bezogen, können die Ertragsüberschüsse im wesentlichen in folgende Ertrags- und Aufwandsgrößen mit den entsprechenden Preis- und Mengenkomponenten zerlegt werden:

$$EÜ_t = UE_t - MA_t - PA_t - Abschr_t - KA_t + E_t^{sonst} - A_t^{sonst} \qquad (16)$$

Die Umsatzerlöse (UE) aus dem Stromverkauf lassen sich je nach Preispolitik des EltVU in variable und fixe Bestandteile unterteilen. Die variablen Stromerlöse bestimmen sich aus der Multiplikation des Strompreises mit der Absatzmenge, die auch entsprechend gestaffelt sein können. Der fixe Anteil ergibt sich aus Grundgebühren, die monatlich oder jährlich von den Kunden zu entrichten sind, und im Zeitablauf sprungfixen Anpassungen unterliegen können.

Der Materialaufwand (MA) umfasst im wesentlichen die eingesetzten Brennstoffe zur Stromerzeugung und/oder fremdbezogenen Strom. Beim Brennstoffbezug ergibt sich der MA aus der Multiplikation von Brennstoffpreis je Mengeneinheit und der bezogenen Menge. Analog setzt sich der Betrag für Strom aus Fremdbezug aus dem Bezugspreis und der zuhekauften Menge zusammen. Bei beiden Arten sind potentielle Preis- bzw. Mengenstaffelungen zu berücksichtigen.

Die Personalaufwendungen (PA) setzen sich zusammen aus den Löhnen und Gehältern, den Sozialabgaben und je nach Vereinbarungen aus den Aufwendungen für Alterversorgung. Prinzipiell ergibt sich der PA bei Arbeitern aus der Anzahl der Arbeitsstunden pro Jahr multipliziert mit dem entsprechenden Stundenlohn (einschl. Arbeitgeberanteil zur Sozialversicherung) und bei Angestellten aus dem Monatsgehalt (einschl. Arbeitgeberanteil zur Sozialversicherung) multipliziert mit der Anzahl der Monate.

Bei den Abschreibungen (Abschr) sind zum einen die zukünftigen Abschreibungsbeträge aus bereits in der Vergangenheit getätigten Investitionen und zum anderen die auf Basis der Investitionsplanung abgeleiteten Abschreibungsbeträge zu berücksichtigen. Da die Investitionen im Zeitablauf sowohl Preis- als auch Wertsteigerungen – aufgrund technischen Fortschritts – unterliegen können, gilt dies auch für die entsprechenden Abschreibungsbeträge.[213]

Die Bemessung der Konzessionsabgaben (KA) sind aus den in § 2 KAV genannten Höchstgrenzen abzuleiten und abhängig von der Art des Endkunden (Tarifkunde oder Sondervertragskunde) sowie bei Tarifkunden von der Leistungsinanspruchnahme (Schwachlaststrom bzw. kein Schwachlaststrom) und bei Belieferung von Nicht-Schwachlaststrom von der Einwohnerzahl der Gemeinde.

Die sonstigen Erträge E^{sonst} und Aufwendungen A^{sonst} umfassen die sonstigen betrieblichen Erträge und Aufwendungen, das Finanz- und Beteiligungsergebnis sowie die Betriebssteuern, unter die alle betrieblichen Steuern fallen, sofern sie auf Unternehmensebene nicht Ertragsteuern sind. Zu den Betriebsteuern zählen im wesentlichen die anfallende Stromsteuer durch Stromentnahme aus dem Versorgungsnetz zum Selbstverbrauch i.S.d. § 5 Abs. 1 S. 1 2. Hs. StromStG[214], sonstige Verbrauchssteuern, Grundsteuern und Kraftfahrzeugsteuern.[215]

213 Vgl. Thomas [Ermittlung, 1993], S. 132.

214 Die Stromsteuer, die gem. § 5 Abs. 1 S. 1 1. Hs. StromStG durch die Entnahme des Letztverbrauchers entsteht, stellt beim EltVU als Steuerschuldner einen Durchlaufposten dar.

215 Vgl. IDW [WP-Handbuch, 2002], Abschnitt A, Rn. 272.

4.4.2 Möglichkeiten der Berücksichtigung von Preis- und Mengenveränderungen

Für die Berücksichtung von zeitlichen Veränderungen der Preis- und Mengenkomponenten in den Ertrags- und Aufwandsgrößen ist zwischen der Erfassung innerhalb des Einzelprognosewertes und des Residualwertes zu unterscheiden.

Innerhalb des Einzelprognosewertes lassen sich erwartete Veränderungen unmittelbar bei den Preis- und Mengenkomponenten im Rahmen der Einzelperiodenplanung in Ansatz bringen. Dies kann geschehen, indem für jede Periode die erwarteten Preis- und Mengenänderungen entweder absolut oder relativ, durch prozentuale Veränderung gegenüber den Vorjahrswerten, prognostiziert werden.

Für den Residualwert sind nachhaltige Veränderungen pauschal anzusetzen. Dies geschieht meist in Form einer nachhaltig konstanten Wachtumsrate für die Entnahmegröße.[216]
Bei einer Differenzierung des Ertragsüberschusses nach Ertrags- und Aufwandsgrößen sind die Preis- und Mengenkomponenten jeweils mit erwarteten Veränderungsraten zu verknüpfen.[217] Dies soll durch Einfügen jährlich konstanter Preisveränderungsraten p^E bzw. p^A und Mengenveränderungsraten me^E bzw. me^A geschehen. Dabei beziehen sich die Veränderungsraten beginnend ab Periode t=1 jeweils auf die Preis- und Mengenkomponenten der Vorperiode. Formal gilt dann in Anlehnung an Gl (15):

$$\begin{aligned} E\ddot{U}_t = & \sum_{E=E_1}^{E_m} (1+p^E)^{t-1} \cdot P_1^E \cdot (1+me^E)^{t-1} \cdot ME_1^E \\ & - \sum_{A=A_1}^{A_n} (1+p^A)^{t-1} \cdot P_1^A \cdot (1+me^A)^{t-1} \cdot ME_1^A \qquad (17) \end{aligned}$$

Analog einer Differenzierung nach den einzelnen Ertrags- und Aufwandsgrößen kann der Ertragswert in einzelne Bestandteile aufgepalten werden. Um dies darzustellen, wird zunächst von jeweils einer Ertrags- und Aufwandsgröße ausgegangen, so dass für den Ertragsüberschuss gilt:

---

216 Üblicherweise wird für den Residualwert eine konstante Wachstumsrate der Entnahmegröße angesetzt, ohne dass eine differenzierte Betrachtung von Preis- und Mengenänderungen erfolgt. Vgl. IDW [WP-Handbuch, 2002], Abschnitt A, Rn. 231.

217 Der Begriff Veränderungsrate wird in diesem Zusammenhang gewählt, um sowohl Wachstum als auch einen Rückgang zu erfassen.

$$EÜ_t = [(1+p^E)^{t-1} \cdot P_1^E \cdot (1+me^E)^{t-1} \cdot ME_1^E]$$
$$-[(1+p^A)^{t-1} \cdot P_1^A \cdot (1+me^A)^{t-1} \cdot ME_1^A] \qquad (18)$$

Entsprechend lautet die Bestimmungsgleichung für den Ertragswert durch Einsetzen von Gl. (18) in Gl. (5) aus Abschnitt 4.3.1:

$$EW = \sum_{t=1}^{T} \frac{[(1+p^E)^{t-1} \cdot P_1^E \cdot (1+me^E)^{t-1} \cdot ME_1^E - (1+p^A)^{t-1} \cdot P_1^A \cdot (1+me^A)^{t-1} \cdot ME_1^A] \ldots}{(1+k \cdot (1-s^{ESt}))^t}$$

$$\frac{\ldots \cdot (1-s^{GewESt}) \cdot (1-s^{KSt}) \cdot (1-0{,}5 \cdot s^{ESt})}{(1+k \cdot (1-s^{ESt}))^t}$$

$$\Rightarrow EW = \sum_{t=1}^{T} \frac{[(1+p^E)^{t-1} \cdot P_1^E \cdot (1+me^E)^{t-1} \cdot ME_1^E] \cdot (1-s^{GewESt}) \cdot (1-s^{KSt}) \cdot (1-0{,}5 \cdot s^{ESt})}{(1+k \cdot (1-s^{ESt}))^t}$$

$$-\sum_{t=1}^{T} \frac{[(1+p^A)^{t-1} \cdot P_1^A \cdot (1+me^A)^{t-1} \cdot ME_1^A] \cdot (1-s^{GewESt}) \cdot (1-s^{KSt}) \cdot (1-0{,}5 \cdot s^{ESt})}{(1+k \cdot (1-s^{ESt}))^t}$$

Der Ertragswert lässt sich so in eine Diskontierungsreihe für die Ertrags- und für die Aufwandsgröße aufspalten. Entsprechend kann bei mehreren Ertrags- und Aufwandsgrößen jeweils eine separate Diskontierungsreihe mit den Variablen Preis- und Mengenkomponente sowie deren Veränderungsraten gebildet werden. Dies beinhaltet auch die Möglichkeit der Abbildung unterschiedlicher Chancen-/ Risikenerwartungen innerhalb des Kalkulationszinsfußes.

Formal läst sich der Ertragswert dann darstellen, indem die Diskontierungsreihen EW_D für die Ertragskomponenten ($E_1,\ldots,E_m$) addiert und davon die Summe der Diskontierungsreihen EW_D der Aufwandskomponenten ($A_1,\ldots,A_n$) subtrahiert wird. Allgemein gilt:

$$EW = \sum_{E=E_1}^{E_m} EW_D^E - \sum_{A=A_1}^{A_n} EW_D^A \qquad (19)$$

mit

$$EW_D = \sum_{t=1}^{T} \frac{[(1+p)^{t-1} \cdot P_1 \cdot (1+me)^{t-1} \cdot ME_1] \cdot (1-s^{GewESt}) \cdot (1-s^{KSt}) \cdot (1-0{,}5 \cdot s^{ESt})}{(1+k \cdot (1-s^{ESt}))^t} \qquad (20)$$

Anhand der Aufspaltung in Diskontierungreihen soll nun im folgenden die Sensitivität gegenüber Preis- und Mengenveränderungen analysiert werden.

4.4.3 Sensitivität gegenüber Preis- und Mengenveränderungen

Um die Sensitivität gegenüber Preis- und Mengenänderungen zu verdeutlichen, wird in diesem Abschnitt eine Sensitivitätsanalyse durchgeführt. Dazu erfolgt ein relativer Vergleich zwischen einer Diskontierungsreihe mit konstanten Ertragsüberschüssen und mit Ertragsüberschüssen, die nachhaltig konstant wachsen bzw. sinken. Hierfür ist zunächst der Wert einer Diskontierungsreihe EW_D bei unendlicher Lebensdauer des EltVU zu bestimmnen. Nach Gl. (20) und mit Substitution $g = (1+p)\cdot(1+me)$ gilt[218]:

$$EW_D = \frac{P_1 \cdot ME_1 \cdot (1-s^{GewESt}) \cdot (1-s^{KSt}) \cdot (1-0{,}5 \cdot s^{ESt})}{1+k\cdot(1-s^{ESt})}$$

$$+\frac{g \cdot P_1 \cdot ME_1 \cdot (1-s^{GewESt}) \cdot (1-s^{KSt}) \cdot (1-0{,}5 \cdot s^{ESt})}{(1+k\cdot(1-s^{ESt}))^2}$$

$$+\frac{g^2 \cdot P_1 \cdot ME_1 \cdot (1-s^{GewESt}) \cdot (1-s^{KSt}) \cdot (1-0{,}5 \cdot s^{ESt})}{(1+k\cdot(1-s^{ESt}))^3}$$

$$+\ldots+\frac{g^{T-1} \cdot P_1 \cdot ME_1 \cdot (1-s^{GewESt}) \cdot (1-s^{KSt}) \cdot (1-0{,}5 \cdot s^{ESt})}{(1+k\cdot(1-s^{ESt}))^T} \qquad (21)$$

Gl. (21) auf beiden mit $(1+k\cdot(1-s^{ESt}))/g$ multipliziert ergibt:

218 Eine Substitution der Preis- und Mengenveränderungsrate durch die Variable g wird hier aus Gründen der Anschaulichkeit vorgenommen.

$$\frac{1+k\cdot(1-s^{ESt})}{g}EW_D = \frac{P_1\cdot ME_1\cdot(1-s^{GewESt})\cdot(1-s^{KSt})\cdot(1-0{,}5\cdot s^{ESt})}{g} \tag{22}$$

$$+\frac{P_1\cdot ME_1\cdot(1-s^{GewESt})\cdot(1-s^{KSt})\cdot(1-0{,}5\cdot s^{ESt})}{1+k\cdot(1-s^{ESt})}$$

$$+\frac{g\cdot P_1\cdot ME_1\cdot(1-s^{GewESt})\cdot(1-s^{KSt})\cdot(1-0{,}5\cdot s^{ESt})}{(1+k\cdot(1-s^{ESt}))^2}$$

$$+\ldots+\frac{g^{T-2}\cdot P_1\cdot ME_1\cdot(1-s^{GewESt})\cdot(1-s^{KSt})\cdot(1-0{,}5\cdot s^{ESt})}{(1+k\cdot(1-s^{ESt}))^{T-1}}$$

Subtrahiert man Gl. (21) von Gl. (22) folgt:

$$\frac{1+k\cdot(1-s^{ESt})}{g}EW_D - EW_D = \frac{P_1\cdot ME_1\cdot(1-s^{GewESt})\cdot(1-s^{KSt})\cdot(1-0{,}5\cdot s^{ESt})}{g}$$

$$-\frac{g^{T-1}\cdot P_1\cdot ME_1\cdot(1-s^{GewESt})\cdot(1-s^{KSt})\cdot(1-0{,}5\cdot s^{ESt})}{(1+k\cdot(1-s^{ESt}))^{T}}$$

und umgestellt:

$$EW_D = \frac{P_1\cdot ME_1\cdot(1-s^{GewESt})\cdot(1-s^{KSt})\cdot(1-0{,}5\cdot s^{ESt})}{(1+k\cdot(1-s^{ESt}))-g} \tag{23}$$

$$-\frac{P_1\cdot ME_1\cdot(1-s^{GewESt})\cdot(1-s^{KSt})\cdot(1-0{,}5\cdot s^{ESt})}{(1+k\cdot(1-s^{ESt}))-g}\cdot\left[\frac{g}{1+k\cdot(1-s^{ESt})}\right]^T$$

Mit $T \rightarrow \infty$ und $(1+k\cdot(1-s^{ESt})) > g$ strebt der zweite Term auf der rechten Seite der Gl. (23) gegen Null, so dass gilt:

$$EW_D = \frac{P_1 \cdot ME_1 \cdot (1-s^{GewESt}) \cdot (1-s^{KSt}) \cdot (1-0{,}5 \cdot s^{ESt})}{(1+k\cdot(1-s^{ESt}))-g}$$

$$= \frac{P_1 \cdot ME_1 \cdot (1-s^{GewESt}) \cdot (1-s^{KSt}) \cdot (1-0{,}5 \cdot s^{ESt})}{(1+k\cdot(1-s^{ESt}))-(1+p)\cdot(1+me)} \qquad (24)$$

Zur Bestimmung der Sensitivität gegenüber Preis- und Mengenänderungen soll die relative Veränderung ΔEW_D einer Diskontierungsreihe EW_D mit Veränderung (mit g) und EW_D ohne Veränderung (ohne g) bestimmt werden. Formal gilt:

$$\Delta EW_D = \frac{EW_{D,\text{mit } g} - EW_{D,\text{ ohne } g}}{EW_{D,\text{ ohne } g}} = \frac{EW_{D,\text{ mit } g}}{EW_{D,\text{ ohne } g}} - 1$$

$$= \frac{\dfrac{P_1 \cdot ME_1 \cdot (1-s^{GewESt}) \cdot (1-s^{KSt}) \cdot (1-0{,}5 \cdot s^{ESt})}{(1+k\cdot(1-s^{ESt}))-g}}{\dfrac{P_1 \cdot ME_1 \cdot (1-s^{GewESt}) \cdot (1-s^{KSt}) \cdot (1-0{,}5 \cdot s^{ESt})}{k\cdot(1-s^{ESt})}} - 1$$

$$\Rightarrow \Delta EW_D = \frac{k\cdot(1-s^{ESt})}{(1+k\cdot(1-s^{ESt}))-g} - 1 = \frac{k\cdot(1-s^{ESt})}{(1+k\cdot(1-s^{ESt}))-(1+p)\cdot(1+me)} - 1$$

In Tabelle 10 ist die Sensitivität gegenüber nachhaltigen Preis- und Mengenveränderungen von jeweils –3 % bis +3 % bei einem Kalkulationszinssatz von $k = 10{,}58\ \%$ und einer typisierten persönlichen Ertragsteuerbelastung von $s^{ESt} = 35\ \%$ wiedergegeben. Wie zu erwarten war, sind die relativen Veränderungen ΔEW_D betragsmäßig am größten, wenn Preis- und Mengenveränderungrate das gleiche Vorzeichen haben. Dies gilt insbesondere bei positivem Wachstum der Preis- und Mengenkomponenten, wo bereits bei relativ geringen Prozentsätzen erhebliche Veränderungen auftreten können.
Bei Erwartung einer positiven und einer negativen Veränderungsrate fallen die relativen Veränderungen ΔEW_D niedriger aus. Hier kompensieren sich positive

und negative Veränderung der Preis- bzw. Mengenkomponente, so dass die Auswirkungen auf die Wertveränderung einer Diskontierungsreihe geringer sind.

Δ EW_D		Mengenveränderung me						
		-3%	-2%	-1%	0%	1%	2%	3%
Preisveränderung p	-3%	-46,2%	-41,8%	-36,6%	-30,4%	-22,8%	-13,4%	-1,3%
	-2%	-41,8%	-36,5%	-30,2%	-22,5%	-12,9%	-0,6%	15,8%
	-1%	-36,6%	-30,2%	-22,4%	-12,7%	-0,1%	16,6%	40,1%
	0%	-30,4%	-22,5%	-12,7%	0,0%	17,0%	41,0%	77,4%
	1%	-22,8%	-12,9%	-0,1%	17,0%	41,3%	78,3%	141,6%
	2%	-13,4%	-0,6%	16,6%	41,0%	78,3%	142,4%	278,5%
	3%	-1,3%	15,8%	40,1%	77,4%	141,6%	278,5%	773,8%

Tabelle 10: Sensitivität des Wertes der Diskontierungsreihe EW_D gegenüber nachhaltigen Preis- und Mengenveränderungen (für k = 10,58 % und s^{ESt} = 35 %)
(eigene Berechnungen)

Insofern ist bei Berücksichtigung von Preis- und Mengenveränderungsraten besondere Sorgfalt geboten, da relativ kleine prozentuale Veränderungen im Vergleich zu konstanten Preis- und Mengenkomponenten große Auswirkungen auf den Wert einer Diskontierungsreihe und mithin auf den Zukunftsentnahmewert hervorrufen können. Dies gilt bei EltVU im Vertriebsbereich vor allem für Veränderungen der abgesetzten Strommengen und -preise (vgl. Abschnitt 5.1), im Übertragungs- und Verteilungsbereich für Netznutzungsentgelte und durchgeleitete Strommengen (vgl. Abschnitt 5.2) und im Erzeugungsbereich für Strompreise und -mengen auf der Beschaffungsseite sowie für Preis- und Mengenveränderungen bei der Beschaffung der Energieträger (vgl. Abschnitt 5.3).

4.4.4 Auswirkungen von Preis- und Mengenkomponenten auf das Verhältnis von Einzelprognosewert und Residualwert

Preis- und Mengenveränderungen wirken sich auch auf das Verhältnis von Einzelprognosewert und Residualwert einer Diskontierungsreihe aus. In diesem Kontext ist daher der Problemstellung nachzugehen, welche Auswirkungen nachhaltige Preis- und Mengenänderungen auf die Bestimmung des Einzelprognosehorizontes haben können. Nimmt man hierzu in Analogie zur Gl. (7) eine Unterteilung der Diskontierungsreihe EW_D in einen Einzelprognosewert $EPW_{D,m}$ für die Perioden t = 1,...,m und einen Residualwert $RW_{D,m+1}$ ab t = m+1 vor, so gilt:

$$EW_D = EPW_{D,m} + RW_{D,m+1} \qquad (25)$$

Der Residualwert $RW_{D,m+1}$ ergibt sich abgeleitet aus Gl. (21):

$$RW_{D,m+1} = \frac{g^m \cdot P_1 \cdot ME_1 \cdot (1-s^{GewESt}) \cdot (1-s^{KSt}) \cdot (1-0{,}5 \cdot s^{ESt})}{(1+k \cdot (1-s^{ESt}))^{m+1}}$$

$$+ \frac{g^{m+1} \cdot P_1 \cdot ME_1 \cdot (1-s^{GewESt}) \cdot (1-s^{KSt}) \cdot (1-0{,}5 \cdot s^{ESt})}{(1+k \cdot (1-s^{ESt}))^{m+2}}$$

$$+ \ldots + \frac{g^{T-1} \cdot P_1 \cdot ME_1 \cdot (1-s^{GewESt}) \cdot (1-s^{KSt}) \cdot (1-0{,}5 \cdot s^{ESt})}{(1+k \cdot (1-s^{ESt}))^{T}} \qquad (26)$$

Gl. (26) auf beiden Seiten mit $(1+k \cdot (1-s^{ESt}))/g$ multipliziert führt dann zu:

$$\frac{1+k \cdot (1-s^{ESt})}{g} RW_{D,m+1} = \frac{g^{m-1} \cdot P_1 \cdot ME_1 \cdot (1-s^{GewESt}) \cdot (1-s^{KSt}) \cdot (1-0{,}5 \cdot s^{ESt})}{(1+k \cdot (1-s^{ESt}))^{m}}$$

$$+ \frac{g^{m} \cdot P_1 \cdot ME_1 \cdot (1-s^{GewESt}) \cdot (1-s^{KSt}) \cdot (1-0{,}5 \cdot s^{ESt})}{(1+k \cdot (1-s^{e}))^{m+1}}$$

$$+ \ldots + \frac{g^{T-2} \cdot P_1 \cdot ME_1 \cdot (1-s^{GewESt}) \cdot (1-s^{KSt}) \cdot (1-0{,}5 \cdot s^{ESt})}{(1+k \cdot (1-s^{ESt}))^{T-1}} \qquad (27)$$

Durch Subtraktion der Gl. (26) von Gl. (27) und Umstellung nach $RW_{D,m+1}$ erhält man:

$$RW_{D,m+1} = \frac{g^m \cdot P_1 \cdot ME_1 \cdot (1-s^{GewESt}) \cdot (1-s^{KSt}) \cdot (1-0{,}5 \cdot s^{ESt})}{((1+k \cdot (1-s^{ESt}))-g) \cdot (1+k \cdot (1-s^{ESt}))^m} \tag{28}$$

$$-\frac{P_1 \cdot ME_1 \cdot (1-s^{GewESt}) \cdot (1-s^{KSt}) \cdot (1-0{,}5 \cdot s^{ESt})}{(1+k \cdot (1-s^{ESt}))-g} \cdot \left[\frac{g}{1+k \cdot (1-s^{ESt})}\right]^T$$

Mit $T \rightarrow \infty$ und $(1+k \cdot (1-s^{ESt})) > g$ strebt der zweite Term auf der rechten Seite der Gl. (28) gegen Null, so dass in diesem Fall gilt:

$$RW_{D,m+1} = \frac{g^m \cdot P_1 \cdot ME_1 \cdot (1-s^{GewESt}) \cdot (1-s^{KSt}) \cdot (1-0{,}5 \cdot s^{ESt})}{((1+k \cdot (1-s^{ESt}))-g) \cdot (1+k \cdot (1-s^{ESt}))^m} \tag{29}$$

$$= \frac{((1+p) \cdot (1+me))^m \cdot P_1 \cdot ME_1 \cdot (1-s^{GewESt}) \cdot (1-s^{KSt}) \cdot (1-0{,}5 \cdot s^{ESt})}{((1+k \cdot (1-s^{ESt}))-(1+p) \cdot (1+me)) \cdot (1+k \cdot (1-s^{ESt}))^m}$$

Setzt man den Residualwert $RW_{D,m+1}$ nach Gl. (29) ins Verhältnis zum Ertragswert EW_D nach Gl. (24) folgt:

$$\frac{RW_{D,m+1}}{EW_D} = \frac{\dfrac{g^m \cdot P_1 \cdot ME_1 \cdot (1-s^{GewESt}) \cdot (1-s^{KSt}) \cdot (1-0{,}5 \cdot s^{ESt})}{((1+k \cdot (1-s^{ESt})-g)) \cdot (1+k \cdot (1-s^{ESt}))^m}}{\dfrac{P_1 \cdot ME_1 \cdot (1-s^{GewESt}) \cdot (1-s^{KSt}) \cdot (1-0{,}5 \cdot s^{ESt})}{(1+k \cdot (1-s^{ESt}))-g}}$$

$$\Rightarrow \quad \frac{RW_{D,m+1}}{EW_D} = \frac{g^m}{(1+k \cdot (1-s^{ESt}))^m} = \left[\frac{g}{1+k \cdot (1-s^{ESt})}\right]^m$$

$$= \left[\frac{(1+p) \cdot (1+me)}{1+k \cdot (1-s^{ESt})}\right]^m \tag{30}$$

In Abbildung 8 ist der formale Zusammenhang nach Gl. (30) für einen Kalkulationszins k = 10,58 % und einer persönlichen Ertragsteuerbelastung $s^{ESt} = 35$ % graphisch wiedergegeben. Deutlich zu erkennen sind die Auswirkungen von Preis- und Mengenveränderungen auf das Verhältnis von Residualwert zu Ertragswert einer Diskontierungsreihe.

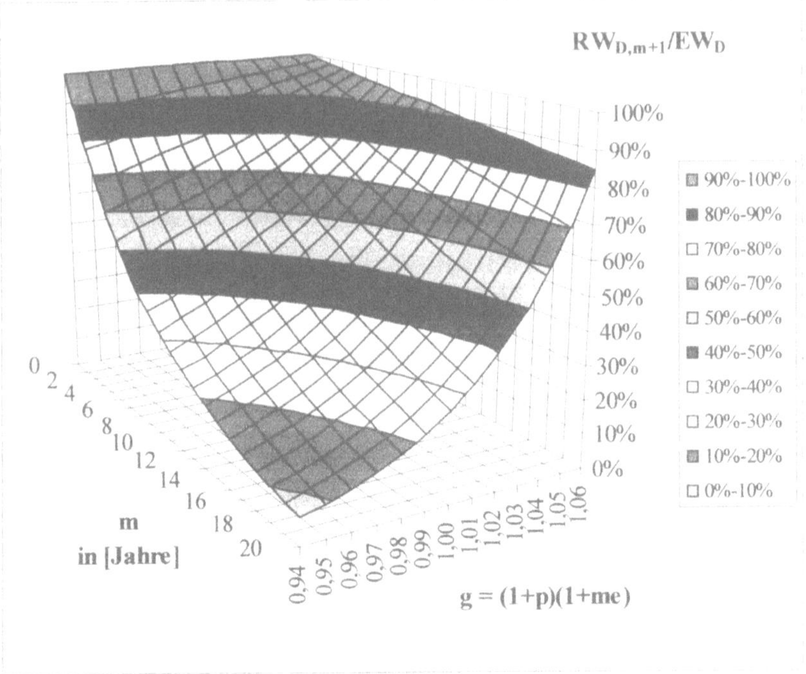

Abbildung 8: Verhältnis des Residualwerts $RW_{D,m+1}$ zum Ertragswert EW_D einer Diskontierungsreihe in Abhängigkeit vom Einzelprognosehorizont m und von der in g zusammengefassten Preis- und Mengenveränderungsrate (für k = 10,58 % und $s^{ESt} = 35$ %)

(eigene Darstellung)

So liegt bei einer nachhaltig erwarteten Preis- und Mengenveränderung von jeweils 1 %, d.h. p = +1 % und me = +1 % [219], und einem Einzelprognosehorizont von m = 10 Jahren der Anteil des Residualwerts am Ertragswert einer Diskontierungsreihe bei 62,7 %. Hingegen reduziert sich dieser Anteil auf 42,1 %,

219 Es gilt dann g = 1,01·1,01 = 1,0201.

wenn eine Preis- und Mengenveränderung von jeweils minus 1 %, d.h. p = –1% und me = –1% [220], nachhaltig erwartet wird. Das ist immerhin eine Differenz von über 20 %-Punkten.

Die Berücksichtigung von Preis- und Mengenveränderungen kann mithin Auswirkungen auf die Bestimmung des Einzelprognosehorizontes bei ausgeglichenem Verhältnis von Einzelprognosewert und Residualwert haben.
Für die Ermittlung des Einzelprognosehorizont m bei einem bestimmten Verhältnis von Residualwert $RW_{D,m+1}$ zu Ertragswert EW_D ist Gl. (30) nach m umzustellen:

$$\Rightarrow \left[\frac{1+k\cdot(1-s^{ESt})}{g}\right]^m = \frac{EW_D}{RW_{D,m+1}}$$

$$\Rightarrow m\cdot\ln\frac{1+k\cdot(1-s^{ESt})}{g} = \ln\frac{EW_D}{RW_{D,m+1}}$$

$$\Rightarrow m = \frac{\ln\frac{EW_D}{RW_{D,m+1}}}{\ln\frac{1+k\cdot(1-s^{ESt})}{g}} = \frac{\ln\frac{EW_D}{RW_{D,m+1}}}{\ln\frac{1+k\cdot(1-s^{ESt})}{(1+p)\cdot(1+me)}} \qquad (31)$$

Aus der Bedingung für ein ausgeglichenes Verhälnis $EPW_{D,m} = RW_{D,m+1}$ folgt in Verbindnung mit Gl. (7) $EW_D/RW_{D,m+1} = 2$ und eingesetzt in Gl. (31):

$$\Rightarrow m = \frac{\ln 2}{\ln\frac{1+k\cdot(1-s^{ESt})}{(1+p)\cdot(1+me)}} \qquad (32)$$

In Anlehnung an die obige Beispielrechnung würde bei einer nachhaltigen Preis- und Mengenveränderung von jeweils +1 % der Einzelprognosehorizont der Diskontierungsreihe bei knapp 15 Jahren liegen. Im Fall einer nachhaltigen Veränderung von jeweils –1 % reduziert sich dieser Wert auf 8 Jahre. Im Vergleich zu einem Einzelprognosehorizont von 10 Jahren, wie er in Abschnitt 4.3.2 unter der

---

220 Es gilt dann g = 0,99·0,99 = 0,9801.

Annahme einer nachhaltig konstanten Zukunftsnentnahmegröße als Anhaltspunkt abgeleitet wurde, sind die Abweichungen durchaus beachtlich.

Zusammenfassend bleibt festzuhalten, dass die Berücksichtigung von Preis- und Mengenveränderungen Einfluss auf die Bestimmung des Einzelprognosehorizontes für EltVU nehmen kann. Je nach erwarteter Höhe und Richtung der Veränderung wäre eine Ausweitung oder Verkürzung des Einzelprognosehorizontes vorzunehmen. Dabei ist jeweils im Einzelfall zu berücksichtigen, wie die einzelnen Diskontierungsreihen auf den gesamten Ertragswert des zu bewertenden EltVU durchschlagen.

5 Bewertung der elektrizitätswirtschaftlichen Aktivitäten

Gegenstand dieses Kapitals ist es, ausgehend von den in Kapitel 4 aufgezeigten spezifischen Bewertungsfragestellungen bei EltVU, eine differenzierte Betrachtung nach einzelnen elektrizitätswirtschaftlichen Bereichen vorzunehmen. Dazu wird die Bewertung der Sektoren Vertrieb, Übertragung und Verteilung, Erzeugung und sonstige Stromaktivitäten sowie die zwischen den einzelnen Sektoren bestehenden Interdependenzen explizit behandelt (vgl. Abbildung 9).

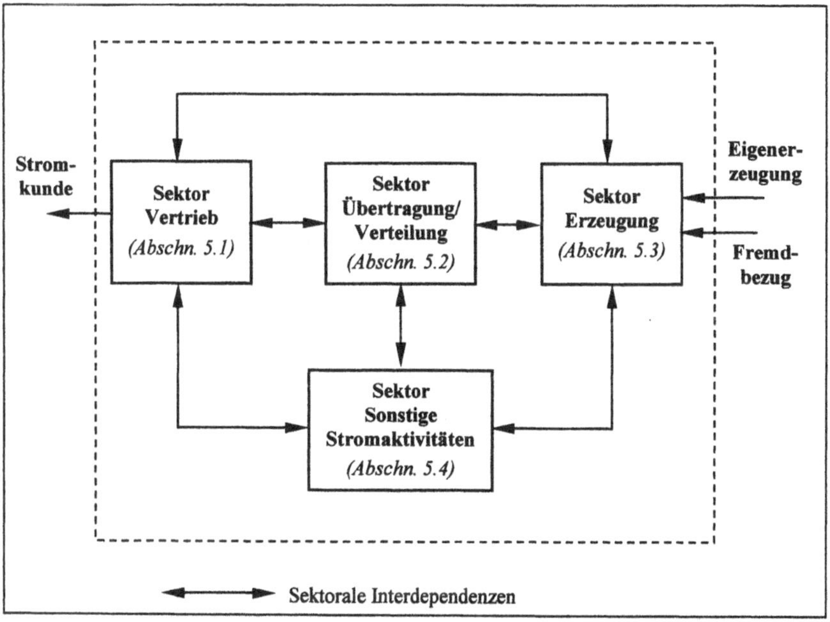

Abbildung 9: Bewertungsobjekt EltVU differenziert nach elektrizitätswirtschaftlichen Bereichen
(eigene Darstellung)

5.1 Bewertung des Sektors Vertrieb

Mit der Option der Kunden, in einem liberalisierten Strommarkt den Stromversorger frei wählen zu können, rücken für EltVU der Vertrieb und damit verbunden die absatzpolitischen Instrumente des Marketing verstärkt in den Vordergrund.

5.1.1 Relevanz der absatzpolitischen Instrumente des Dienstleistungsmarketing

Bedingt durch die Immaterialität, die Nichtlagerfähigkeit, die Kapazitätsproblematik und das gleichzeitige Vorliegen von Produktion und Verbrauch ist die Versorgung mit Strom als Dienstleistung zu charakterisieren. Dementsprechend sind die Erkenntnisse des Dienstleistungsmarketing auf EltVU zu übertragen.[221] Für die Bewertung ist dabei von Bedeutung, wie der zukünftige Einsatz von Instrumenten des Dienstleistungsmarketing im Bewertungsmodell abzubilden ist. Dazu bietet sich zunächst eine Systematisierung in die vier Mixbereiche an [222]:

- Preispolitik
- Leistungspolitik
- Kommunikationspolitik
- Distributionspolitik

Der *Preispolitik* dürfte zukünftig eine besondere Bedeutung zukommen, zumal verschiedene Studien gezeigt haben, dass der Strompreis ein wesentliches Entscheidungskriterium für den Wechsel des Stromanbieters darstellt.[223] Insofern sind die Gestaltung der Strompreistarife und die damit verbundenen Wirkungen auf die erwarteten Umsätze im Bewertungsmodell explizit zu behandeln (vgl. hierzu Abschnitt 5.1.2).

Bei der *Leistungspolitik* kann zwischen Kern- und Zusatzleistungen unterschieden werden.[224] Zu den Kernleistungen zählt in diesem Fall die Lieferung des Stroms mit den Leistungsmerkmalen Versorgungssicherheit und Spannungs-/Frequenzstabilität, die auf Ebene des Sektors Übertragung und Verteilung bestimmt werden (vgl. hierzu Abschnitt 5.2.3.1.1). Als Zusatzleistungen, die für Kunden neben der Grundleitung einen zusätzlichen Nutzen stiften, kommen zum einen unmittelbar mit der Stromlieferung in Verbindung stehende Dienstleistungen, wie Verbrauchsmessung, Zählerablesung und Stördienst, in Betracht.[225] Zum anderen fallen hierunter auch spezielle Energiedienstleistungen wie Least-Cost-Planning und Contracting (vgl. hierzu Abschnitt 5.4.1).

---

221 Vgl. Meffert/Bruhn [Dienstleistungsmarketing, 2000], S. 51-54; Kloubert [Energiemarketing, 2000], S. 225.

222 Vgl. Meffert/Bruhn [Diensleistungsmarketing, 2000], S. 277.

223 Vgl. stellvertretend für Deutschland die Untersuchungen von Ahuis/Habison [Strommarkt, 2002], S. 40-43; Zinnbauer [Energieversorgungsunternehmen, 2001], S. 243-251; Beutin/Paul/Schröder [Marketing, 2001], S. 179-180; Drake/Ohler/Röthel [Preiskrieg, 2000], S. 287-288.

224 Vgl. Meffert/Bruhn [Dienstleistungsmarketing, 2000], S. 280-282.

225 Vgl. Beutin/Paul/Schröder [Marketing, 2001], S. 177-178.

Aufgabe der *Kommunikationspolitik* von EltVU ist es, in einem liberalisierten Strommarkt die immaterielle Dienstleistung Stromlieferung bzw. deren Potential für den Kunden verständlich und transparent zu machen. Kommunikation bedeutet die Übermittlung von Informationen mit dem Ziel, Meinungen, Einstellungen, Erwartungen und Verhaltensweisen der Kunden zielgerichtet zu steuern.[226] Der Aufbau und die Intensivierung von Kundenbeziehungen durch Kommunikation dient mithin zur Kundenbindung und -gewinnung (vgl. auch Abschnitt 5.1.2.3.2.2).

Die *Distributionspolitik* von EltVU ist in Verbindung mit dem Aufbau und der Intensivierung von Kundenbeziehungen zu betrachten. Dementsprechend sind die Vertriebsinstrumente bzw. -wege in einem liberalisierten Strommarkt verstärkt an den Kundenbedürfnissen auszurichten (vgl. auch Abschnitt 5.1.2.3.2.2).

Zusammengefasst gewinnen in einem liberalisierten Strommarkt die o.g. vier Bereiche des Marketing-Mix zunehmend an Relevanz, wobei insbesondere der Preispolitik eine maßgebliche Bedeutung zukommen dürfte. Die damit verbundenen Wirkungen auf das zukünftige Umsatz- bzw. Absatzpotential von EltVU sind Gegenstand des folgenden Abschnitts.

5.1.2 Darstellung des zukünftigen Umsatz- und Absatzpotentiale

Die Generierung von Umsatzerlösen im Strombereich kann auf den unterschiedlichen Spannungsebenen und auf der Erzeugerebene erfolgen. Danach kommen folgende potentielle Kunden für ein zu bewertendes EltVU in Betracht:

- Endverbraucher
- Netzbetreiber
- Stromhändler/-broker

Entsprechend können die vier Bereiche des Marketing-Mix kundenspezifisch ausgerichtet werden. Die Kundenbindung bzw. -neugewinnung in einem liberalisierten Strommarkt ist dann durch kundenspezifische Gestaltung der Konditionen hinsichtlich Preis, Menge und Qualität der Stromlieferung sowie durch kundenspezifische Kommunikation und Distribution zu erreichen. Auf diese Aspekte soll im Folgenden eingegangen werden.

226 Vgl. Meffert/Bruhn [Dienstleistungsmarketing, 2000], S. 329.

5.1.2.1 Gestaltung der Strompreistarife und Darstellung im Bewertungsmodell

Mit der Möglichkeit, dass Kunden ihren Stromlieferanten in einem liberalisierten Strommarkt frei wählen können und nicht wie bisher den Strom vom angeschlossenen Netzbetreiber beziehen zu müssen, werden die Strompreise zukünftig vermehrt von einer wettbewerbs- und kundenorientierten Preispolitik der stromanbietenden EltVU geprägt. Die bis dahin im wettbewerbsfreien Strommarkt vorherrschende kostenorientierte Preispolitik, die großteils eine Überwälzung der Kosten auf die Kunden erlaubte, dürfte zukünftig nicht mehr in diesem Umfang realisierbar sein.[227]

Wesentliches Instrument der Preispolitik ist die Preisdifferenzierung, die nunmehr auf EltVU Anwendung findet.[228] In Betracht kommen[229]:

- kundenbezogene Preisdifferenzierung (Differenzierung nach Privat- und Firmenkunden, Endkunden und Weiterverteiler, u.ä.)
- mengenbezogene Preisdifferenzierung (degressive Staffelung nach Arbeitsmenge)
- zeitliche Preisdifferenzierung (Differenzierung nach Tages- oder Jahreszeit)
- qualitätsbezogene Preisdifferenzierung (Differenzierung nach Qualität der Stromversorgung, d.h. Versorgungssicherheit und Spannungs-/Frequenzqualität)
- räumliche Preisdifferenzierung (Versorgung in städtischen und ländlichen Gebieten)

Entsprechend den verschieden Optionen der Preisdifferenzierung ergeben sich vielfältige Möglichkeiten für die Gestaltung der Strompreistarife.[230] Am verbreitetsten ist der Grundpreistarif, der sich aus einer variablen Preiskomponente, dem Arbeitspreis in [ct/kWh], und einer fixen Preiskomponente, dem Grundpreis, zusammensetzt.[231] Der Grundpreis wiederum ergibt sich meist aus einem pauschalen Leistungspreis in [€/kWa] für die Bereitstellung der elektrischen Leistung und

---

227 Vgl. Laker/Herr [Strom-Pricing, 1998], S. 9-10.

228 Vgl. Meffert/Bruhn [Dienstleistungsmarketing, 2000], S. 420.

229 Vgl. Beutin/Paul/Schröder [Marketing, 2001], S. 179-180; Müller [Elektrizitätswirtschaft, 1998], S. 343.

230 Eine Übersicht möglicher Strompreistarife findet sich in Müller [Elektrizitätswirtschaft, 1998], S. 342-348.

231 Vgl. Pfaffenberger [Elektrizitätswirtschaft, 1993], S. 209-210.

einem pauschalen Verrechnungspreis für Messeinrichtungen, Verrechnung und Inkasso.[232]
Daneben sind insbesondere für Kleinverbraucher der lineare Tarif und der Pauschaltarif von Bedeutung. Der lineare Tarif besteht im Unterschied zum Grundpreistarif nur aus einem gleichbleibenden Arbeitspreis in [ct/kWh], während beim Pauschaltarif eine von der Abnahmemenge unabhängige Flatrate, differenziert nach einer festen Bezugsgröße wie z.B. der Anschlussleistung in [€/kWa], berechnet wird.[233]

Die Darstellung der Tarife im Bewertungsmodell ist mit unterschiedlichem Planungsaufwand verbunden. So sind, wie in Tabelle 11 dargestellt, beim Grundpreistarif vier Parameter, beim linearen Tarif drei Parameter und beim Pauschaltarif zwei Parameter zu bestimmen. Werden zudem nachhaltig erwartete Veränderungen im Restwert berücksichtigt, sind entsprechend vier Veränderungsraten beim Grundpreistarif, drei beim linearen Tarif und zwei beim Pauschaltarif zu bestimmen. Der Planungsaufwand für den Grundpreistarif lässt sich insofern reduzieren, wenn statt dem Grund- und Arbeitspreis der spezifische Strompreis herangezogen wird. Allerdings ist dann eine separate Betrachtung der beiden Preiskomponenten nicht mehr gegeben.

	Grundpreistarif	linearer Tarif	Pauschaltarif
Mengenkomponenten	Anzahl Kunden	Anzahl Kunden	Anzahl Kunden
	Arbeitsmenge	Arbeitsmenge	
Preiskomponenten	Grundpreis	Arbeitspreis	Flatrate
	Arbeitspreis		

Tabelle 11: Zu bestimmende Mengen- und Preiskomponenten bei unterschiedlichen Stromtarifen
(eigene Darstellung)

5.1.2.2 Einflussfaktoren auf das zukünftige Strompreisniveau

Das zukünftige Niveau der Strompreise in einem liberalisierten Elektrizitätsmarkt wird von verschiedenen Einflussfaktoren abhängig sein, die sowohl zu Preisstei-

232 Vgl. Winje/Witt [Energiewirtschaft, 1991], S. 151 u. 158.
233 Die Einführung einer Flatrate hat z.B. beim Internet-Zugang Verbreitung gefunden. Vgl. Gerpott/Böhm [Preisbildung, 2000], S. 238.

gerungen als auch -senkungen führen können. Preisrückgänge lassen sich auf folgende Faktoren zurückführen:

- kürzere Laufzeiten von Strombezugsverträgen
- flexiblere Anpassung der vereinbarten Strompreise innerhalb von Strombezugsverträgen
- Preispolitik der Wettbewerber
- Nachfragerückgang der Kunden
- Weitergabe von Produktivitätssteigerungen

Dabei ist zu beachten, inwieweit Preissenkungen im Bewertungsmodell noch eine Deckung der Aufwendungen in den energiewirtschaftlichen Sektoren (Vertrieb, Übertragung und Verteilung, Erzeugung) erlauben bzw. die Erwirtschaftung nachhaltiger Überschüsse ermöglichen.

Auf der anderen Seite können Preiserhöhungen entstehen, die z.B. auf folgende Faktoren zurückführen sind:

- Ressourcenverknappung von Primärenergieträgern wie Erdöl und -gas, Kohle, Kernbrennstoff, u.a.
- Unzureichende Erzeugungskapazitäten aufgrund starker Zunahme der Stromnachfrage und/oder mangelnder Investitionen in Erzeugungsanlagen
- energierechtliche Regelungen (z.B. Stromsteuer, Belastungen aus dem Erneuerbare-Energien-Gesetz (EEG)[234] und dem Kraft-Wärme-Kopplungsgesetz (KWKG)[235], Konzessionsabgaben)

Für die Berücksichtigung preiserhöhender und -senkender Faktoren im Bewertungsmodell sind neben der Höhe der Preisauswirkungen auch der Zeithorizont relevant, d.h. die Planungsperioden, in denen die Wirksamkeit der Faktoren erwartet wird. So ist kurz- bis mittelfristig ein Preissenkungspotential durch den zunehmenden Wettbewerb vorhanden, bis der europäische Strommarkt vollständig geöffnet ist. Langfristig besteht ein Potential von Preiserhöhungen aufgrund der Verknappung von fossilen Primärenergieträgern, soweit nicht Strom aus regenerativen Energien preisgünstig angeboten werden kann. Preisveränderungen auf Basis energierechtlicher Regelungen hängen von Änderungen oder dem Außerkrafttreten bestehender Gesetze und vom Inkrafttreten neuer Gesetzten ab. Beispielsweise fallen Belastungen aus der Stromsteuer nach derzeitiger Rechtslage

---

234 Die Belastungen aus dem EEG resultieren aus der Überwälzung der Einspeisevergütungen auf die Strompreise an Letztverbraucher. Vgl. Abschnitt 5.3.2.2.1.

235 Die Belastungen aus dem KWKG ergeben sich, indem die KWK-Vergütung über die Netznutzungsentgelte auf die Strompreis an die Endkunden übergewälzt werden. Vgl. hierzu auch Abschnitt 5.2.3.2.3.2.

zeitlich unbegrenzt an, während Belastungen aus dem KWKG bis zu dessen Außerkrafttreten Ende 2010 wirksam werden.

5.1.2.3 Darstellung des Kundenverhaltens im Bewertungsmodell

5.1.2.3.1 Marketingstrategie und Relevanz des Kundenverhaltens

Der Einsatz der absatzpolitischen Instrumente ist an den Marketingstrategien des zu bewertenden EltVU auszurichten. Im Hinblick auf eine kundenzentrierte Vertriebsstrategie sind prinzipiell zwei, sich nicht ausschließende Strategien zu nennen:

- Bindung der bestehenden Stromkunden, d.h. bestehende Kunden vom Wechsel zu einem anderen EltVU abhalten
- Gewinnung von Neukunden in anderen Versorgungsgebieten, d.h. potentielle Kunden von fremden EltVU zum Wechsel des Stromlieferanten bewegen.

Während die Strategie der Kundenbindung grundsätzlich für alle EltVU gelten dürfte, ist die Neukundengewinnung, beispielsweise durch verstärkte nationale oder europaweite Marketingaktivitäten oder über den Erwerb eines Stromversorgers, aufgrund der benötigten Finanzkraft primär für größere EltVU relevant. Eine alternative Strategie für kleinere EltVU wäre der Zusammenschluss untereinander, um so gemeinsam eine größere Kundenbasis zu erreichen. Für neu am Strommarkt auftretende Akteure, wie z.B. reine Stromhändler, kommt zunächst nur die Strategie der Neukundengewinnung in Betracht, die nach dem Aufbau einer Kundenbasis durch die Strategie der Kundenbindung ergänzt wird.

Für die Umsetzung der gewählten Strategie(n) durch Einsatz der entsprechenden Marketinginstrumente dürfte das Verhalten der Kunden eine bedeutende Rolle spielen. Die Relevanz des Kundenverhaltens ist vor dem Hintergrund zu sehen, welche Einflussgrößen das zukünftige Verbrauchs- und Wechselverhalten der Kunden in einem liberalisierten Strommarkt, d.h. unter Wettbewerb, bestimmen können. Bei diesen Einflussfaktoren ist zu differenzieren, ob sie vom zu bewertenden EltVU direkt beeinflussbar (endogene Faktoren) oder durch das Unternehmensumfeld (exogene Faktoren) gegeben sind. Als endogene Faktoren sind im wesentlichen die Lieferkonditionen des EltVU bezüglich Preis, Menge und Qualität sowie die Kundenbeziehung zu nennen, während zu den exogenen Faktoren beispielsweise die Lieferkonditionen und Werbemaßnahmen der Wettbewerber, die Konjunkturlage, das Einkommen der Haushalte, das zunehmende Umweltbewusstsein oder der verstärkte Einsatz stromsparender Endgeräte gehören. Zur Ermittlung der quantitativen Auswirkungen exogener und endogener Faktoren auf das Verbrauchsverhalten kann zurückgegriffen werden auf[236]:

- Kundenbefragungen
- Analyse historischer Daten des Strommarktes
- relevante Daten von Wettbewerbern
- Erfahrungen aus bereits liberalisierten Strommärkten
- Erfahrungen aus anderen liberalisierten Märkte wie z.B. dem Telekommunikationsmarkt

5.1.2.3.2 Wirkungen des Kundenverhaltens auf die erwarteten Umsätzen

Wie können nun die Verhaltensweisen der Kunden und damit verbunden die Auswirkungen auf die erwarteten Umsätze im Bewertungsmodell abgebildet werden?

Dazu sollen für die Ermittlung der Umsätze die Kunden nach ihrem Abnahmeverhalten jeweils einer Kundengruppe (KG) zugeordnet werden. Für jede der Kundengruppe erfolgt die Berücksichtigung des spezifischen Strompreise und des durchschnittlichen Verbrauchs je Kunde. Bei Großkunden bzw. Key Accounts kann eine Einzelbetrachtung, d.h. ohne Kundengruppenzuordnung, erfolgen. Die Bestimmungsgleichung für die Umsatzerlöse UE mit den Kundengruppen $KG_1,...,KG_n$ lautet dann:

$$UE = \sum_{KG=KG_1}^{KG_n} (K_{KG} \cdot P_{KG} \cdot ME_{KG})$$

mit: K_{KG} Anzahl Kunden in Kundengruppe KG
P_{KG} spezifischer Strompreis in Kundengruppe KG
ME_{KG} durchschnittlicher Stromverbrauch je Kunde in Kundengruppe KG

Im Bewertungsmodell können nun die einzelnen Größen K_{KG}, P_{KG} und ME_{KG} mit jeweils einer Veränderungsrate multiplikativ verknüpft werden. Bei einer nachhaltig konstanten Veränderungsraten würde die Substitutionsvariable g würde dann entsprechend lauten [237]:

$$g = (1+k_{KG})\cdot(1+p_{KG})\cdot(1+me_{KG})$$

236 Vgl. auch Beutin/Paul/Schröder [Marketing, 2001], S. 180-181.
237 Vgl. auch Fn. 218.

Somit ist eine Differenzierung des Kundenverhaltens nach dem Preis-, Mengen- und Wechselverhalten gegeben, wobei zwischen den Verhaltensparametern Beziehungen bestehen können. Wie derartige Beziehungen erfassbar und im Bewertungsmodell abzubilden sind, soll Gegenstand der beiden folgenden Abschnitte sein.

5.1.2.3.2.1 Wirkung des Strompreises auf die Absatzmenge

Preisänderungen haben eine mehr oder minder starke Wirkung auf das Absatzverhalten der Kunden.[238] Vor dem Hintergrund, dass in einem liberalisierten Strommarkt die Preispolitik im Marketing-Mix von EltVU eine bedeutende Rolle spielt (vgl. Abschnitt 5.1.1), soll für Bewertungszwecke das Verbrauchsverhalten eines Kunden vereinfacht auf den Faktor Strompreis reduziert werden. Als Kenngröße, die das Preis- und Absatzverhalten des Kunden in Beziehung setzt, bieten sich Elastizitätskoeffizienten an.[239] So gibt die Preiselastizität des Absatzes $\varepsilon_{Preis/Absatz}$ an, wie eine prozentuale Preisänderung auf die prozentuale Änderung des Absatzes wirkt. Formal gilt dann [240]:

$$\varepsilon_{Preis/Absatz} = \frac{\text{prozentuale Absatzänderung}}{\text{prozentuale Preisänderung}}$$

Übertragen auf das Bewertungsmodell kann die Beschreibung des Abnahmeverhaltens durch die Strompreiselastizität des Absatzes $\varepsilon_{Strompreis/-absatz}$ erfolgen, die angibt, mit welcher (relativen) Veränderung des Stromverbrauchs der Kunde auf (relative) Strompreisänderungen reagiert. Die relativen Veränderungen entsprechen dann den Veränderungsraten für die Stromverbrauchsmenge bzw. den Strompreis, wie sie in Abschnitt 4.4 für das Bewertungsmodell eingeführt worden sind. Formal gilt dann:

$$\varepsilon_{Strompreis/-absatz} = \frac{\text{Veränderungsrate Stromabsatz}}{\text{Veränderungsrate Strompreis}}$$

238 Vgl. Simon [Preispolitik, 1995], Sp. 2069.

239 Vgl. Böcker [Marketing, 1997], S. 251; Pfaffenberger [Elektrizitätswirtschaft, 1993], S. 130-133.

240 Vgl. Simon [Preispolitik, 1995], Sp. 2069.

Wie könnte nun die Wirkung der Veränderungsrate Strompreis auf die Veränderungsrate Stromabsatz aussehen?

Ansatzpunkt kann hier die 1995 von *Mauerer* durchgeführte Metaanalyse empirischer Forschungsarbeiten zur Wirkung der absatzpolitischen Instrumente sein.[241] Danach zeigte die Preispolitik die größte Absatzwirkung, wobei die Preiselastizität negativ ausfiel.[242] D.h., eine Verringerung des Preises wirkt positiv auf die Absatzmenge, während eine Preiszunahme negative Wirkungen auf die Absatzmenge hat. Allerdings erlaubt die Preiselastizität grundsätzlich keine Aussage über das Ausmaß absoluter Änderungen.[243] Insofern ist das jeweilige Ausgangsniveau des Preises und des Absatzes bzw. Verbrauchs zu beachten.

Überträgt man die empirischen Beobachtungen von *Mauerer* auf die Wirkung der Preispolitik bei EltVU, führt eine positive Veränderung des Strompreises zu einer negativen Veränderung der Stromabsatzmenge und vice versa. Unter Berücksichtigung der jeweiligen Ausgangsniveaus sind die Fallkonstellationen negativer und positiver Preisänderungen zu betrachten (vgl. auch den Kurvenverlauf in Abbildung 10):

- Ausgehend vom Ausgangsniveau nimmt der Stromverbrauch der Kunden mit fallendem Strompreis zu. Gleichzeitig steigt die Auslastung der stromverbrauchenden Geräte beim Kunden stetig an, so dass weitere Preissenkungen bei gleicher installierter elektrischer Leistung zu immer geringeren Zunahmen des Stromverbrauchs führen. Die Abnahmemenge nähert sich dann einem Grenzwert, der den maximalen Verbrauch eines Kunden darstellt. Demnach dürfte die Strompreiselastizität bei gleicher installierter elektrischer Leistung mit steigender Veränderungsrate abnehmender Strompreise gegen Null tendieren.[244]
  Dies wäre bei Geschäftskunden der Fall, wenn alle Kapazitäten bei voller Leistung ausgelastet sind und keine Kapazitätserweiterungen vorgenommen werden. Ähnlich verhält es sich bei Haushalten, wenn alle im Haushalt vorhandenen elektrischen Geräte bei voller Leistung laufen und keine weiteren Geräte angeschafft werden.

---

241 Vgl. Mauerer [Wirkung, 1995].

242 Vgl. Mauerer [Wirkung, 1995], S. 86.

243 Vgl. Meffert [Marketing, 2000], S. 997.

244 Werden zukünftig Veränderungen der installierten elektrischen Leistung durch Neuanschaffung, Abschaffung oder Austausch von stromverbrauchenden Geräte erwartet, wäre dies mit einer entsprechenden Veränderungsrate zu berücksichtigen.

- Ausgehend vom Ausgangsniveau nimmt der Stromverbrauch der Kunden mit steigenden Strompreisen ab. Mit stetig zunehmendem Strompreis fällt die Abnahmemenge weiter und nähert sich einem Grenzwert, der den Mindestverbrauch eines Kunden darstellt. Demnach dürfte die Strompreiselastizität mit steigender Veränderungsrate zunehmender Strompreise gegen Null tendieren.
  So benötigen Geschäftskunden eine Mindeststrommenge, um den Geschäftsbetrieb aufrechtzuerhalten und damit das wirtschaftliche Bestehen zu gewährleisten, während bei Haushalten eine Mindestmenge zur Existenzsicherung oder Haltung des Lebensstandards dient.

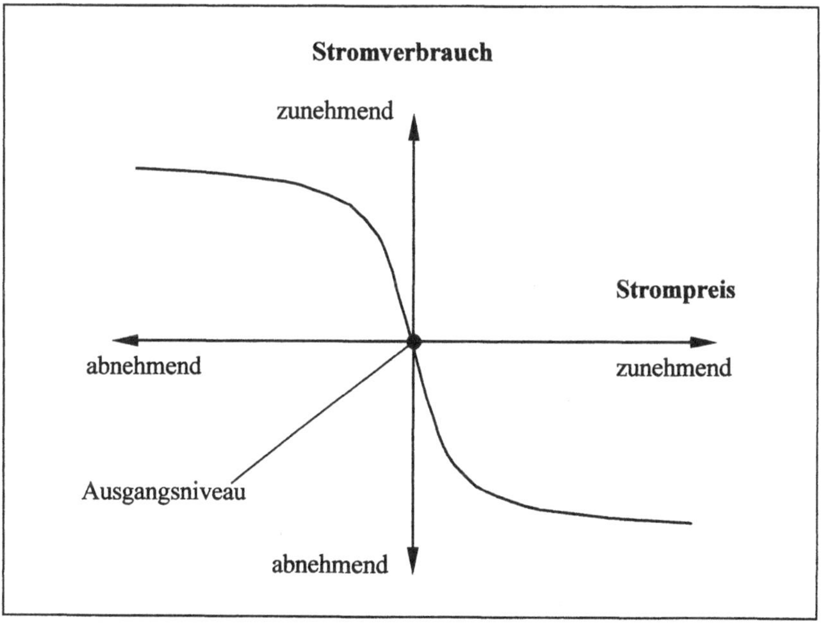

Abbildung 10: Mögliche Änderungen des Stromverbrauchs in Abhängigkeit von Strompreisänderungen bei konstanter installierter elektrischer Leistung
(eigene Darstellung, Erklärung zum Kurvenverlauf im Text)

Inwieweit sich diese Annahmen empirisch beobachten und im Bewertungsmodell darstellen lassen, soll in den Abschnitten 5.1.3.1 für Haushaltskunden und 5.1.3.2 für Geschäftskunden diskutiert werden.

5.1.2.3.2.2 Wirkungen von Maßnahmen zur Gestaltung der Kundenbeziehung

Vor dem Hintergrund des zunehmenden Wettbewerbs ist zu berücksichtigen, welchen Einfluss Maßnahmen zur Verbesserung der Kundenbeziehung auf die Bewertung eines EltVU haben. Als Referenzgröße für die Kundenbeziehung i.S.v. Kundengewinnung und -bindung soll die Veränderung der Kundenzahl herangezogen werden. Entsprechend sind die erwarteten Wirkungen absatzpolitischer Instrumenten auf die Kundenzahl zu bestimmen und die Beziehungen zwischen absatzpolitischen Instrumenten und Kundenzahl im Bewertungsmodell darzustellen. Auch hierfür können Elastizitätskoeffizienten eingesetzt werden. Ähnlich wie bei der Strompreiselastizität des Absatzes, wo der Strompreis Wirkungen auf die Absatzmenge zeigt, dürfte der Preis Auswirkungen auf die Kundenzahl des EltVU haben. Entsprechend wäre eine Strompreiselastizität der Kundenzahl, die hier mit $\varepsilon_{\text{Strompreis/Kundenzahl}}$ bezeichnet wird, zu bilden:

$$\varepsilon_{\text{Strompreis/Kundenzahl}} = \frac{\text{Veränderungsrate Kundenzahl}}{\text{Veränderungsrate Strompreis}}$$

Wie könnte nun die Wirkung der Veränderungsrate Strompreis auf die Veränderungsrate Kundenzahl aussehen?

Zunächst sind Faktoren zu identifizieren, welche die Wechselbereitschaft eines Kunden determinieren. Aktuelle Untersuchungen haben eine Vielzahl von Faktoren ausgemacht, die für und gegen einen Versorgerwechsel stehen. So sprechen für einen Wechsel des bisherigen Stromversorgers aus Sicht des Kunden vor allem folgende Argumente [245]:

- Kostenersparnis
- Umweltschutz
- Mehr Service
- Zusätzliche Produkte

245 Vgl. Niedergesäß/Heinzelmann [Energieversorger, 2002], S. 406-407; Zinnbauer [Energieversorgungsunternehmen, 2001], S. 248; Schoenheit/Niedergesäß [Kundenbindung, 1999], S. 465-466.

Gegen einen Wechsel führen Kunden folgende Argumente an[246]:

- Zufriedenheit mit bisherigem EltVU
- Wechsel bringt zu geringe Ersparnis
- Wechsel zu aufwendig
- Abwarten der Marktentwicklung
- Wechselunsicherheiten (Stromversorgung gefährdet, vertragliche Bindung u.ä.)

Wird nun die Strategie verfolgt, mit Strompreissenkungen neue Kunden zu gewinnen, so dürfte anhand der o.g. Faktoren ein Wechsel erst eintreten, wenn aus Sicht des Kunden die Ersparnis – aufgrund eines niedrigeren Strompreises – gegenüber dem Angebot des bisherigen Versorgers signifikant ist. Gleichzeitig bestehen aus Kundensicht Unsicherheiten, die mit einem Wechsel verbunden sind und die trotz Preisrückgängen zu einer Wechselzurückhaltung führen. Dies belegen auch empirische Daten zum tatsächlichen Kundenwechsel von EltVU.[247]

Auf der anderen Seite kann ein EltVU anhand der o.g. Faktoren die Strompreise soweit anheben, bis die Ersparnis aus Sicht eines bestehenden Kunden noch nicht für einen Wechsel zu einem anderen Versorger ausreicht. Zudem sorgt die Wechselunsicherheit des Kunden dafür, dass trotz Preiserhöhung der Kunde einem Wechsel noch abwartend gegenübersteht.

Unter diesen Annahmen würde sich ein Wirkungsverlauf von Strompreisänderungen auf die Kundenzahl ergeben, wie er in Abbildung 11 graphisch dargestellt wird. Dabei spiegelt der Kurvenabschnitt entlang der Abszisse die noch unzureichende Ersparnis eines Wechsels und die Unsicherheit der Kunden gegenüber eines Versorgerwechsels wider. Allerdings ist zu berücksichtigen, dass das Kundenverhalten im Zeitablauf Änderungen unterliegen kann. Im weiteren Zuge der Liberalisierung können Wechselunsicherheiten beim Kunden abgebaut werden, was die Bereitschaft zu einem Versorgerwechsel erhöhen würde.

---

246 Vgl. Niedergesäß/Heinzelmann [Energieversorger, 2002], S. 406-407; Zinnbauer [Energieversorgungsunternehmen, 2001], S. 248; Beulin/Paul/Schröder [Marketing, 2001], S. 172; Schoenheit/Niedergesäß [Kundenbindung, 1999], S. 465-466.

247 So haben im Jahr 2000 2,2 % der Privatkunden, 3,9 % der Firmenkunden, 7,0 % der Key Accounts und 0,4 % der regionalen und kommunalen EVU ihren Versorger gewechselt. Vgl. Beutin/Paul/Schröder [Marketing, 2001], S. 176.

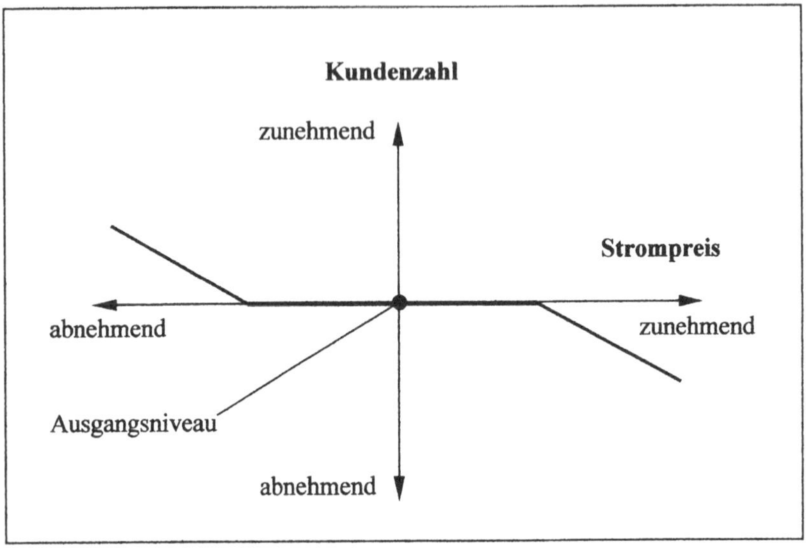

Abbildung 11: Mögliche Änderungen der Kundenzahl in Abhängigkeit von Strompreisänderungen
(eigene Darstellung, Erläuterung zum Kurvenverlauf im Text)

Neben dem Strompreis als Wirkungsgröße auf die Kundenzahl können auch Instrumente der Kommunikations- und Distributionspolitik Wirkung auf die Kundenbindung und -gewinnung zeigen. Zu nennen sind beispielsweise[248]:

- Durchführung von Werbemaßnahmen
- Einführung und Ausbau eines Customer Relationship Management (CRM)
- Realisierung und Pflege der Internet-Präsenz
- Einrichten und Betrieb von Kundenzentren, Shops, Vertriebsniederlassungen
- Aufbau und Betrieb eines Call bzw. Communication Centers

Diese Aktivitäten sind mit entsprechenden Vertriebsaufwand, wie z.B. Werbeaufwand oder IT-Aufwand für Personal, Hard- und Software, verbunden, die zukünftig sowohl einmalig als auch nachhaltig anfallen können. Für die Bewertung ist in diesem Kontext relevant, wie sich die Vertriebsmaßnahmen auf die Kundenzahl auswirken werden. Für die Darstellung nachhaltiger Auswirkungen im Bewertungsmodell können die Veränderungsrate der Kundenzahl und des Vertriebs-

248 Vgl. im einzelnen Beutin/Paul/Schröder [Marketing, 2001], S. 178-179; Greisinger/Möhl [Internet, 2000], S. 32-35; Henn [Strom, 2000], S. 36-39; Hein [Beziehungs-Management, 2000], S. 52-54.

aufwands[249], als Maß für den Umfang der Vertriebsaktivitäten, herangezogen und in einem Elastizitätskoeffizient abgebildet werden [250]:

$$\varepsilon_{\text{Vertriebsaufwand/Kundenzahl}} = \frac{\text{Veränderungsrate Kundenzahl}}{\text{Veränderungsrate Vertriebsaufwand}}$$

Unter Berücksichtigung der o.g. Faktoren, die für oder gegen einen Wechsel sprechen, ist der Wirkungsverlauf der Vertriebsaktivitäten bzw. des Vertriebsaufwands auf die Kundenzahl abzubilden. Auch hier dürfte eine Zunahme oder Abnahme der Vertriebsaktivitäten nicht unmittelbar zu einem Kundenwechsel führen. Dafür spricht das o.g. Argument gegen einen Versorgerwechsel, wonach Kunden mit ihrem bisherigen Versorger zufrieden sind.[251] Erst wenn es einem EltVU gelingt, den Kunden von einer höheren Kundenzufriedenheit zu überzeugen, indem mehr Service, bessere Erreichbarkeit, umfassenderes Informationsangebot, besseres Beschwerdemanagement, u.ä. geboten wird, kann die Neugewinnung eines Kunden durch Wechsel seines bisherigen Versorgers erreicht werden. Auf der anderen Seite würde eine Verringerung der Vertriebsaktivitäten bzw. des Vertriebsaufwands zu keiner Abnahme der Kundenzahl führen, solange die Zufriedenheit der bestehenden Kunden ausreicht, ohne dass sie einen Versorgerwechsel in Betracht ziehen, um dann tatsächlich wechseln.

Mit diesen Annahmen würde sich ein Wirkungsverlauf der Vertriebsaktivitäten bzw. des Vertriebsaufwands auf die Kundenzahl ergeben, wie er in Abbildung 12 dargestellt ist. Der Kurvenabschnitt entlang der Abszisse verdeutlicht die noch bestehende Zurückhaltung beim Versorgerwechsel aufgrund der Zufriedenheit mit dem bisherigen EltVU. Eine Zunahme oder Abnahme der Kundenzahl tritt dann ein, wenn die Wirkungen der Vertriebsaktivitäten beim Kunden die Entscheidung für einen Versorgerwechsel auslösen.

---

249 Der Einfluss der Kundenzahl kann auch in Abhängigkeit von den Werbeaufwand, Aufwand für bestimmte Vertriebsprojekte, o.ä. dargestellt werden.

250 Differenzierter betrachtet lassen sich auch Koeffizienten der Werbeelastizität, der Fernsehelastizität, der Presseelastizität, der Distributionselastizität, u.a. ableiten. Vgl. Mauerer [Wirkung, 1995], S. 160.

251 So zeigte eine empirische Studie, dass keiner der dort befragten Kunden aus Unzufriedenheit seinen bisherigen Versorger gewechselt hat. Vgl. Zinnbauer [Energieversorgungsunternehmen, 2001], S. 248.

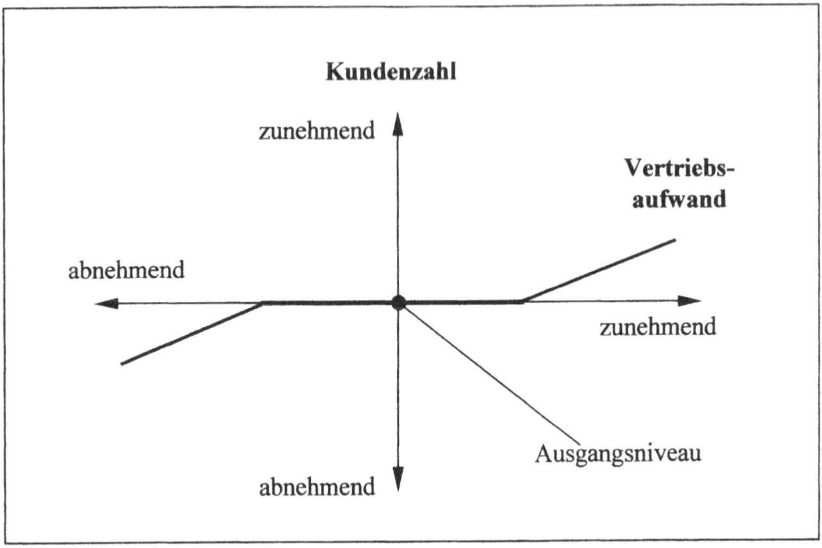

Abbildung 12: Mögliche Änderungen der Kundenzahl in Abhängigkeit von der Höhe des Vertriebsaufwands
(eigene Darstellung, Erläuterung zum Kurvenverlauf im Text)

In einer Gesamtbetrachtung der Wirkungen von Strompreis und Vertriebsaktivitäten auf die Kundenbeziehungen lassen sich verschiedene Kombinationen von Strompreisänderungen und Veränderungen des Vertriebsaufwands sowie deren Auswirkungen auf die Kundenzahl im Bewertungsmodell darstellen. Damit kann der Unternehmensbewertende verschiedene Kundenbindungs- und Kundengewinnungsstrategien bei der Bewertung berücksichtigen und die entsprechenden Veränderungsraten im Bewertungsmodell berücksichtigen.

5.1.3 Segmentierung nach Kundenbereichen

Für die Analyse des Umsatz- und Absatzpotentials erscheint es zweckmäßig, Kunden mit ähnlichem Verbrauchs- bzw. Abnahmeverhalten in Kundengruppen einzuteilen. Dabei kann zunächst eine Unterteilung in Endkunden und in Weiterveräußerer von Strom vorgenommen werden. Bei den Endkunden wiederum bietet sich eine differenzierte Betrachtung nach Haushalts- und Geschäftskunden an, die jedoch im konkreten Fall beliebig verfeinert werden kann. Voraussetzung hierfür ist, dass die notwendigen Analysedaten der jeweiligen Kundengruppe zu Verfügung stehen.

5.1.3.1 Haushaltskunden in Deutschland

In Deutschland unterliegt der Bereich der Tarifkunden, zu denen überwiegend Haushalte sowie gewerbliche und landwirtschaftliche Betriebe zu zählen sind[252], derzeit noch der staatlichen Preisaufsicht. Nach § 1 Abs. 1 BTOElt haben EltVU mit allgemeiner Anschluss- und Versorgungspflicht aus dem Niederspannungsnetz (§ 10 Abs. 1 EnWG) Tarifkunden allgemeine Tarife anzubieten. Allgemeine Tarife müssen gemäß § 12 BTOElt von den Behörden (i.d.R. den Landesbehörden) genehmigt werden. Dies gilt jedoch nicht für sogenannte Sonderverträge, wie sie verstärkt seit Beginn der Liberalisierung beispielsweise als Wahltarife von den Versorgern EnBW („Yello"), RWE („avanza") oder EON (POWERfamily) angeboten werden.

Als Konsequenz des zunehmenden Wettbewerbs auf dem Strommarkt auch für Tarif- bzw. Haushaltskunden haben die Länder Baden-Württemberg und Rheinland-Pfalz jeweils einen Antrag dem Bundesrat zuleitet, die Genehmigungspflicht gemäß § 12 BTOElt bzw. die BTOElt komplett aufzuheben.[253] Es wird die Notwendigkeit gesehen, dass EltVU im Rahmen ihrer Preispolitik die Möglichkeit besitzen müssen, sich ändernden Wettbewerbssituationen permanent anzupassen, indem sie schnell auf Preisänderungen der Konkurrenten reagieren oder durch aktive Preispolitik selbst agieren können. In der Stellungnahme der Bundesregierung wurde die Aufhebung der Genehmigungspflicht als noch nicht sachgerecht angesehen.

Gleichwohl ist auf eine mögliche Aufhebung bzw. Anpassung der entsprechenden Vorschriften hingewiesen worden, wenn der Wettbewerb im Bereich der privaten Verbraucher weiter fortschreitet und eine neuerliche Gesamtprüfung erforderlich macht.[254] Insofern kann davon ausgegangen werden, dass zukünftig für EltVU auch die Preisgenehmigung im Tarifkundenbereich entfällt und im Bewertungsmodell marktgerechte Preise für Haushaltskunden angesetzt werden können.

---

252 Zu den Abgrenzungskriterien im Einzelnen vgl. Müller [Elektrizitätswirtschaft, 1998], S. 348-349.

253 Vgl. Antrag des Landes Baden-Württemberg, BR-Drs. 775/99 vom 30.12.99 und Verordnungsantrag des Landes Rheinland-Pfalz, BR-Drs. 684/99 vom 25.11.1999.

254 Vgl. Stellungnahme der Bundesregierung zur Entschließung des Bundesrates zur Änderung energiewirtschaftlicher Vorschriften, BR-Drs. 635/00 vom 28.09.2000.

Jahr	Strompreis		Stromverbrauch		Strompreis-elastizität des
	ct/kWh	relative Veränderung	TWh	relative Veränderung	
1991	10,87	-	122,15	-	-
1992	11,48	5,6 %	122,80	0,5 %	0,1
1993	11,70	1,9 %	126,10	2,7 %	1,4
1994	12,01	2,7 %	124,56	-1,2 %	-0,5
1995	12,12	0,9 %	127,20	2,1 %	2,4
1996	12,06	-0,5 %	134,16	5,5 %	-11,8
1997	12,29	1,9 %	130,86	-2,5 %	-1,3
1998	12,34	0,5 %	130,52	-0,3 %	-0,6
1999	12,28	-0,5 %	131,30	0,6 %	-1,2
2000	12,30	0,1 %	128,90	-1,8 %	-14,6

Tabelle 12: Veränderung von Strompreis und -verbrauch bei Haushaltskunden in Deutschland im Zeitraum 1991-2000 und zugehörige Strompreiselastizitäten
(eigene Berechnungen; Datenquelle: entsprechende Statistische Jahresberichte des Referats Elektrizitätswirtschaft im BMWi)

Um einen Ansatzpunkt für die quantitative Bestimmung nachhaltiger Veränderungsraten zu erhalten, sollen an dieser Stelle die Veränderungsraten von Preis und Strommenge bezogen auf das jeweilige Vorjahr für deutsche Haushaltskunden im Zeitraum 1991 bis 2000 betrachtet werden (vgl. Tabelle 12 und Abbildung 13). Wie zu erkennen ist, liegen sechs der neun Wertepaare in Bereichen mit Veränderungsraten, die entgegengesetzte Vorzeichen aufweisen (vgl. Abbildung 10). Bei den anderen drei Wertepaaren ist eine gleichzeitige Erhöhung des Strompreises und -verbrauchs zu beobachten. Bei Betrachtung der beiden Wertepaare mit negativer Veränderungsrate des Strompreises ergibt sich ebenfalls ein uneinheitliches Bild. Ein annähernd gleicher Rückgang der Veränderungsrate des Strompreises von 0,46 % bzw. 0,50 % führte im Jahr 1996 zu einer Steigerung des Veränderungsrate des Stromverbrauchs von 5,5 % und im Jahr 1999 nur von 0,6 %. Insoweit ist die Frage zu stellen, ob der Strompreis bei Haushaltskunden einen weniger gewichtigen Einfluss als bisher angenommen auf den Verbrauch hat.

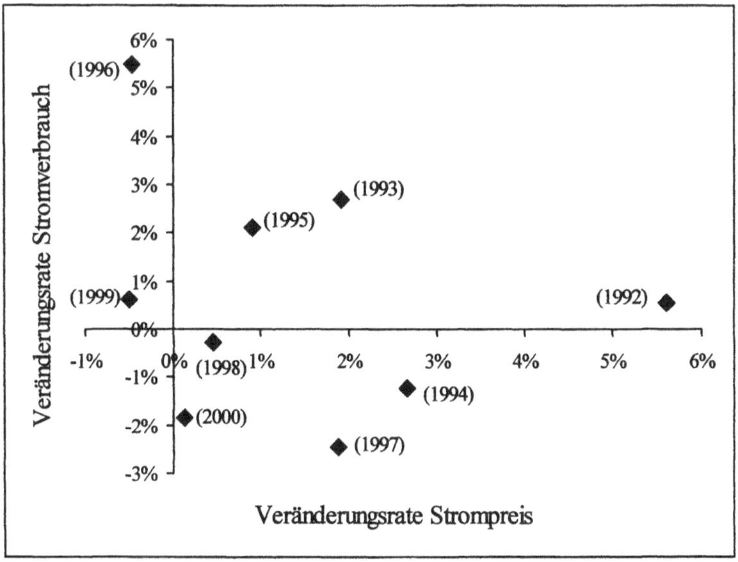

Abbildung 13: Veränderungsraten von Strompreis und -verbrauch bei Haushaltskunden in Deutschland in den Jahren 1992 bis 2000
(in Klammern Angabe der Jahreszahl)
(eigene Darstellung; Daten entnommen aus Tabelle 12)

Hilfreich kann hier eine internen Studie der Unternehmensberatung *McKinsey* sein, bei der im November 1999 in Deutschland 400 Haushalte nach deren Kundenbedürfnissen befragt wurden. Danach ist der Strompreis mit Abstand wichtigstes Kaufkriterium (36 %), gefolgt von der Vertragsdauer (20 %), Sicherheitsgarantien (17 %) und Serviceleistungen (16 %). Befragt nach der Wechselbereitschaft konnten fünf Kundensegmente identifiziert werden, wobei der sogenannte Wertoptimierer, der nach einem ausgewogenen Paket aus Produktangebot, Dienstleistungen, Sicherheit und Flexibilität sucht, mit 29 % den größten Anteil ausmacht. An zweiter Stelle mit 20 % steht der ausgesprochen preissensitive Kunde, der bereits bei kleinen Strompreisunterschieden eine hohe Wechselbereitschaft aufweist. Die restlichen 51 % können als wechselunwillig klassifiziert werden, weil sie sich noch nicht mit der neuen Wettbewerbssituation auf dem Strommarkt auseinandergesetzt haben (träge Kunden), trotz günstigerer Angebote bewusst bei ihrem bisherigen EltVU verbleiben (loyale Kunden) oder die weitere Marktentwicklung noch abwarten wollen (abwartende Kunden). Fasst man die Ergebnisse

der Untersuchung von *McKinsey* zusammen, spielt der Strompreis für Haushaltskunden eine wichtige aber keine dominante Rolle.[255]
Allerdings ist anzumerken, dass die Liberalisierung bisher kaum zu Strompreisänderungen für Haushaltskunden geführt hat (vgl. die Werte für 1998 bis 2000 in Tabelle 12). Entsprechend schwierig gestaltet sich die Bestimmung der Strompreiselastizitäten, wie die Abbildung 14 verdeutlicht. Danach nimmt die Strompreiselastizität des Verbrauchs[256] teils extreme Werte an, weil verhältnismäßig geringe Werte von Strompreisänderungen als Nenner in die Berechnung eingehen und bereits relativ niedrige Verbrauchsänderungen zu betragsmäßig hohen Strompreiselastizitäten führen.

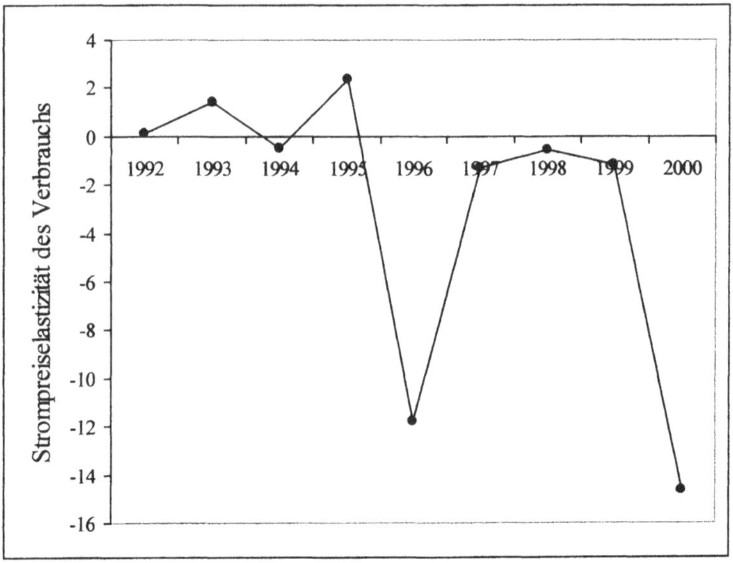

Abbildung 14: Strompreiselastizität des Verbrauchs bei Haushaltskunden in Deutschland in den Jahren 1992 bis 2000
(eigene Darstellung; Daten entnommen aus Tabelle 12)

Insofern müsste für Haushaltskunden die weitere Strompreisentwicklung und deren Wirkung auf den Stromverbrauch beobachtet werden. Bezüglich der weiteren

255 Vgl. Drake/Ohler/Röthel [Preiskrieg, 2000], S. 287-288.

256 Die Strompreiselastizität des Verbrauchs entspricht bei EltVU grundsätzlich der Strompreiselastizität des Absatzes, da der Stromverbrauch unmittelbar durch die zeitgleich erzeugte Strommenge, d.h. ohne Lagerhaltung, gedeckt wird. Vgl. Böcker [Marketing, 1996], S. 251.

Strompreisentwicklung ist zu berücksichtigen, dass die Strompreise für Haushaltskunden im Vergleich zu den anderen EU-Staaten im oberen Mittelfeld liegen und so ein zusätzlicher Anpassungsdruck auf die Strompreise entsteht (vgl. auch Abschnitt 5.1.3.3).

5.1.3.2 Geschäftskunden in Deutschland

Zu den Geschäftskunden eines EltVU sollen hier alle Endverbraucher gerechnet werden, die nicht zu den Haushaltskunden zu zählen sind. Danach lassen sich zwei Verbrauchergruppen den Geschäftskunden zuordnen:

- Sondervertragskunden
- landwirtschaftliche und gewerbliche Betriebe

Unter Sondervertragskunden fallen alle Endverbraucher, die nicht den Tarifkunden zurechenbar sind. Somit zählen landwirtschaftliche und gewerbliche Kunden nicht zu den Sondervertragskunden und sind daher explizit aufzuführen. Bei den Sondervertragskunden handelt es sich im Wesentlichen um Geschäftskunden, die relativ große Strommengen über das Nieder- als auch Hoch- und Mittelspannungsnetz abnehmen können.[257] Mit diesen Kunden schließt das EltVU dann Sonderabnehmerverträge, in denen die wesentlichen Vertragspunkte festgelegt sind, wie die Festlegung der bestellten, bereitgestellten oder angeforderten Leistung, der Übergabespannung, Regeln bei Überschreitung der angeforderten Leistung oder des Strompreis und Änderungsklauseln.[258]

Neben dem Strompreis und den Abnahmemengen bzw. -konditionen spielt bei den Geschäftskunden auch die Qualität der Stromversorgung hinsichtlich der Versorgungssicherheit bzw. -zuverlässigkeit sowie der Spannungs- und Frequenzqualität ein entscheidende Rolle. Da die Versorgungsqualität im Wesentlichen durch die Übertragungs- und Verteilungsnetze beeinflusst wird, bietet es sich an, diesen Aspekt separat bei der Bewertung des Sektors Verteilung und Übertragung zu erfassen (vgl. Abschnitte 5.2.3.1.1 und 5.2.3.2.1).

Um, wie bei den Haushaltskunden, zu einer quantitativen Bestimmung nachhaltiger Veränderungsraten von Preis und Menge zu gelangen, soll an dieser Stelle auch für Geschäfts- bzw. Sondervertragskunden das Verbrauchsverhalten in der Vergangenheit herangezogen werden.

---

257 Vgl. Böwing/Rosin [Probleme, 2000], S. 74.

258 Vgl. Müller [Elektrizitätswirtschaft, 1998], S. 356.

In Tabelle 13 und Abbildung 15 sind daher die Veränderungsraten von Preis und Strom bezogen auf das jeweilige Vorjahr für Geschäfts- bzw. Sondervertragskunden im Zeitraum 1991 bis 2000 angeben. Wie dort zu erkennen ist, liegen alle Wertepaare in Bereichen mit Veränderungsraten, die entgegengesetzte Vorzeichen aufweisen. Lässt man zudem die Wertepaare der beiden Betrachtungsperioden 1999 und 1996 außer Betracht und verbindet die nebeneinanderliegenden Punkte miteinander, so ergibt sich partiell eine ähnliche Kurvenform, wie in Abbildung 10 unterstellt.

Jahr	Strompreis		Stromverbrauch		Strompreis-elastizität des
	ct/kWh	relative Veränderung	TWh	relative Veränderung	
1991	7,74	-	247,86	-	-
1992	7,80	0,7 %	245,02	-1,1 %	-1,58
1993	7,90	1,3 %	238,14	-2,8 %	-2,14
1994	7,74	-2,1 %	244,16	2,5 %	-1,22
1995	7,65	-1,1 %	249,56	2,2 %	-1,97
1996	7,35	-3,9 %	251,92	0,9 %	-0,24
1997	7,11	-3,3 %	260,22	3,3 %	-1,01
1998	6,81	-4,2 %	268,30	3,1 %	-0,73
1999	6,10	-10,4 %	270,90	1,0 %	-0,09
2000	5,11	-16,3 %	284,70	5,1 %	-0,31

Tabelle 13: Veränderung von Strompreis und -verbrauch bei Geschäftskunden in Deutschland im Zeitraum 1991-2000 und zugehörige Strompreiselastizitäten
(eigene Berechnung; Datenquelle: entsprechende Statistische Jahresberichte des Referats Elektrizitätswirtschaft im BMWi)

Dies könnte a) mit der Preissensitivität der Sondervertragskunden und b) mit der flexiblen Preisgestaltung bereits vor der Liberalisierung zusammenhängen.

Zu a): Offenbar ist die Preissensitivität der Sondervertragskunden ausgeprägter als bei Haushaltskunden. Diese dürfte um so größer sein, je höher die Relevanz der Stromkosten, z.B. gemessen am Anteil der Stromkosten an den Gesamtkosten, für den Kunden ausfällt. Bei einem hohen Stromkostenanteil können schon verhältnismäßig geringe Schwankungen bei den Stromkosten relativ große Veränderungen auf den Gewinn bzw. die Rentabilität auslösen. Entsprechend hoch fällt bei diesen Kunden auch die Wechselbereitschaft zu einem anderen Versorger aus.[259]

Zu b): Bereits vor der Liberalisierung waren die Strompreise der Sondervertragskunden im Gegensatz zu Tarifkunden nicht genehmigungspflichtig, unterlagen aber der kartellrechtlichen Preismissbrauchsaufsicht (vgl. auch Abschnitt 2.1). Dadurch war es den Sondervertragskunden möglich, die Strompreise individuell auszuhandeln und damit die Preise flexibler zu gestalten als auch günstigere Konditionen zu erhalten. So ergab sich beispielsweise für den Zeitraum 1991 bis 1997 ein Rückgang des durchschnittlichen Strompreises von insgesamt 8,2%, während im gleichen Zeitraum die Preise für Tarifkunden um 12,9 % gestiegen sind

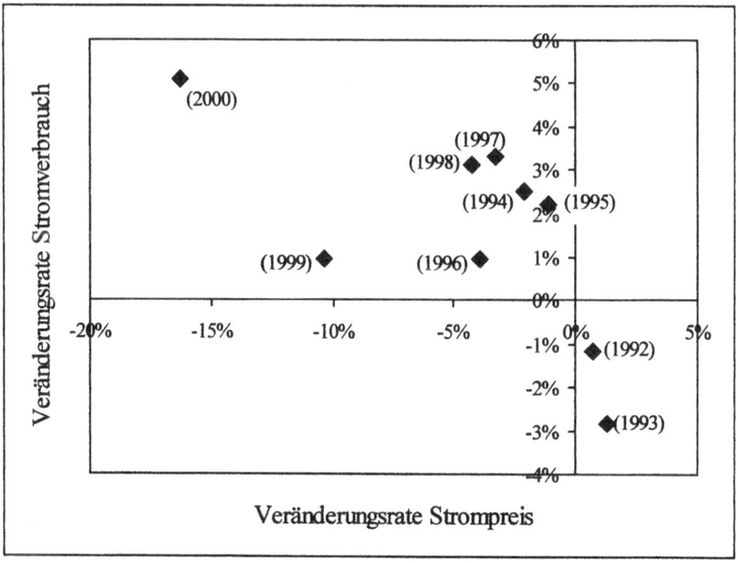

Abbildung 15: Veränderungsraten von Strompreis und -verbrauch bei Geschäftskunden in Deutschland in den Jahren 1992 bis 2000
(in Klammern Angabe der Jahreszahl)
(eigene Darstellung; Daten entnommen aus Tabelle 13)

Die Betrachtung der Wertepaare für die Jahre 1999 und 2000 zeigt, dass ein verhältnismäßig hoher Preisrückgang von 10,4 % bzw. 16,3 % nur zu einem relativ

259 Vgl. Titzrath/Herrmann [Energievertrieb, 2001], S. 249-250.

geringen Anstieg der Verbrauchsmenge von 1,0 % bzw. 5,1 % geführt hat. Hier macht sich der zunehmende Preiswettbewerb, der mit der freien Wahlmöglichkeit des EltVU verbunden ist, durch einen relativ hohen Preisdruck bemerkbar, ohne dass sich der Verbrauch der Sondervertragskunden entsprechend erhöht hat. Der Stromverbrauch ist seit 1994 stetig angestiegen (vgl. Tabelle 13), so dass weitere Verbrauchszuwächse tendenziell an die Kapazitätsgrenzen der stromverbrauchenden Anlagen in den Unternehmen stoßen (vgl. auch die Ausführungen in Abschnitt 5.1.2.3.2.1). Sind die Kapazitäten ausgeschöpft, ist ein wachsender Stromverbrauch für das EltVU nur erreichbar, wenn die stromabnehmenden Unternehmen in neue Anlagen investieren.

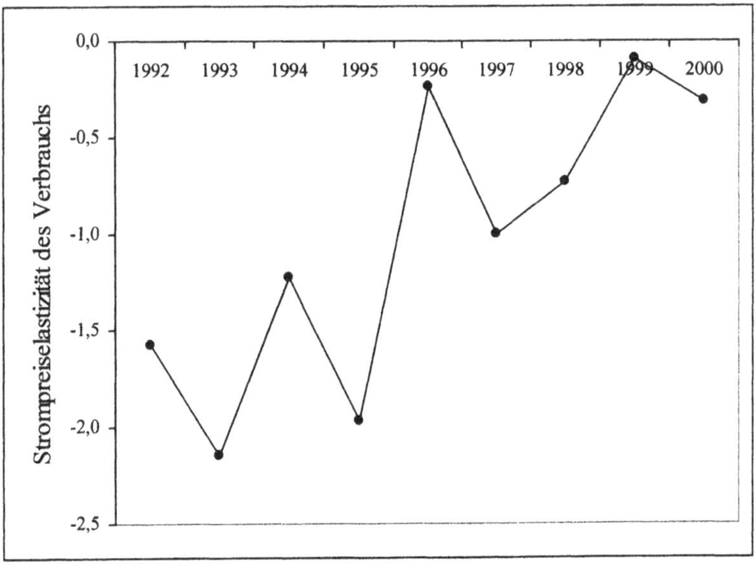

Abbildung 16: Strompreiselastizität des Verbrauchs bei Geschäftskunden in Deutschland in den Jahren 1992 bis 2000
(eigene Darstellung; Daten entnommen aus Tabelle 13)

Der relativ geringe Verbrauchszuwachs bei stark sinkenden Strompreisen wird auch deutlich bei Betrachtung der Strompreiselastizität des Verbrauchs, die im Zeitablauf betragsmäßig tendenziell abgenommen hat und in den Jahren 1999 und 2000 um Null lag (vgl. Abbildung 16).

Trotz der bereits starken Strompreisrückgänge in den Jahren 1999 und 2000 liegen die Strompreise für Geschäftskunden im europäischen Vergleich noch relativ

hoch (vgl. auch Tabelle 14 im folgenden Abschnitt). Insofern kann, wie bei den Haushaltskunden, auch hier ein zusätzlicher Anpassungsdruck zu weiter sinkenden Strompreisen führen, die nach der oben gezeigten Entwicklung mit verhältnismäßig geringen Verbrauchszuwächsen bzw. Veränderungsraten verbunden sein dürften.
Ob Strompreisveränderungsraten in dieser Größenordnung jedoch nachhaltig im Bewertungsmodell anzusetzen sind, ist m.E. zu bezweifeln. So würde eine jährliche Senkung von 10 % über 10 Jahre hinweg zu einem Rückgang des Strompreises von 65 % führen und bei 20 Jahren zu 88 %. Eher dürften die Strompreise bei vollständiger Liberalisierung weniger starken Schwankungen unterliegen.

5.1.3.3 Europaweiter Stromabsatz an Endkunden

Mit Schaffung eines EU-Binnenmarktes für Strom soll ein Endkunde in der EU die Möglichkeit haben, sein versorgendes EltVU EU-weit frei wählen zu können. Dies bedeutet auf der anderen Seite für die EltVU, dass diese

- in anderen EU-Staaten neue Kunden gewinnen und so zusätzliche Umsätze generieren können
- im eigenen Land einem höheren Wettbewerb durch das Auftreten von EltVU anderer EU-Staaten ausgesetzt sind.

Die Gewinnung von Neukunden in anderen EU-Staaten wird derzeit jedoch von verschiedenen Faktoren determiniert, wie:

- unterschiedliche Marktöffnung
- unzureichende Durchleitungsvereinbarungen
- fehlende EU-einheitliche Regelungen zur Bestimmung der Durchleitungsentgelte
- mangelnde Übertragungskapazitäten an den grenzüberschreitenden Kuppelstellen (vgl. auch Abschnitt 5.2.3.1.3)

So sind lediglich erst die Strommärkte in den vier EU-Staaten Deutschland, Finnland, Großbritannien und Schweden zu 100 % geöffnet, d.h. dort können alle Endkunden ihren Versorger frei wählen (vgl. Tabelle 13). Bei 2/3 der Staaten liegt die Marktöffnungsquote unterhalb von 55 %. Hierunter fallen Portugal und Spanien mit ihren relativ hohen Wachstumsraten beim Stromverbrauch und Frankreich und Italien mit einem hohen absoluten Verbrauch. Die Expansionsmöglichkeiten in diese Länder sind somit zunächst mehr oder weniger deutlich begrenzt. Jedoch ergeben sich bis zur vollständigen Marktöffnung mit weiter zunehmender Öffnung entsprechende Potentiale.

EU-Staat	Marktöffnung in % [1]	Strompreise 1999 [2] (indiziert)		Stromverbrauch 1999 [2]	
		Industrie	Haushalte	in TWh	Veränderung 1998/99
Frankreich	30	77	91	430,0	1,8%
Griechenland	30	k.A.	k.A.	45,7	3,6%
Irland	30	k.A.	k.A.	20,2	3,1%
Portugal	30	86	138	39,9	5,3%
Österreich	32	105	95	55,3	2,0%
Niederlande	33	76	88	101,5	2,7%
Belgien	35	90	113	79,9	0,4%
Italien	35	111	162	285,8	2,2%
Luxemburg	40	k.A.	k.A.	5,6	5,7%
Spanien	54	81	66	190,9	6,2%
Dänemark	90	74	103	34,7	-8,0%
Deutschland	*100*	*100*	*100*	*514,4*	*1,4%*
Finnland	100	56	54	78,0	2,0%
Großbritannien	100	93	79	347,4	0,3%
Schweden	100	k.A.	k.A.	142,8	-0,3%

Tabelle 14: Daten zum Strommarkt in den EU-Mitgliedsstaaten
(Datenquellen: [1]Stand 03/2001, KOM [Vollendung, 2001], S. 4-5; [2]VDEW [Strommarkt, 2000], S. 26, 27, 62)

Schwierigkeiten ergeben sich zudem aus den derzeit nicht EU-einheitlichen Durchleitungsregelungen. Dies gilt sowohl für die Vereinbarungen zwischen Endkunde, Netzbetreiber und Stromlieferant als auch für die Festlegung der Durchleitungsentgelte (vgl. im Einzelnen Abschnitt 5.2.3.2.2). Insofern ist eine Berücksichtigung von Umsatzerlösen aus grenzüberschreitenden Stromlieferungen an Endkunden derzeit noch mit relativ großen Unsicherheiten verbunden[260] und im Bewertungsmodell mit einem entsprechende hohen Risikozuschlag zu erfassen. Als Alternative bietet es sich daher an, eine Beteiligung an ausländischen EltVU zu erwerben, um so einen direkten Zugang zum dortigen Strommarkt zu erhalten, ohne die o.g. Risiken in Kauf nehmen zu müssen. Diese Vorgehensweise belegen auch die in Abschnitt 3.4 skizzierten grenzüberschreitenden Transaktionen.

260 Eine EU-Verordnung zum Netzzugang für den grenzüberschreitenden Stromhandel befindet sich noch im Gesetzgebungsverfahren. Vgl. den Richtlinienentwurf vom 29.01.2003 als Gemeinsamer Standpunkt des Rates im Hinblick auf den Erlass der Verordnung des Europäischen Parlaments und des Rates über die Netzzugangsbedingungen für den grenzüberschreitenden Stromhandel (abgerufen am 10.03.2003 unter http://register.consilium.eu.int/pdf/de/02/st15/st15527de02.pdf).

Durch das Agieren ausländischer EltVU auf dem deutschen Strommarkt könnte der höhere Wettbewerb zukünftig zu einem zusätzlichen Preisdruck führen, da Deutschland im EU-Vergleich mit die höchsten Industriestrompreise aufweist und bei den Haushaltsstrompreisen im oberen Mittelfeld liegt. Wie in Tabelle 14 aufgeführt, lagen 1999 nur die Industriestrompreise in Österreich und Italien über denen in Deutschland. Bei den Haushaltsstrompreisen gilt dies für Dänemark, Belgien, Portugal und Italien. Der Preisanpassungsdruck dürfte sich zudem verstärken, da der Markt für Endkunden in Deutschland zu 100 % geöffnet und der deutsche Strommarkt aufgrund des höchsten absoluten Stromverbrauchs in der EU für Konkurrenten besonders interessant ist.

5.1.3.4 Weiterveräußerer

Weiterveräußerer von Strom sind Kunden, die den Strom nicht selbst verbrauchen, sondern an Dritte weiter vertreiben. Dies können z.B. Stadtwerke als Endverteiler, Regionalversorger als Weiterverteiler oder reine Stromhändler sein. Als Absatzwege kommen dabei in Betracht [261]:

- bilaterale Stromlieferungsverträge
- Strombörsen

Bei Abschluss von neuen Stromlieferungsverträgen dürfte die Tendenz in Richtung kurzer Laufzeiten gehen, um aus Sicht des Weiterveräußerers flexibel auf Marktveränderungen hinsichtlich Preisanpassungen, Abnahmemengen oder Wechsel des Lieferanten reagieren zu können.[262] Bei Stromlieferungsverträgen, die vor der Liberalisierung mit i.d.R. längerfristigen Laufzeiten von etwa 10 oder 20 Jahren abgeschlossen wurden, ist zu berücksichtigen, dass in der Literatur und Rechtsprechung Uneinigkeit über die Wirksamkeit derartiger Verträge herrscht.[263] Jedoch lässt sich auch bei weiter wirksamen Lieferverträgen mit langer Laufzeit beobachten, dass Vertragsanpassungen hin zu kürzeren Vertragslaufzeiten und Anpassungen der Konditionen vorgenommen werden.[264] Insgesamt betrachtet dürfte im Sektor Vertrieb eines EltVU der zusätzliche Preisdruck, die Flexibilität der Abnahmemengen und die Wechselmöglichkeit des Weiterveräußerers zu erhöhten Unsicherheiten bei den Umsätzen führen.

---

261 Vgl. Baumeister [Strombörse, 2000], S. 162.

262 Vgl. Latkovic/Seiferth [Stromhandel, 1999], S. 22.

263 Vgl. Salje [Stromlieferungsverträge, 1999], S. 768-769; Börner, [Nichtigkeit, 1999], S. 405-410; Lückenbach [Energieversorgungsunternehmen, 2000], S. 104-107.

264 Vgl. Salje [Stromlieferungsverträge, 1999], S. 769.

Eine zunehmende Transparenz der Großhandelskonditionen bezogen auf Strompreise und -mengen ergibt sich durch den Handel über Strombörsen, an denen zum einen Weiterveräußerer oder Großunternehmen ihren Strom alternativ beziehen und andererseits EltVU ihren Strom alternativ veräußern können. So existieren in Europa im Jahr 2002 beispielsweise die Strombörsen

- European Energy Exchange (EEX) in Leipzig
- Amsterdam Power Exchange (APX)
- Nordic Power Exchange (Nordpool) in Oslo.

Voraussetzungen für eine funktionsfähige und liquide Strombörse sind Durchleitungsregelungen (Durchleitungsbedingungen und -entgelte) und ein ausreichendes Handelsvolumen, d.h. einem Angebot muss eine ausreichende Nachfrage gegenüberstehen und vice versa. Die relevanten Durchleitungsregelungen lassen sich derzeit aus der Verbändevereinbarung über Kriterien zu Bestimmung von Netznutzungsentgelten für elektrische Energie und über Prinzipien der Netznutzung vom 13. Dezember 2001 (VV II plus) ableiten, die zwar nicht rechtsverbindlich ist, jedoch als Anhaltspunkt dienen kann (vgl. auch Abschnitt 5.2.3.2.3.1).[265] Hinsichtlich der Liquidität ist das Handelsvolumen im Vergleich zu bilateralen Lieferverträgen noch relativ gering. So beträgt in liberalisierten Strommärkten das Verhältnis der umgesetzten Strommengen über bilaterale Verträge und Strombörse etwa 80 zu 20.[266] Dadurch besteht beim Vertrieb über eine Strombörse für das EltVU ein erhöhtes Risiko, dass eine Transaktion nicht oder nur zu einem relativ niedrigeren Preis zustande kommt.

Der Vorteil der Geschäftsabwicklung über eine Strombörse liegt in den geringeren Transaktionskosten im Vergleich zu konventionellen Lieferverträgen, bei denen die Transaktionspartnern jeweils erst gesucht, über sie und ihre Konditionen Informationen beschafft und Lieferverträge individuell ausgehandelt werden müssen.[267] Beim Stromabsatz eines EltVU kann dies nachhaltig zu niedrigerem Vertriebsaufwand etwa bei der Kundengewinnung und -pflege oder der Vertragsgestaltung führen.
Auf der anderen Seite sind die relativ hohen Strompreisschwankungen an den Strombörsen zu berücksichtigen. So kam es in der Vergangenheit innerhalb eines Jahres zu Schwankungsbreiten von bis zu 300 % bezogen auf den niedrigsten Wert.[268] Die hohe Volatilität erfordert daher zusätzlich den Aufbau und die Entwicklung eines Risikomanagements im EltVU, um bei in bestimmten Abständen auftretenden ungünstigen Marktbewegungen entstehende Verluste zu begren-

---

265 Vgl. Barth [Strombörse, 2000], S. 143-145.
266 Vgl. Kraus/Turgoose [Entwicklungen, 1999], S. 64.
267 Vgl. Baumeister [Strombörse, 2000], S. 162.
268 Vgl. Schäfer/Rodt [Stromderivate, 1999], S. 548.

zen.[269] Für den Verkäufer von Strom gilt dies in Phasen zukünftig starker Strompreisrückgänge, während aus Sicht des Käufers Phasen zukünftig starker Strompreisanstiege Verlustsituationen hervorrufen können. Entsprechend erfolgt der Einsatz von Instrumenten der Preisabsicherung etwa in Form von Terminkontrakten, die einem stromabsetzenden EltVU zu einem bestimmten Zeitpunkt das Recht einräumt, eine bestimmte Strommenge zu einem vorher festgelegten Basispreis zu liefern. Liegt der Marktpreis zu diesem Zeitpunkt unter dem Basispreis erhält das EltVU eine entsprechende Ausgleichszahlung von der an die Strombörse angeschlossenen Clearing-Bank.[270] Der finanzielle Ausgleich ist der Regelfall, so dass bei Fälligkeit keine physische Stromlieferung mehr stattfindet.[271]

Insgesamt entsteht ein zusätzlicher Vertriebsaufwand, der mit dem Aufbau und der Weiterentwicklung des Risikomanagements sowie dem Eingehen von Terminkontrakten verbunden und im Bewertungsmodell zu erfassen ist.

5.1.4 Zwischenfazit

Die mit der Liberalisierung verbundene freie Wahl des Stromversorgers durch den Kunden erfordert eine stärkere Vertriebsorientierung der EltVU. Alternative Vertriebsstrategien und der entsprechende Einsatz der absatzpolitischen Instrumente sind im Bewertungsmodell adäquat abzubilden.

Es wurde gezeigt, dass die Wirkungen absatzpolitischer Instrumente in einem liberalisierten Strommarkt durch Elastizitätskoeffizienten dargestellt werden können. Daraus lassen sich Veränderungsraten für Strompreis, Verbrauchsmenge, Kundenzahl, Vertriebsaufwand und sonstige vertriebsrelevante Größen ableiten, die im Bewertungsmodell mit der jeweiligen Bezugsgröße zu verknüpfen sind.

Hierbei ist zu berücksichtigen, dass bereits relativ geringe nachhaltige Veränderungsraten für Strompreis und -menge im Vergleich zu nachhaltig konstanten Strompreisen und Absatzmengen verhältnismäßig große Auswirkungen auf den Wert einer Diskontierungsreihe für Umsätze und mithin auf die Bewertung des Sektors Vertrieb hervorrufen können (vgl. Abschnitt 4.4.3). Gleichzeitig wäre eine Anpassung des Einzelprognosehorizontes vorzunehmen, wenn die Verände-

---

269 Vgl. Erfkemper [Risikomanagement, 2000], S. 571.

270 Die Clearing-Bank steht als Vertragspartnerin zwischen Käufern und Verkäufer. Gegenüber der Käuferseite tritt sie als Verkäufer und gegenüber der Verkäuferseite als Käufer auf. Vgl. Schulte-Beckhausen [Stromhandel, 1999], S. 54.

271 Vgl. Barth [Strombörse, 2000], S. 141; Schulte-Beckhausen [Stromhandel, 1999], S. 54.

rungsraten das Verhältnis von Einzelprogenosewert und Residualwert einer Diskontierungsreihe für Umsätze stark beeinflussen (vgl. Abschnitt 4.4.4).

Eine Segmentierung nach Kundengruppen ermöglicht eine differenzierte Betrachtung der Vertriebsstrategien und des Einsatzes absatzpolitischer Instrumente unter kundenspezifischen Aspekten. Dadurch wird gleichzeitig erkennbar, welchen Wertbeitrag bestimmte Kunden für das zu bewertende EltVU liefern.

5.2 Bewertung des Sektors Übertragung und Verteilung

Die Aktivitäten im Bereich der Übertragung und Verteilung umfassen den Transport des Stroms auf den entsprechenden Netzebenen. Dabei wird unter Übertragung der Transport hoher elektrischer Leistung über große Entfernungen verstanden, während die Verteilung den Stromtransport von einem Einspeisepunkt zu einer Vielzahl von Endkundenanschlüssen beinhaltet. Bezogen auf die Netzebene zählen zu den Übertragungsnetzen die Höchstspannungsnetze und zu den Verteilernetzen die Niederspannungs-, Mittelspannungs- und Hochspannungsnetze.[272]

5.2.1 Der Sachzeitwert bei der Netzübergabe in Zusammenhang mit Endschaftsklauseln in Konzessionsverträgen

5.2.1.1 Bewertungsrelevanz von Stromversorgungsnetzen

Die Relevanz der Bewertung von Stromnetzen beschränkte sich vor Beginn der Liberalisierung vornehmlich auf die Überlassung von örtlichen Verteilungsnetzen, die in sogenannten Endschaftsklauseln von Konzessionsverträgen zwischen der Gemeinde und dem zuständigen Versorgungsunternehmen geregelt sind.[273] Hintergrund dieser Vereinbarungen ist, dass nach Ablauf eines Konzessionsvertrages ohne Vertragserneuerung auch weiterhin die Versorgung der Endkunden im Gemeindegebiet gesichert sein muss.[274]

Endschaftsbestimmungen können einer Gemeinde das Recht einräumen und, auf Verlangen des bisher zuständigen EltVU, die Pflicht auferlegen, das Verteilungsnetz des EltVU, welches der Stromversorgung des Gemeindegebietes dient, zu übernehmen.[275] Bei dieser Art der Netzübergabe handelt es sich regelmäßig um Zwangsverkäufe.[276] Die Gemeinde will das Netz auf das eigene Stadtwerk oder auf einen anderen Netzbetreiber zur weiteren Stromversorgung übertragen, während ansonsten der bisherige Netzinhaber das Verteilungsnetz behalten würde.[277]

Allerdings wurden die Regelungen zum Übernahmepreis, den die Gemeinde an den Netzbetreiber zu entrichten hat, in den Konzessionsverträgen teilweise relativ unpräzise formuliert. So lautet beispielsweise die Endschaftsklausel des Konzes-

272 Vgl. Bochanky [Planung, 1996], S. 624; Müller [Elektrizitätswirtschaft, 1998], S. 152-153.
273 Vgl. Hüffer [Sachzeitwert, 1991], S. 211.
274 Vgl. zur Versorgungspflicht nach Ablauf eines Konzessionsvertrages Braun [Rechtsfragen, 1988], S. 474.
275 Vgl. Braun [Rechtsfragen, 1988], S. 473; Eiber/Fuchs [Überlegungen, 1994], S. 1175.
276 Vgl. Busse von Colbe [Bewertung, 1994], S. 19.
277 Vgl. Seicht [Sachzeitwert, 1996], S. 172.

sionsvertrages zwischen dem Land Berlin und der Bewag nach § 16 Endschaftsbestimmungen:

„Soweit für die Zeit nach Ablauf dieses Vertrags kein neuer Konzessionsvertrag zwischen dem Land Berlin und der Bewag geschlossen wird, ist das Land Berlin berechtigt und [...] auf Verlangen der Bewag verpflichtet, von der Bewag die im Versorgungsgebiet vorhandenen Energieversorgungsanlagen der Bewag gegen Erstattung ihres ***angemessenen Wertes*** zu übernehmen.“ [278]

Ähnlich sind auch die Regelungen im EnWG und in der KAV ausgelegt. Nach § 13 Abs. 2 S. 2 EnWG hat das bisher versorgende EltVU das Netz dem neuen EltVU „[...] gegen Zahlung einer ***wirtschaftlich angemessenen Vergütung*** zu überlassen.“[279] In § 3 Abs. 2 Nr. 2 KAV heißt es, dass „[...] Verpflichtungen zur Übertragung von Versorgungseinrichtungen ohne ***wirtschaftlich angemessenes Entgelt*** [.]“[280] nicht vereinbart oder gewährt werden dürfen.

In der Bewertungspraxis haben sich im Laufe der Zeit für die Bemessungsgrundlage des Übernahmepreises von Verteilungsnetzen verschiedene Wertansätze herausgebildet[281], von denen der Sachzeitwert die größte Bedeutung gefunden hat.[282]

5.2.1.2 Konzeption und Ermittlung des Sachzeitwertes

Das Konzept des Sachzeitwertes beruht auf einer substanzorientierten Betrachtungsweise. Ausgangspunkt ist die Fragestellung, welche fiktiven Investitionen notwendig wären, um ein Verteilungsnetz neu aufzubauen, das den gleichen Restwert (Alter und Zustand der Anlagen) wie das zu bewertende Netz aufweist.[283] Dazu wird zunächst die Diskontierungsreihe des Netzes bei Neueinrichtung bestimmt, die den Anschaffungswert sowie die zukünftigen Reinvestitionen

---

278 Hervorhebung des Verfassers.

279 Hervorhebung des Verfassers.

280 Hervorhebung des Verfassers.

281 Diese sind im Wesentlichen der Sachzeitwert, Anhaltewert und kalkulatorischer Restbuchwert. Vgl. Böwing [Verkauf, 1995], S. 804-808; Böwing [Anhaltewert, 1996], S. 592-593; Klaue [Preisbewertung, 1995], S. 989-994.

282 So ist in der Mehrzahl der heute bestehenden Konzessionsverträge der Sachzeitwert als Bemessungsgrundlage des Übernahmepreises explizit genannt. Vgl. Braun [Rechtsfragen, 1988], S. 488; Seicht [Sachzeitwert, 1996], S. 180.

283 Die Genehmigung eines parallelen Netzaufbaus wäre bis zu Beginn der Liberalisierung aus energierechtlichen Gründen i.S.e. preisgünstigen Energieversorgung aufgrund der hohen Kapitalintensität untersagt worden. Zudem verhinderten ausschließliche Wegerechte den Bau eines weiteren Netzes durch einen anderes EltVU. Insofern handelte es sich hier nur um fiktiven Annahmen. Vgl. Braun [Rechtsfragen, 1988], S. 474.

erfasst. Um die Restnutzungsdauer des bestehenden Netzes zu berücksichtigen, ist eine Investitionskette der Reinvestitionen aufzustellen. Der Sachzeitwert ergibt sich dann aus der Differenz zwischen den Barwerten bei Neueinrichtung und mit Restnutzungsdauer. Somit ist der Sachzeitwert als Substanzwert im Sinne ersparter Auszahlungen zu interpretieren. [284]

Zur allgemeine Bestimmung des Sachzeitwertes wird auf das vereinfachte Zahlenbeispiel von *Busse von Colbe*[285] zurückgegriffen. Bei Neuausrichtung des Stromnetzes mit einer Anschaffungsauszahlung in Höhe von I und einer erwarteten Gesamtnutzungsdauer N sowie Reinvestitionen jeweils nach der erwarteten Gesamtnutzungsdauer in Höhe I lautet der Barwert I_{neu} der Investitionskette:

$$I_{neu} = I + \frac{I}{(1+k)^N} + \frac{I}{(1+k)^{2 \cdot N}} + \frac{I}{(1+k)^{3 \cdot N}} + ... + \frac{I}{(1+k)^{n \cdot N}} \qquad (33)$$

Auf beiden Seiten der Gleichung multipliziert mit $(1+k)^N$ ergibt:

$$(1+k)^N \cdot I_{neu} = (1+k)^N \cdot I + I + \frac{I}{(1+k)^N} + \frac{I}{(1+k)^{2 \cdot N}} + ... + \frac{I}{(1+k)^{(n-1) \cdot N}}$$

und durch Subtraktion der beiden Gleichungen folgt:

$$[(1+k)^N - 1] \cdot I_{neu} = (1+k)^N \cdot I - \frac{I}{(1+k)^{n \cdot N}}$$

Durch Umformung und mit $n \to \infty$ erhält man:

$$I_{neu} = \frac{(1+k)^N}{(1+k)^N - 1} \cdot I$$

Der Barwert I_{Restn} einer Investitionskette für ein bestehendes Stromnetz lautet unter Berücksichtigung einer Restnutzungsdauer von $t = -a+N$ Jahren und zukünftigen Reinvestitionsintervallen nach jeweils N Jahren in Höhe I ab dem Zeitpunkt $t = -a+N$:

284 Vgl. Busse von Colbe [Bewertung, 1994], S. 28.
285 Vgl. im Einzelnen Busse von Colbe [Bewertung, 1994], S. 28-29.

$$I_{Restn} = \frac{I}{(1+k)^{-a+N}} + \frac{I}{(1+k)^{-a+2\cdot N}} + \frac{I}{(1+k)^{-a+3\cdot N}} + \ldots + \frac{I}{(1+k)^{-a+n\cdot N}} \quad \text{mit } 0 \le a \le N \qquad (34)$$

Mit der gleichen Umformung wie bei der Investitionskette bei Neueinrichtung ergibt sich dann:

$$I_{Restn} = \frac{(1+k)^a}{(1+k)^N - 1} \cdot I \qquad (35)$$

Der Sachzeitwert SZW als Substanzwert im Sinne ersparter Auszahlungen wird aus der Differenz von I_{neu} und I_{Restn} berechnet:

$$SZW = I_{neu} - I_{Restn} = \frac{(1+k)^N - (1+k)^a}{(1+k)^N - 1} \cdot I \qquad (36)$$

Der grafische Verlauf des Sachzeitwertes in Abhängigkeit von der Restnutzungsdauer bei unterschiedlichen Kalkulationszinssätzen ist in Abbildung 17 wiedergegeben. Eine Restnutzungsdauer von Null (a=N) führt zu einem Sachzeitwert von Null, d.h. in das Netz muss in Höhe der Anschaffungsauszahlung reinvestiert werden, während eine Restnutzungsdauer von N (a=0) einem Sachzeitwert in Höhe der Anschaffungsauszahlung entspricht, d.h. das Netz ist gerade neu errichtet worden. Zwischen diesen beiden Grenzfällen verlaufen die Kurven in Abhängigkeit vom Zinssatz unterschiedlich stark gekrümmt. Dabei nimmt der Sachzeitwert bei gleicher Restnutzungsdauer mit steigendem Kapitalisierungszins zu.

In der Rechtsprechung ist der Übernahmepreis bzw. der Sachzeitwert als Bemessungsgrundlage regelmäßig Streitgegenstand, was auch die Vielzahl der Rechtsurteile belegt.[286] Aus Sicht der Gemeinde als Netzübernehmer ist der zu zahlende Übernahmepreis in Höhe des Sachzeitwertes zu hoch, während die netzabgebenden EltVU – vorrangig Regionalversorger – den Sachzeitwert als angemessen empfinden.[287] Im Rahmen einer freien Kaufpreisverhandlung würde dies bedeuten, dass der Übernahmepreis sich oberhalb der Preisobergrenze bzw. dem subjek-

---

286 Vgl. z.B. BGH, Urteil vom 16.11.1999, in: ET, 20. Jg.. (2000), S. 182-199; OLG Frankfurt, Urteil vom 11.02.1997, in: ZNER, 1. Jg. (1997), S. 49-59; OLG Celle, Urteil vom 06.11.1996, in: RdE, 6. Jg. (1997); S. 144-146; LG Dortmund, Urteil vom 20.02.1996, in: RdE, 6. Jg. (1997), S. 37-39.

287 Vgl. Becker [Sachzeitwert, 1998], S. 13.

tiven Wert der Gemeinde befindet und über der Preisuntergrenze bzw. dem subjektiven Wert des abgebenden EltVU liegt. Unter diesen Umständen käme eine freie Kaufeinigung nicht zustande.

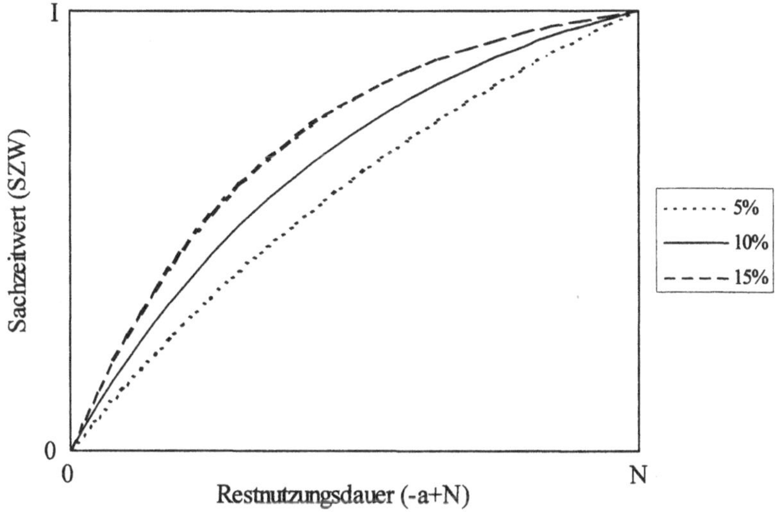

Abbildung 17: Der Sachzeitwert in Abhängigkeit von der Restnutzungsdauer und dem Kapitalisierungszinssatz
(eigene Darstellung)

Überträgt man das Konzept des Sachzeitwertes im Rahmen des Bewertungskalküls auf die Entscheidungsfindung einer Investitionsplanung, so entspricht dies dem zweiten Bewertungsschritt (vgl. Abschnitt 4.1.2). Unter Zukunftsentnahmeaspekten ist jedoch zunächst zu analysieren, ob im ersten Bewertungsschritt der Netzkauf aus Sicht des Erwerbers die erwartete Rendite erwirtschaftet (vgl. Abschnitt 4.1.1.1). Maßgebend ist daher zunächst der Zukunftsentnahmewert. Alternativ käme eine Reproduktion des Stromnetzes, das die gleichen zukünftigen Entnahmeüberschüsse wie das bestehende Netz erwirtschaftet, in Betracht. Würde der Sachzeitwert für den Aufbau eines Stromnetzes unterhalb des Ertragswertes liegen, wäre eine Reproduktion aus Sicht eines potentiellen Erwerbers vorteilhafter, als einen Preis oberhalb des Sachzeitwertes zu zahlen (vgl. Abschnitt 4.1.2).

5.2.1.3 Auswirkungen der BGH-Entscheidung vom 16.11.1999

Richtungsweisend für die weitere Bewertungspraxis im Zusammenhang mit Endschaftsklauseln in Konzessionsverträgen dürfte das relativ aktuelle Urteil des BGH vom 16.11.1999 sein. Hier stritten die Gemeinde Kaufering (Netzübernehmer) und der Regionalversorger Lech-Elektrizitätswerke AG (Netzübertrager) über die Höhe des Übernahmepreises. Als zu zahlendes Entgelt war im Konzessionsvertrag der Sachzeitwert festgeschrieben, der die Herstellungskosten der Anlagen zum Übernahmezeitpunkt unter Berücksichtigung der bisherigen Nutzungsdauer und des technischen Erhaltungszustandes der Anlagen umfasst.[288] In den amtlichen Leitsätzen zum Urteil des BGH heißt es, dass „[E]ine Endschaftsbestimmung in einem Konzessionsvertrag [...], die für die Übertragung des örtlichen Versorgungsnetzes [...] ein Entgelt in Höhe des Sachzeitwertes vorsieht, unwirksam [ist], wenn der Sachzeitwert den Ertragswert des Netzes nicht unerheblich übersteigt [...].[289] Demnach kann der Sachzeitwert als Bemessungsgrundlage herangezogen werden, wenn dieser „unerheblich" über dem Ertragswert liegt. Abgesehen von der relativ unspezifizierten Formulierung „nicht unerheblich übersteigt", die auch vom BGH nicht weiter ausgeführt wird, ist aus betriebswirtschaftlichen Gesichtspunkten der Ertragswert die Entscheidungsgröße, soweit der Sachzeitwert nicht kleiner als der Ertragswert ausfällt. D.h., selbst wenn der Sachzeitwert den Ertragswert nur geringfügig übersteigt, bleibt der Ertragswert die bestimmende Größe. Insofern ist m.E. die Auffassung des BGH unter diesen Aspekten inkonsequent. Dabei stellt der BGH auf kaufmännische bzw. betriebswirtschaftliche Grundsätze ab, nach denen ein potentieller Käufer vornehmlich an der Ertragserwartung und mithin der Erzielung von Ertragsüberschüssen interessiert ist.[290] Trotz dieser Diskrepanzen dürfte zukünftig bei Rechtsstreitigkeiten die Relevanz des Ertragswertes als Bemessungsgrundlage für den Übernahmepreis von Stromnetzen nach Ablauf von Konzessionsverträgen zunehmen.

5.2.2 Der Bewertungsansatz im Rahmen einer freien Kaufpreisbildung

Die Motive für den Kauf oder Verkauf von Stromnetzen im Rahmen einer freien Kaufverhandlung auf einem liberalisierten Strommarkt können vielfältig sein. Als Kaufgründe lassen sich beispielsweise anführen:

- größere Planungssicherheit hinsichtlich der vorhandenen Übertragungs- und Verteilungskapazitäten

288 Vgl. BGH, Urteil vom 16.11.1999, in: ET, 50. Jg. (2000), S. 182.
289 BGH, Urteil vom 16.11.1999, in: ET, 50. Jg. (2000), S. 182.
290 Vgl. BGH, Urteil vom 16.11.1999, in: ET, 50. Jg. (2000), S. 195.

- keine Zahlung von Durchleitungsentgelten für Fremddurchleitung; gleichzeitig Generierung von Erlösen aus Durchleitungsentgelten beim Netzzugang Dritter
- Aufbau eines parallelen Netzes wäre mit zu hohen Investitionen verbunden
- Nutzung von Synergieeffekten mit bereits bestehenden Netzen

Als Gründe für den Verkauf kommen in Betracht:

- kein rentabler Netzbetrieb auf dem liberalisierten Strommarkt mehr möglich
- finanzielle Schwierigkeiten, insbesondere die Haushaltslage bei Kommunen, können zum Verkauf des (stadtwerkeeigenen) Verteilungsnetzes führen

Die Bewertung eines Übertragungs- oder Verteilungsnetzes ist prinzipiell abhängig von der Bewertungsfragestellung. Grundsätzlich lassen sich drei Konstellation unterscheiden:

1. Bewertung des Netzes als integrierter Bestandteil eines EltVU z.B. bei Komplettübernahme bzw. -veräußerung des EltVU
2. Bewertung im Fall eines Netzkaufs bzw. -verkaufs z.B. bei organisatorischer Herauslösung des Netzes aus dem EltVU

Im Unterschied zum ersten Fall, bei dem das Netz nicht als eigenständige Einheit betrachtet wird, sind im zweiten Fall die mit der Integration bzw. Desintegration verbundenen Vorgänge zu berücksichtigen. Ein Zusammenhang der beiden Fallkonstellationen lässt sich dadurch herstellen, dass es sich bei jedem um ein Entscheidungsproblem handelt.

So steht beispielsweise ein EltVU als Netzinhaber vor dem Entscheidungsproblem, sein Netz zu behalten oder zu veräußern. Unter betriebswirtschaftlichen Gesichtspunkten ist für ihn ein Verkauf dann rational, wenn sich nach Ausgliederung des Netzes ein höherer Unternehmenswert seines EltVU ergibt, als wenn das Netz beim Inhaber verbleibt. Für seine Bewertung muss er also die Variante EltVU mit Netz (Fall 1.) und EltVU nach Netzverkauf (Fall 2.) gegenüberstellen:

$$EW_{\text{EltVU des Verkäufers mit Netz}} = EW_{\text{EltVU des Verkäufers ohne Netz}} + EW_{\text{Netz Verkäufer}}$$

Der subjektive Wert des Netzes und mithin die Preisuntergrenze des potentiellen Verkäufers ist demnach:

$$EW_{\text{Netz Verkäufer}} = EW_{\text{EltVU des Verkäufers mit Netz}} - EW_{\text{EltVU des Verkäufers ohne Netz}}$$

Ähnlich sieht es bei einem potentiellen Netzkäufer aus. Hier liegt das Entscheidungsproblem vor, entweder das Netz zu erwerben und eventuell in ein bestehendes EltVU des Käufers zu integrieren oder den Kauf zu unterlassen und für die Netzdurchleitung ein entsprechendes Entgelt zu zahlen. Der subjektive Wert des Netzes ist dann aus Sicht des potentiellen Käufers seine Kaufpreisobergrenze:

$$EW_{\text{Netz Käufer}} = EW_{\text{EltVU des Käufers mit Netz}} - EW_{\text{EltVU des Käufers ohne Netz}}$$

Zudem bietet sich dem potentiellen Netzkäufer nach Abschaffung der ausschließlichen Wegerechte die Möglichkeit, statt des Netzkaufs parallel zum bestehenden Kaufobjekt ein eigenes Netz aufzubauen. Liegt der Vollreproduktions- bzw. Sachzeitwert unterhalb des Ertragswertes des Netzkäufers, so stellt der Sachzeitwert den subjektiven Wert bzw. die Kaufpreisobergrenze dar. In diesem Fall wäre eine Reproduktion aus Sicht eines potentiellen Erwerbers vorteilhafter, als einen Preis oberhalb des Sachzeitwertes zu zahlen.[291]

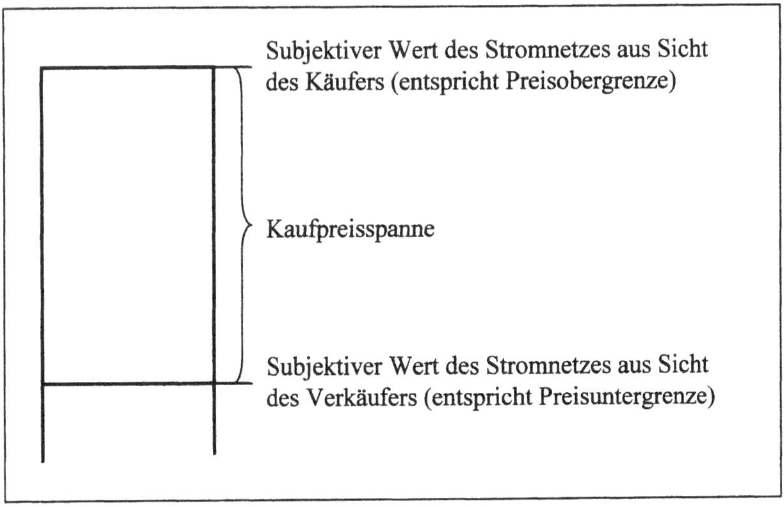

Abbildung 18: Preisbildung beim Kauf eines Stromnetzes
(eigene Darstellung; in Anlehnung an IDW [WP-Handbuch, 1992], Abschnitt A, Rn. 10)

291 Vgl. Ballwieser [Ermittlung, 2001], S. 46-47.

Eine Kaufverhandlung ist dann unter der Bedingung erfolgreich, wenn der vereinbarte Kaufpreis zwischen der Preisuntergrenze bzw. dem subjektiven Wert des Verkäufers und der Preisobergrenze bzw. dem subjektiven Wert des Käufers liegt (vgl. Abbildung 18).[292]

5.2.3 Wertbestimmende Faktoren von Versorgungsnetzen

5.2.3.1 Wirkungen zukünftiger Netzinvestitionen und -betriebsauszahlungen

Die zukünftigen Netzinvestitionen und -betriebsauszahlungen sind unter dem Aspekt zu betrachten, dass eine kostenorientierte Preispolitik mit Kostenüberwälzung auf die Strompreise, wie sie vor der Liberalisierung möglich war, vermehrt durch eine wettbewerbs- und kundennutzenorientierte Preispolitik verdrängt wird. Dies könnte dazu führen, dass bestimmte Netzinvestitionen in der Zukunft nicht mehr stattfinden oder sogar ein Netzrückbau erfolgt.[293]
Im folgenden soll daher auf die beiden maßgebenden Einflussfaktoren für zukünftige Netzinvestitionen und -betriebsauszahlungen sowie deren Wirkung auf das Bewertungsmodell näher eingegangen werden: die Versorgungsqualität (vgl. Abschnitt 5.2.3.1.1) und der Netzwirkungsgrad (vgl. Abschnitt 5.2.3.1.2).

5.2.3.1.1 Der Einfluss der Versorgungsqualität

Unter dem Begriff Versorgungsqualität lassen sich zum einen die Versorgungssicherheit bzw. -zuverlässigkeit und zum anderen die Spannungs- und Frequenzqualität subsumieren. Dabei ist unter der Versorgungssicherheit ein möglichst unterbrechungsfreier und stetiger Energiefluss mit den aus Kundensicht relevanten Kenngrößen Dauer und Häufigkeit von Versorgungsunterbrechungen zu verstehen. Kennzeichen der Frequenz- und die Spannungsqualität sind Eigenschaften wie Spannungsänderungen, -einbrüche, Kurvenform und Symmetrie der Spannung oder Frequenzhaltung.[294] Die Versorgungssicherheit und Spannungsqualität wird im wesentlichen von der Verteilungsnetzebene bestimmt, wohingegen die Frequenzqualität nur auf der Übertragungsnetzebene beeinflussbar ist.[295]

---

292 Vgl. Ballwieser [Ermittlung, 2001], S. 13.

293 So haben sich die Investitionen der deutschen EltVU in Übertragungs- und Verteilungsnetze von 1997 auf 1998 um 11 % verringert. Vgl. Seeliger [Investitionen, 1999], S. 42.

294 Vgl. Bochanky [Versorgungsqualität, 1999], S. 11; Müller [Elektrizitätswirtschaft, 1998], S. 150.

295 Vgl. Bochanky [Planung, 1996], S. 624.

Das Energiewirtschaftsrecht fordert gem. § 1 EnWG n.F., wie auch bereits die Präambel des EnWG a.F., eine möglichst sichere und preisgünstige leitungsgebundene Stromversorgung. Es bedarf somit nach dieser Regelung einer Abwägung der Netzinvestitionen und -betriebsauszahlungen hinsichtlich Versorgungssicherheit i.S.v. Nichtunterbrechung der Stromlieferung und Preisgünstigkeit.[296]

Unter Wettbewerbsbedingungen ist verstärkt die Kundensicht, d.h. die Ausgestaltung der Stromnetze nach den Kundenbedürfnissen, zu berücksichtigen. Hierbei sind neben der Versorgungssicherheit auch qualitative Aspekte, wie die Spannungs- und Frequenzqualität, zunehmend relevant. Insofern ist es eine Abwägung zwischen der Versorgungsqualität und den damit verbundenen Netzinvestitionen und -betriebszahlungen vorzunehmen.

Zur Gewährleistung der Versorgungssicherheit werden zuverlässige Übertragungs- und Verteilungsanlagen mit ausreichenden Übertragungs- und Verteilungskapazitäten benötigt. Liegt jedoch eine unzureichende Dimensionierung vor oder sind die Leistungsanforderungen der Kunden zu hoch, treten Überlastungen auf, die dazu führen, dass die Anlagen aufgrund von Schutzeinrichtungen automatisch abgeschaltet werden, um eine Zerstörung der Anlagen zu vermeiden. Um in diesem Fall die Versorgungssicherheit aufrechtzuerhalten, bedarf es der Vorhaltung von zusätzlichen Übertragungs- und Verteilungskapazitäten. Dabei wird als Sicherheitskriterium i.d.R. das (n-1)-Prinzip für die Netzplanung und den Netzbetrieb herangezogen, welches besagt, dass bei Ausfall eines Betriebsteils im Versorgungsnetz die Versorgung nicht unterbrochen wird.[297]

Die Einhaltung des (n-1)-Kriteriums auf allen Spannungsebenen und für jede Kundengruppe ist in einem liberalisierten Strommarkt unter Berücksichtigung der zukünftigen Netzinvestitionen und -betriebsauszahlungen zu sehen. Dies führt zu einer Differenzierung der Versorgungssicherheit nach Kundengruppen oder einzelnen Kunden, wie Normkunden (Tarifkunden bzw. Haushalts- und Gewerbekunden) und Individualkunden (Sonderabnehmer).[298]
Insbesondere für Normkunden, die an das Niederspannungsnetz angeschlossen sind, ist der Betrieb mehrerer Verteilernetze im Niederspannungsbereich und das Vorhalten freier Leistung unrentabel. Aufgrund der relativ seltenen Fälle des Aus-

---

296 Neben der Sicherheit und Preisgünstigkeit wurde in § 1 EnWG die Umweltverträglichkeit, die auch im Kontext zum Sicherheitsbegriff zu sehen ist, als eigenständiges Kriterium mit aufgenommen. Vgl. Danner [Kommentierung § 1 EnWG, 2001], Rn. 5-9.

297 Vgl. Müller [Elektrizitätswirtschaft, 1998], S. 149; Haß/Pels Leusden/Schwarz/Zimmermann [Planung, 1981], S. 923.

298 Vgl. Wannow [Kostensenkungspotentiale, 1998], S. 24; Bochanky [Versorgungsqualität, 1999], S. 11-14.

falls von Verteilernetzstationen wird das Risiko eingegangen, dass bei Störfällen die Last nicht von Nachbarstationen vollständig übernommen werden kann. [299]

Hingegen ist das (n-1)-Prinzip neben den Hochspannungsnetzen vor allem in den Mittelspannungsnetzen von Bedeutung, da Versorgungsunterbrechungen im Wesentlichen aus dem Ausfall von Mittelspannungsleitungen resultieren und Versorgungsstörungen bei Individualkunden, die direkt an das Mittelspannungsnetz angeschlossen sind und eine hohe Versorgungsqualität benötigen, zu größeren Versorgungsschäden führen können.[300]

Eine Verringerung der Versorgungsqualität kann dann beim Netzbetreiber zu erhöhten Auszahlungen führen, wie etwa für[301]:

- die Behebung der Versorgungsstörung
- Versicherungsprämien bei eventuellen Schadensersatzforderungen des Endkunden aufgrund seines wirtschaftlichen Schadens, verursacht durch Störungen bzw. Unterbrechungen bei der Stromversorgung
- gerichtliche Auseinandersetzungen bzw. Bildung von Rückstellungen für mögliche Prozessrisiken aufgrund von Schadensersatzforderungen des Endkunden.

Demgegenüber sind die Netzinvestitionen und -betriebsauszahlungen zur Vorbeugung von Versorgungsstörungen zu stellen, die mit zunehmender Versorgungsqualität ansteigen. Solche Auszahlungen zur Vorbeugung fallen z.B. an bei [302]:

- Ersatz von alten und störungsanfälligen Kabelanlagen (Beschaffung der Kabel und Muffen sowie Verlegung und Anschluss der Kabel)
- Kapazitätserweiterungen von Umspann- bzw. Netzstationen, um die Gefahr von Überlastungen zu verringern
- verbesserte Wartungs-, Störungs- und Bereitschaftsdienste.

In Abbildung 19 ist beispielhaft ein möglicher Verlauf der Barwerte für beide Auszahlungsreihen zur Schadensbehebung und -vorbeugung in Abhängigkeit von der Versorgungsqualität dargestellt. In diesem Fall wird bei Addition der beiden Auszahlungsreihen ein Minimum erreicht, das bei reiner Berücksichtigung nur der

---

299 Vgl. Banschenbach [Versorgungszuverlässigkeit, 1999], S. 28.

300 Vgl. Märtel/Wellßow [Versorgung, 1996], S. 1685; Banschenbach [Versorgungszuverlässigkeit, 1999], S. 25-26; Gerch/Kaendler/Pfeiffer [Qualitätsstandards, 2000], S. 518.

301 Vgl. Wellßow/Zdrallek [Versorgungszuverlässigkeit, 1999], 30-32.

302 Vgl. Wellßow/Zdrallek [Versorgungszuverlässigkeit, 1999], S. 32-34; Müller [Elektrizitätswirtschaft, 1998]., S. 155-168; Wannow [Kostensenkungspotentiale, 1998], S. 24-28.

Auszahlungen zur optimalen Versorgungsqualität führt. Allerdings bleibt außer Betracht, ob diese optimale Versorgungsqualität mit der vom Kunden geforderten Versorgungsqualität übereinstimmt und welchen Preis der Kunde bereit ist, für die gewünschte Versorgungsqualität zu zahlen. Dieser Aspekt soll daher in Abschnitt 5.2.3.2 bei Betrachtung der Netzerlöse handelt werden.

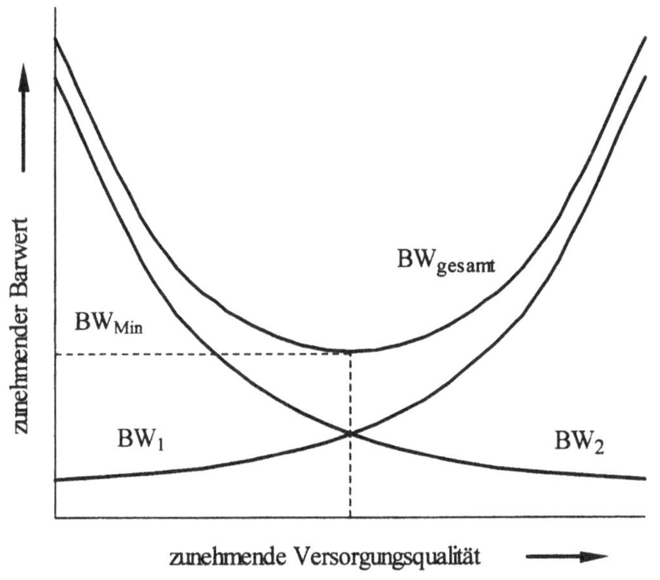

BW_1 Barwert der geplanten Netzinvestitionen und -betriebsauszahlungen zur Vorbeugung von Versorgungsstörungen

BW_2 Barwert der erwarteten Auszahlungen zur Beseitigung von Versorgungsstörungen

Abbildung 19: Beispielhafter Verlauf der Auszahlungsbarwerte in Abhängigkeit der Versorgungsqualität
(eigene Darstellung; in Anlehnung an: Märtel/Wellßow [Versorgung, 1996], S. 1687)

5.2.3.1.2 Der Einfluss des Netzwirkungsgrades

Der Netzwirkungsgrad kann allgemein definiert werden als das Verhältnis der aus dem Netz entnommenen elektrischen Leistung zu der in das Netz eingespeisten elektrischen Leistung. Der Netzwirkungsgrad ist stets kleiner als 1, was auf die Leistungsverluste der einzelnen Netzkomponenten zurückzuführen ist. Netzverluste sind beeinflussbar durch[303]:

- Konstruktion und Fertigung der Netzbestandteile (Leiterquerschnitt, Wirkungsgrad der Transformatoren)
- Planung und Betriebsführung des Netzes (Schaltzustand, Netzleitsystem).

Je höher der Netzwirkungsgrad ausgelegt wird, desto geringer ist die benötigte Leistungsmenge bei der Netzeinspeisung. Für die Bewertung der Leistungsverluste ist zu unterscheiden nach Arbeitsverlusten und Leistungsverlusten. Arbeitsverluste sind auf den Stromfluss durch die Netzelemente zurückzuführen und umfassen[304]:

- Stromwärmeverluste der Kabel und Leitungen
- dielektrische Verluste bei Kabeln
- Coronaverluste bei Freileitungen
- Kupfer- und Eisenverluste der Transformatoren

Die Auszahlung für zusätzliche Einspeisung, um diese Verluste zu kompensieren, ergeben sich aus den entsprechenden Auszahlungen für die Eigenerzeugung oder den Fremdbezug der benötigten Strommenge.[305]

Auszahlungen aufgrund von Leistungsverlusten entstehen, wenn bei maximaler Durchgangsleistung über das Netz zusätzliche Einspeisungskapazitäten und Kapazitäten in vorgelagerten Netzen bereitzustellen sind.[306] Dies können Investitionen in eigene Erzeugungsanlagen bzw. vorgelagerte Netze oder entsprechende Auszahlung z.B. für Kapazitätsgarantien bei Fremdbezug sein.

In Abbildung 20 sind die in Abhängigkeit vom Netzwirkungsgrad entgegengesetzt gerichteten Verläufe der Barwerte für die Auszahlungen zur Verringerung der Netzverluste sowie für zusätzliche Strombeschaffung und Kapazitäten beispielhaft darstellt. Der optimalen Netzwirkungsgrad wird dann im Minimum der Kurve mit den addierten Auszahlungsreihen erreicht.

---

303 Vgl. Bochanky [Planung, 1985], S. 105-106.
304 Vgl. Müller [Elektrizitätswirtschaft, 1998], S. 154.
305 Vgl. Bochanky [Planung, 1985], S. 52.
306 Vgl. Müller [Elektrizitätswirtschaft, 1998], S. 154; Bochanky [Planung, 1985], S. 52.

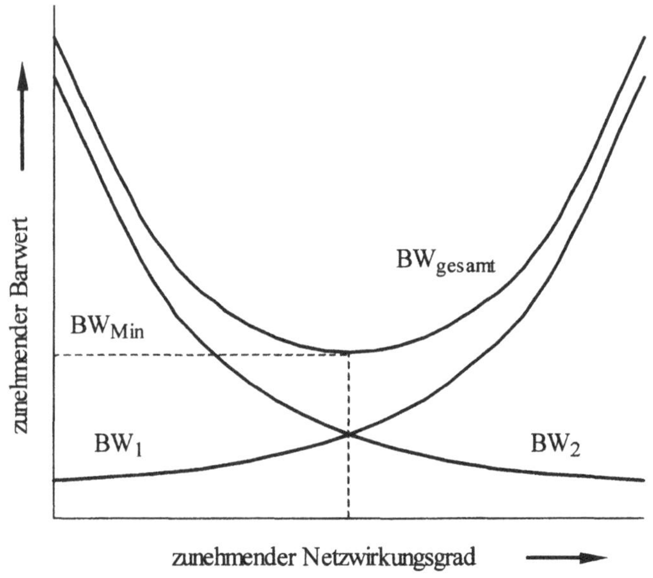

BW_1	Barwert der geplanten Netzinvestitionen und -betriebsauszahlungen zur Verringerung der Netzverluste
BW_2	Barwert der erwarteten Auszahlungen für zusätzliche Netzeinspeisung und Bereitstellung von Erzeugungs- und vorgelagerten Netzkapazitäten

Abbildung 20: Beispielhafter Verlauf der Auszahlungsbarwerte in Abhängigkeit vom Netzwirkungsgrad
(eigen Darstellung; in Anlehnung an: Bochanky [Planung, 1985], S. 98)

5.2.3.1.3 Darstellung der Netzinvestitionen als Investitionskette

5.2.3.1.3.1 Merkmale von Investitionen in Stromnetze

Die Netzinvestitionen in bestehende Übertragungs- und Verteilernetze lassen sich unter Berücksichtigung der Versorgungsqualität und des Netzwirkungsgrades grob unterteilen nach[307]:

307 Vgl. Bochanky/Siegmund [Verteilungsnetzebene, 1993], S. 1148.

- Maßnahmen der Instandhaltung, d.h. Ersatz von Netzelementen, Netzwartung und Netzinspektion
- Maßnahmen der Netzerweiterung, z.B. Erschließung neuer Versorgungsgebiete, Anschluss von Einzelkunden, Erreichen von Belastungsgrenzen oder Verbesserung der Versorgungssicherheit durch zusätzliche Umschaltmöglichkeiten.

Dabei sind zum einen verpflichtende Maßnahmen zu unterscheiden, die den Netzbetreiber zur Durchführung verpflichten, wie z.B. aufgrund[308]

- der Anschlusspflicht gem. § 10 EnWG
- der Einhaltung von Sicherheitsvorschriften
- der Überschreitung von Kapazitätsgrenzen, ab der ein Mindeststandard der Versorgung nicht mehr gewährleistet werden kann
- zukünftiger Verpflichtungen, die Kapazitäten der Kuppelstellen zwischen den Übertragungsnetzen auf nationaler Verbundnetzebene und zwischen den nationalen Verbundnetzen (Transeuropäisches Stromnetz) zu erhöhen.[309]

Zum anderen ergeben sich entscheidungsorientierte Maßnahmen, deren Durchführung von bestimmten Entscheidungskriterien abhängig sind.[310] Im Rahmen der Durchführung von entscheidungsorientierten Maßnahmen sind der zeitliche Anfall und die Höhe der Netzinvestitionen flexibel gestaltbar, während die Festlegung bei verpflichtenden Maßnahmen weitgehend determiniert ist. Aus unternehmenswerttheoretischer Sicht ist ein Zeitpunkt und der zugehörige Auszahlungsbetrag dann optimal gewählt, wenn kein anderer Zeitpunkt und/oder Auszahlungsbetrag existiert, der bzw. die zu einem höheren (subjektiven) Unternehmenswert führen. So kann es sich positiv auf den Unternehmenswert auswirken, wenn ein Netzelement bereits vor Ablauf seiner betriebsüblichen Nutzungsdauer durch ein technologisch verbessertes Element ersetzt wird, das z.B. nachhaltig geringere Auszahlungen für Wartung oder Reparatur verursacht. Anderseits ist es möglich, bestimmte Auszahlungen zeitlich nach hinten zu verschieben, was aufgrund der höheren Abzinsung zu einem höheren Unternehmenswert führen kann.

---

308 Vgl. Bochanky/Siegmund [Verteilungsnetzebene, 1993], S. 1148.

309 Die Kuppelstellen sind in einem liberalisierten Strommarkt von großer Bedeutung, um einen ausreichenden nationalen und grenzüberschreitenden Stromhandel zu gewährleisten. Derzeit dienen diese Kuppelstellen im wesentlichen nur der Aufrechterhaltung der europaeinheitlichen Frequenz von 50 Hz und der Versorgungssicherheit und sind mit entsprechend geringer Übertragungskapazität ausgestattet. Vgl. Schwintowski [Grundlinien, 2000], S. 94-96.

310 Vgl. Bochanky/Siegmund [Verteilungsnetzebene, 1993], S. 1148-1149.

Als Anhaltspunkt für die anzusetzende Nutzungsdauer sei hier beispielhaft ein Überblick der mittleren betrieblichen Nutzungsdauer von Netzelementen nach den amtlichen AfA-Tabellen gegeben[311]:

• Hochspannungskabel	35 Jahre
• Niederspannungskabel	25 Jahre
• Hochspannungsfreileitung	35 Jahre
• Mittelspannungsfreileitung	25-30 Jahre
• Niederspannungsfreileitungen	25 Jahre
• Transformatoren, Schaltanlagen	20 Jahre

Daraus ist ersichtlich, dass die einzelnen Nutzungsdauern verhältnismäßig hoch ausfallen und dabei relativ weit auseinanderliegen können. Im folgenden soll daher der Einfluss der Nutzungsdauer bzw. der damit verbundenen Reinvestitionsperioden auf die Bewertung aufgezeigt werden.

5.2.3.1.3.2 Auswirkungen der Nutzungsdauer auf das Verhältnis von Einzelprognosewert und Residualwert einer Investitionskette

Um die Wirkungen der Nutzungsdauer auf die Bewertung des Sektors Übertragung und Verteilung darzustellen, soll eine differenzierte Betrachtung einer Investitionskette erfolgen. Dazu wird der Barwert einer Investitionskette I_{Restn} gem. Gl. (34) in einen Einzelprognosewert $I_{RestnEPW,n}$ und einen Residualwert $I_{RestnRW,n+1}$ aufgespalten, so dass gilt (vgl. auch Abbildung 21):

$$I_{Restn} = I_{RestnEPW,n} + I_{RestnRW,n+1} \qquad (37)$$

Die Bestimmungsgleichung für den Residualwert $I_{RestnRW,n+1}$ ab der Periode $t = -a+(n+1)\cdot N$ bzw. der Periodizität $(n+1)$ bis zum Zeithorizont $t \rightarrow \infty$ lautet dann:

$$I_{RestnRW,n+1} = \frac{I}{(1+k)^{-a+(n+1)\cdot N}} + \frac{I}{(1+k)^{-a+(n+2)\cdot N}} + \frac{I}{(1+k)^{-a+(n+3)\cdot N}} + \ldots$$

mit $0 \leq a \leq N$

311 Entnommen aus Müller [Elektrizitätswirtschaft, 1998], S. 101.

Durch Umformung analog zu Gl. (33) ergibt sich:

$$I_{RestnRW,n+1} = \frac{(1+k)^{a-n \cdot N}}{(1+k)^N - 1} \cdot I \qquad (38)$$

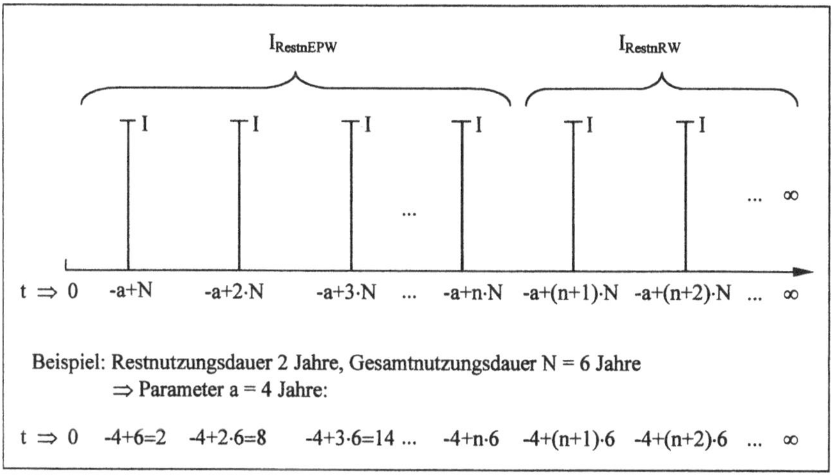

Abbildung 21: Aufspaltung einer Investitionskette in einen Einzelprognosewert und einen Residualwert
(eigen Darstellung)

Um den Anteil des Restwertes $I_{RestnRW,n+1}$ an der gesamten Investitionsreihe I_{Restn} zu bestimmen, wird Gl. (38) ins Verhältnis zu Gl. (35) gesetzt:

$$\frac{I_{RestnRW,n+1}}{I_{Restn}} = \frac{\dfrac{(1+k)^{a-n \cdot N}}{(1+k)^N - 1} I}{\dfrac{(1+k)^a}{(1+k)^N - 1} I} = \frac{1}{(1+k)^{n \cdot N}} \qquad (39)$$

In Tabelle 15 sind in Abhängigkeit von der Nutzungsdauer N und der Periodizität (n+1) die entsprechenden Anteile nach Gl. (39) angegeben. Daraus ist zu erkennen, dass unabhängig von der Restnutzungsdauer[312] der Residualwert bei Nut-

312 Dies ergibt sich daraus, dass der Parameter a für die Darstellung der Restnutzungsdauer in Gl (39) eliminiert wird.

zungsdauern N größer 6 Jahre bereits ab der Periodizität (n+1) = 2 weniger als 50 % des gesamten Barwertes einer Investitionskette ausmacht. So liegt beispielsweise der Anteil bei einer 7-jährigen Nutzungsdauer und einer Periodizität (n+1) = 2, d.h. Beginn des Residualwerts ab dem zweiten Glied der Investitionskette, bei 49,5 %.

	Beginn des Residualwerts ab Peridizität (n+1)								
N	2	3	4	5	6	7	8	9	10
1	*90,4%*	*81,8%*	*74,0%*	*66,9%*	*60,5%*	*54,7%*	49,5%	44,7%	40,4%
2	*81,8%*	*66,9%*	*54,7%*	44,7%	36,6%	29,9%	24,5%	20,0%	16,4%
3	*74,0%*	*54,7%*	40,4%	29,9%	22,1%	16,4%	12,1%	8,9%	6,6%
4	*66,9%*	44,7%	29,9%	20,0%	13,4%	8,9%	6,0%	4,0%	2,7%
5	*60,5%*	36,6%	22,1%	13,4%	8,1%	4,9%	3,0%	1,8%	1,1%
6	*54,7%*	29,9%	16,4%	8,9%	4,9%	2,7%	1,5%	0,8%	0,4%
7	49,5%	24,5%	12,1%	6,0%	3,0%	1,5%	0,7%	0,4%	0,2%
8	44,7%	20,0%	8,9%	4,0%	1,8%	0,8%	0,4%	0,2%	0,1%
9	40,4%	16,4%	6,6%	2,7%	1,1%	0,4%	0,2%	0,1%	0,0%
10	36,6%	13,4%	4,9%	1,8%	0,7%	0,2%	0,1%	0,0%	0,0%
15	22,1%	4,9%	1,1%	0,2%	0,1%	0,0%	0,0%	0,0%	0,0%
20	13,4%	1,8%	0,2%	0,0%	0,0%	0,0%	0,0%	0,0%	0,0%
25	8,1%	0,7%	0,1%	0,0%	0,0%	0,0%	0,0%	0,0%	0,0%
30	4,9%	0,2%	0,0%	0,0%	0,0%	0,0%	0,0%	0,0%	0,0%

Tabelle 15: Anteil des Restwertes $I_{RestnRW,n+1}$ am Gesamtwert I_{Restn} in Abhängigkeit von der Gesamtnutzungsdauer N und Periodizität (n+1) (für k=10,58 %)
(eigene Berechnungen)

Unter Berücksichtigung der o.g. Nutzungsdauern für Netzelemente wie Kabel, Freileitungen, Transformatoren und Schaltanlagen von etwa 20 bis 35 Jahren, wird nach Tabelle 15 deutlich, dass der Residualwert für diese Anlagenteile schon ab der zweiten Periodizität (n+1) = 2 relativ gering ausfällt. So beträgt z.B. der Residualwertanteil bei N = 20 Jahren und einer Periodizität (n+1) = 2 nur 13,4 %.

Insgesamt betrachtet bleibt festzuhalten, dass mit zunehmender Nutzungsdauer eines Investitionsgutes der Anteil des Residualwerts am gesamten Barwert einer Investitionskette bereits bei niedriger Periodizität gering ausfällt. Im Hinblick auf ein ausgeglichenes Verhältnis von Einzelprognosewert und Residualwert[313] für

313 Zur Begründung vgl. Abschnitt 4.3.2.

EltVU kann demnach schon der erste Reinvestitionszeitpunkt bzw. die erste Periodizität der Investitionskette für die Einzelplanung ausreichen.

5.2.3.1.3.3 Einfluss nachhaltiger Veränderungen der Investitionen

Unter Berücksichtigung, dass zukünftige Netzinvestitionen nachhaltigen Preisveränderungen und technischem Fortschritt unterliegen, stellt sich die Frage, inwieweit dies in der Investitionskette zu erfassen ist. Grundsätzlich können hierfür Indizes verwendet werden, welche Preis- und technische Wertsteigerungen abbilden.[314] Im Fall einer Reinvestition ist zudem zu beachten, dass Netzelemente aufgrund des Technologiefortschritts mit verbesserter Leistungsfähigkeit, wie höherer Wirkungsgrad, Versorgungsqualität oder Kapazität, wiederbeschafft werden.

Wie wirken sich nun Veränderungen bei den Reinvestitionen auf das Verhältnis von Einzelprognosewert und Residualwert bzw. auf den Anteil des Residualwertes am gesamten Barwert einer Investitionskette aus?

Hierzu wird in Anlehnung an Gl. (21) aus Abschnitt 4.4.3 eine Verknüpfung des Reinvestitionsbetrags I mit einem konstanten Index g_I, der nachhaltige Preis, Kapazitäts-, und Technologieänderungen erfasst, vorgenommen. Entsprechend gilt für die Bestimmung des Barwerts der Investitionskette I_{Restn} bis zum Zeithorizont $t \rightarrow \infty$:

$$I_{Restn} = \frac{g_I^{-a+N-1} \cdot I}{(1+k)^{-a+N}} + \frac{g_I^{-a+2 \cdot N-1} \cdot I}{(1+k)^{-a+2 \cdot N}} + \frac{g_I^{-a+3 \cdot N-1} \cdot I}{(1+k)^{-a+3 \cdot N}} + \ldots \qquad \text{mit } 0 \leq a \leq N$$

Durch Erweiterung auf beiden Seiten mit $[(1+k)/g_I]^N$ und Umformung analog zur Herleitung der Gl. (24) folgt:

$$I_{Restn} = \frac{g_I^{-a+N-1}}{((1+k)^N - g_I^N)(1+k)^{-a}} I$$

Für den Restwert $I_{RestnRW,n+1}$ gilt mit Verknüpfung des Veränderungsindex g_I analog:

314 Vgl. Thomas [Ermittlung, 1993], S. 132.

$$I_{RestnRW,n+1} = \frac{g_I^{-a+(n+1)\cdot N-1}\cdot I}{(1+k)^{-a+(n+1)\cdot N}} + \frac{g_I^{-a+(n+2)\cdot N-1}\cdot I}{(1+k)^{-a+(n+2)\cdot N}}$$

$$+ \frac{g_I^{-a+(n+3)\cdot N-1}\cdot I}{(1+k)^{-a+(n+3)\cdot N}} + \ldots \qquad \text{mit } 0 \le a \le N$$

und umgeformt:

$$I_{RestnRW,n+1} = \frac{g_I^{-a+(n+1)\cdot N-1}}{((1+k)^N - g_I^N)(1+k)^{-a+n\cdot N}}\cdot I$$

Der Anteil des Restwertes $I_{RestnRW,n+1}$ am gesamten Barwert I_{Restn} einer Investitionskette führt dann zu:

$$\frac{I_{RestnRW,n+1}}{I_{Restn}} = \frac{\dfrac{g_I^{-a+(n+1)\cdot N-1}}{((1+k)^N - g_I^N)(1+k)^{-a+n\cdot N}}\cdot I}{\dfrac{g_I^{-a+N-1}}{((1+k)^N - g_I^N)(1+k)^{-a}}\cdot I} = \left(\frac{g_I}{1+k}\right)^{n\cdot N}$$

In Tabelle 16 sind beispielhaft die jeweiligen Anteile für $g_I = 1{,}01$ und $g_I = 1{,}02$, was einem nachhaltigen Wachstum der Reinvestitionsbetrags I von 1 % bzw. 2 % entspricht, angegeben. Wie zu erkennen ist, steigt bei gleicher Nutzungsdauer der Anteil des Residualwerts am gesamten Barwert einer Investitionskette mit zunehmender Wachstumsrate (zum Vergleich auch die Werte in Tabelle 15). Der Residualwertanteil erreicht bei einer Nutzungsdauer größer 7 Jahre (bei $g_I = 1{,}01$) bzw. 8 Jahre (bei $g_I = 1{,}02$) ab der Periodizität $(n+1) = 2$ weniger als 50 % des gesamten Barwertes einer Investitionskette.

Unter Berücksichtigung der o.g. Nutzungsdauern für Netzelemente wie Kabel, Freileitungen, Transformatoren und Schaltanlagen von etwa 20 bis 35 Jahren, zeigt Tabelle 16, dass der Residualwert für diese Anlagenteile ab der zweiten Periodizität $(n+1) = 2$ relativ zwar mit steigendem Wachstum um einiges höher ausfällt. So beträgt z.B. bei $N = 20$ Jahren und einer Periodizität $(n+1) = 2$ der Residualwertanteil 16,3 % (bei $g_I = 1{,}01$) bzw. 19,9 % (bei $g_I = 1{,}02$) gegenüber 13,4 % ohne nachhaltiges Wachstum (vgl. Tabelle 15).

N	Beginn des Residualwerts ab Peridizität (n+1)								
	2	3	4	5	6	7	8	9	10
1	*91,3%*	*83,4%*	*76,2%*	*69,6%*	*63,6%*	*58,1%*	*53,0%*	48,4%	44,2%
2	*83,4%*	*69,6%*	*58,1%*	48,4%	40,4%	33,7%	28,1%	23,5%	19,6%
3	*76,2%*	*58,1%*	44,2%	33,7%	25,7%	19,6%	14,9%	11,4%	8,7%
4	*69,6%*	48,4%	33,7%	23,5%	16,3%	11,4%	7,9%	5,5%	3,8%
5	*63,6%*	40,4%	25,7%	16,3%	10,4%	6,6%	4,2%	2,7%	1,7%
6	*58,1%*	33,7%	19,6%	11,4%	6,6%	3,8%	2,2%	1,3%	0,7%
7	*53,0%*	28,1%	14,9%	7,9%	4,2%	2,2%	1,2%	0,6%	0,3%
8	48,4%	23,5%	11,4%	5,5%	2,7%	1,3%	0,6%	0,3%	0,1%
9	44,2%	19,6%	8,7%	3,8%	1,7%	0,7%	0,3%	0,1%	0,1%
10	40,4%	16,3%	6,6%	2,7%	1,1%	0,4%	0,2%	0,1%	0,0%
15	25,7%	6,6%	1,7%	0,4%	0,1%	0,0%	0,0%	0,0%	0,0%
20	16,3%	2,7%	0,4%	0,1%	0,0%	0,0%	0,0%	0,0%	0,0%
25	10,4%	1,1%	0,1%	0,0%	0,0%	0,0%	0,0%	0,0%	0,0%
30	6,6%	0,4%	0,0%	0,0%	0,0%	0,0%	0,0%	0,0%	0,0%

für g_I = 1,01 bzw. nachhaltiges Wachstum des Reinvestitionsbetrages I von 1 %

N	Beginn des Residualwerts ab Peridizität (n+1)								
	2	3	4	5	6	7	8	9	10
1	*92,2%*	*85,1%*	*78,5%*	*72,4%*	*66,8%*	*61,6%*	*56,8%*	*52,4%*	*48,3%*
2	*85,1%*	*72,4%*	*61,6%*	*52,4%*	44,6%	37,9%	32,3%	20,0%	23,4%
3	*78,5%*	*61,6%*	48,3%	37,9%	29,8%	23,4%	18,3%	8,9%	11,3%
4	*72,4%*	*52,4%*	37,9%	27,5%	19,9%	14,4%	10,4%	4,0%	5,5%
5	*66,8%*	44,6%	29,8%	19,9%	13,3%	8,9%	5,9%	1,8%	2,6%
6	*61,6%*	37,9%	23,4%	14,4%	8,9%	5,5%	3,4%	0,8%	1,3%
7	*56,8%*	32,3%	18,3%	10,4%	5,9%	3,4%	1,9%	0,4%	0,6%
8	*52,4%*	27,5%	14,4%	7,5%	4,0%	2,1%	1,1%	0,2%	0,3%
9	48,3%	23,4%	11,3%	5,5%	2,6%	1,3%	0,6%	0,1%	0,1%
10	44,6%	19,9%	8,9%	4,0%	1,8%	0,8%	0,4%	0,0%	0,1%
15	29,8%	8,9%	2,6%	0,8%	0,2%	0,1%	0,0%	0,0%	0,0%
20	19,9%	4,0%	0,8%	0,2%	0,0%	0,0%	0,0%	0,0%	0,0%
25	13,3%	1,8%	0,2%	0,0%	0,0%	0,0%	0,0%	0,0%	0,0%
30	8,9%	0,8%	0,1%	0,0%	0,0%	0,0%	0,0%	0,0%	0,0%

für g_I = 1,02 bzw. nachhaltiges Wachstum des Reinvestitionsbetrages I von 2 %

Tabelle 16: Anteil des Restwertes $I_{RestnRW,n+1}$ am Gesamtwert I_{Restn} in Abhängigkeit von der Gesamtnutzungsdauer N, der Periodizität (n+1) und der nachhaltigen Veränderungsrate g_I (für k=10,58 %)

(eigene Berechnungen)

Insgesamt betrachtet bleibt jedoch festzuhalten, dass trotz nachhaltigen Wachstums der Anteil des Residualwerts am gesamten Barwert einer Investitionskette für hohe Nutzungsdauern bereits bei niedriger Periodizität gering ausfällt. Insofern wird auch bei Erwartung nachhaltig wachsender Reinvestitionsbeträge der überwiegende Teil der Investitionskette durch die erste Periodizität bzw. das erste Kettenglied determiniert.

5.2.3.1.4 Relevanz der Netzinvestitionen und -betriebsauszahlungen für das DCF- und Ertragswertverfahren

Die bisherigen Ausführungen zur Bewertung des Sektors Übertragung und Verteilung beschränkten sich auf die Behandlung von Zahlungsgrößen in Form der Netzinvestitionen und -betriebsauszahlungen. Im DCF-Verfahren gehen diese Zahlungsgrößen unmittelbar bei der Bestimmung der Cash Flows in Ansatz (vgl. Abschnitt 4.1.1.2.1).

Im Ertragswertverfahren hingegen werden Netzinvestitionen und -betriebsauszahlungen mittelbar berücksichtigt. So sind zur Bestimmung der Ertragsüberschüsse die Netzaufwendungen heranzuziehen, die im periodischen Vergleich mit den entsprechenden Netzauszahlungen auseinanderfallen können. Bedeutung haben dabei im wesentlichen die Abschreibungen auf Netzanlagen, die sich aus den geplanten Netzinvestitionen ableiten lassen. Je nach Abschreibungsart erfolgt eine Aufteilung der Investition in jährliche Abschreibungsbeträge, die auf die Nutzungsdauer zu verteilen sind. Dadurch wird der Cash Flow nur zum Zeitpunkt der Investition mit den anfallenden Investitionsauszahlungen in voller Höhe belastet, während eine Verteilung der Abschreibungsbeträge zu Belastungen der Ertragsüberschüsse über die gesamte Nutzungsdauer führt (vgl. Abschnitt 4.1.1.2.2).

Die dabei auftretenden Abweichungen zwischen Cash Flow und Ertragsüberschuss werden dann in der Finanzbedarfsrechnung berücksichtigt, wo die nicht aufwandswirksamen Netzauszahlungen (Finanzbedarf) den nicht zahlungswirksamen Netzaufwendungen (Finanzdeckung) gegenüberzustellen sind (vgl. auch Abbildung 4).

5.2.3.2 Wirkungen zukünftiger Erlöse aus dem Stromnetz

5.2.3.2.1 Arten zukünftiger Netzerlöse

Als zukünftige Netzerlöse, die ein Netzerwerber erzielen kann bzw. ein Netzverkäufer aufgibt, kommen prinzipiell zwei Arten in Betracht:

- Umsätze durch Stromverkauf an Kunden, die an das Netz angeschlossen sind
- Fremddurchleitung von Strom gegen Nutzungsentgelt

Der erste Fall ist insoweit zu relativieren, da der Kunde im liberalisierten Strommarkt die Möglichkeit der freien Wahl seines Stromlieferanten hat und nicht mehr, wie vor der Liberalisierung, seinen Strom vom vorgelagerten Netzbetreiber beziehen muss. Um nachhaltig Umsätze aus dem Stromverkauf an die angeschlossenen Kunden zu generieren, wäre der Besitz des Netzes argumentativ als Instrument zur Kundenbindung einzusetzen. Der Netzbetreiber kann sich als unmittelbarer Ansprechpartner des Kunden für Strombezug, Versorgungsqualität und sonstige Netzdienste präsentieren und dem Kunden ein auf seine individuellen Bedürfnisse zugeschnittenes Versorgungspaket aus einer Hand anbieten.

Der zweite Fall tritt ein, wenn der Kunde nicht mit dem Netzbetreiber sondern mit einem Dritten einen Stromlieferungsvertrag abschließt. Für die Durchleitung des fremden Stroms ist dann an den Netzbetreiber ein Nutzungsentgelt zu entrichten, das je nach Vereinbarung der Kunde und/oder Stromlieferant zu zahlen hat.

Im folgenden soll auf die Auswirkungen der Netzerlöse auf die Bewertung des Sektors Übertragung und Verteilung näher eingegangen werden.

5.2.3.2.2 Auswirkungen der Netzerlöse auf die Bewertung in Abhängigkeit von der Versorgungsqualität

Die Erzielung von Umsatzerlösen durch den Stromverkauf und/oder die Fremddurchleitung von Strom dürfte für den Netzbetreiber zukünftig in einem liberalisierten Strommarkt in stärkerem Maße von der Qualität der Versorgung beeinflusst werden. Bisher noch berücksichtigen die existierenden Modelle zur Stromdurchleitung und Bestimmung der Durchleitungsentgelte Qualitätsunterschiede nicht.[315] Zudem liegen bisher keine Untersuchungen über die Zahlungsbereitschaft von Kunden für eine bestimmte Versorgungsqualität vor.[316]

Eine neu vorgeschlagene Möglichkeit zur Entgeltfestlegung der Versorgungsqualität ist das Versicherungsmodell. Dabei bietet der Netzbetreiber dem Kunden eine Versicherung gegen Versorgungsstörungen und die Nichteinhaltung von zugesagten Spannungs- und Frequenzqualitäten auf Basis eines Tarifsystems an. Der Kunde zahlt dann in Kenntnis seiner potentiellen Unterbrechungskosten und der vorliegenden Versorgungsqualität eine Versicherungsprämie nach festgelegtem

---

315 Vgl. Wellßow/Zdrallek [Versorgungszuverlässigkeit, 1999], S. 30.
316 Vgl. Bochanky [Versorgungsqualität, 1999], S. 12.

Tarif. Im Falle einer Netzunterbrechung oder der Nichteinhaltung der Spannungs- und Frequenzqualität erstattet der Netzbetreiber die entstandenen Schäden dem Kunden bis zu der im Versicherungstarif vereinbarten Höhe. Für den Netzbetreiber sind dann die vom Kunden gezahlten Versicherungsprämien als Erlöse und die potentiellen Erstattungen an die Kunden im Versicherungsfall als Auszahlungen zusätzlich im Bewertungsmodell zu berücksichtigen.[317]

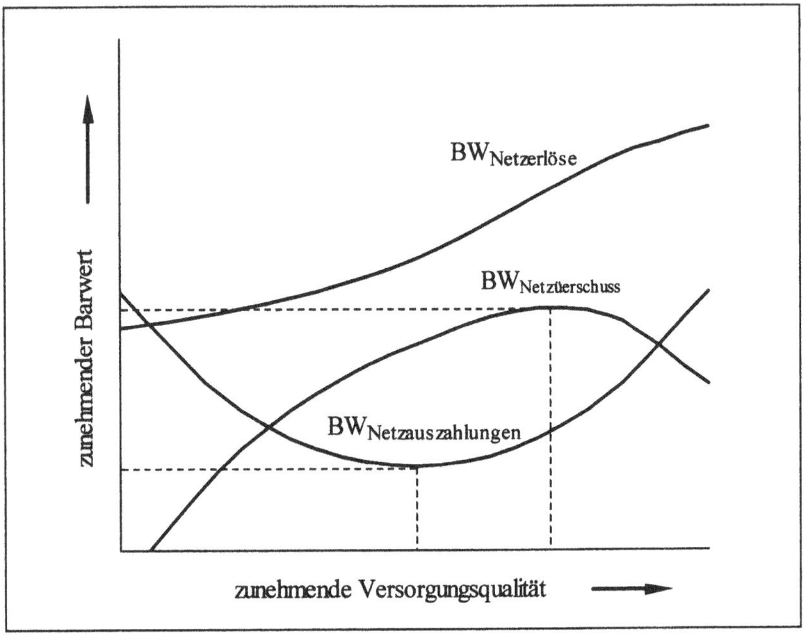

Abbildung 22: Beispielhafter Verlauf der Kurven für die Barwerte der Netzerlöse, der Netzauszahlungen und des Überschusses eines Netzbetreibers in Abhängigkeit von der Versorgungsqualität
(eigene Darstellung)

Ein Netzbetreiber wird also nur dann Netzinvestitionen zur Verbesserung der Versorgungsqualität vornehmen, wenn er dadurch nachhaltig auch höhere Erlöse realisieren kann. In Abbildung 22 ist beispielhaft der mögliche Verlauf der Barwerte für die Netzerlöse und -auszahlungen sowie für den Überschuss des Netzbetreibers, als Differenz von Netzerlösen und -auszahlung, in Abhängigkeit von der

317 Vgl. WellBow/Zdrallek [Versorgungszuverlässigkeit, 1999], S. 30-31.

Versorgungsqualität dargestellt. In diesem Fall liegt die optimale Versorgungsqualität nicht im Minimum der Kurve für den Barwert der Netzauszahlung (vgl. Abschnitt 5.2.3.1.1), sondern im Maximum der Kurve für den Barwert der Überschüsse.

5.2.3.2.3 Netzerlöse auf Basis von Nutzungsentgelten

Mit dem verhandelten Netzzugang gem. § 6 EnWG, bei dem der Netzbetreiber sein Stromnetz anderen Unternehmen zur Durchleitung zur Verfügung zu stellen hat, sind Vereinbarungen zur Organisation der Netznutzung zwischen dem Netzbetreiber, dem Netzeinspeiser und -entnehmer notwendig. Dazu wurden in Deutschland bisher drei zeitlich aufeinanderfolgende Verbändevereinbarungen verabschiedet, auf deren Relevanz im folgenden Abschnitt einzugehen ist.[318]

5.2.3.2.3.1 Netznutzungsentgelte auf Basis von Verbändervereinbarungen

Mit der ersten Verbändevereinbarung über Kriterien zur Bestimmung von Durchleitungsentgelten vom 22. Mai 1998 (VV I) erfolgte die Berechnung transaktionsbezogen, d.h., es wurde der individuelle Transaktionspfad vom Stromerzeuger bis zum Kunden herangezogen. Entscheidend waren die tatsächlich in Anspruch genommenen Spannungsebenen, die zwischen Einspeise- und Entnahmepunkt lagen. Zusätzlich fiel auch eine entfernungsabhängige Entgeltkomponente an, wenn die Luftlinienentfernung im Übertragungsnetz größer als 100 km ausfällt.[319]
Aufgrund des Verwaltungsaufwandes zur Erfassung der individuellen Transaktionen und der relativ hohen Durchleitungsentgelte bei großen Entfernungen zwischen Einspeise- und Entnahmepunkt entstand 1½ Jahre später die zweite Verbändevereinbarung über Kriterien zur Bestimmung von Netznutzungsentgelten für elektrische Energie vom 13. Dezember 1999 (VV II), die bis zum 31. Dezember 2001 Gültigkeit hatte.[320]

Abgelöst wurde die VV II am 1. Januar 2002 von der Verbändevereinbarung über Kriterien zur Bestimmung von Nutzungsentgelten für elektrische Energie und über Prinzipien der Netznutzung vom 13. Dezember 2001 (VV II plus). Die

---

318 Zu einer gesetzlichen Verankerung von Verbändevereinbarungen durch Änderung des § 6 Abs. 1 EnWG im Rahmen der Neuregelung des Energiewirtschaftsrecht hatte der Bundesrat am 14.03.2003 den Vermittlungsausschuss angerufen (siehe auch Fn. 38). Vgl. Artikel 1 Nr. 3 des Entwurfs eines Gesetze zur Neuregelung des Energiewirtschaftsrechts (BT-Drs. 15/197).

319 Vgl. BDI/VIK/VDEW [VV I, 1998].

320 Vgl. BDI/VIK/VDEW [VV II, 1999].

VV II plus baut prinzipiell auf der VV II und ist zunächst bis zum 31. Dezember 2003 gültig.[321]

Im Unterschied zur VV I handelt es sich bei der VV II plus, wie auch bereits bei der VV II, um ein transaktionsunabhängiges Punktmodell. Danach beteiligen sich alle Netznutzer an den Netzkosten durch Zahlung eines jährlichen Netznutzungsentgelts. Mit diesem Entgelt werden die Nutzung der Spannungsebene, an der der Netznutzer angeschlossen ist, und aller übergelagerten Spannungsebenen abgegolten. Ein Kunde, der z.B. an das Mittelspannungsnetz angeschlossen ist, zahlt pauschal ein Entgelt für die Nutzung des Mittel-, Hoch- und Höchstspannungsnetz einschließlich der jeweiligen Umspannungen. Dadurch erhält jeder Netznutzer Zugang zum gesamten Netz, unabhängig davon, welche Spannungsebenen er im Einzelfall nutzt. Ein entfernungsabhängige Entgeltkomponente entfällt somit in der VV II plus. Abrechnungstechnisch stellt der Netzbetreiber, an dessen Spannungsebene der Netznutzer angeschlossen ist, das Nutzungsentgelt für alle relevanten Spannungsebenen dem Netznutzer in Rechnung. Dazu werden die Kosten aller vorgelagerten Spannungsebenen übergewälzt.[322] Das jährliche Netznutzungsentgelt auf jeder Entnahmespannungsebene ist jeweils als leistungsbezogene Pauschale (in €/kWa) konzipiert, die durch Division der jährlichen Kosten aller relevanten Netzbereiche und Umspannungen mit der Jahreshöchstlast der Entnahmespannungsebene berechnet wird. Das jährliche Netznutzentgelt ergibt sich dann aus der Multiplikation des Netznutzungsentgelts je Leistungseinheit (in €/kWa) mit der individuellen Jahreshöchstlast (in kW) und dem sogenannten Gleichzeitigskeitsgrad [323] des Kunden. Zu Vergleichszwecken wird das leistungsbezogene Nutzungsentgelt auch als ein auf die Arbeitsmenge bezogenes spezifisches Entgelt (in ct/kWh) dargestellt.[324]

Für die Preisfindung der Nutzungsentgelte ist nach der VV II plus die Kosten- und Erlöslage des Netzbetreibers bei elektrizitätswirtschaftlich rationeller Betriebsführung relevant. Dabei soll die Preisbildung auf Basis der kalkulatorischen Kosten- und Erlösrechnung, des handelsrechtlichen Jahresabschlusses und der Übertragungs- und Verteilungspreise strukturell vergleichbarer Netzbetreiber erfolgen.

---

321 Vgl. BDI/VIK/VDEW/VDN/ARE/VKU [VV II plus, 2001], S. 12.

322 Vgl. BDI/VIK/VDEW/VDN/ARE/VKU [VV II plus, 2001], S. 7-9.

323 Mit dem Gleichzeitigkeitsgrad wird berücksichtigt, dass die Einzelhöchslasten der Netznutzer nicht zeitgleich auftreten und somit die Summe der Einzelhöchstleistungen größer ist als die Jahreshöchstlast des Netzbereiches. Der empirisch bestimmte Gleichzeitgkeitsgrad beschreibt die Durchmischung der einzelnen zeitungleichen Einzelhöchstleistungen bezogen auf die Jahreshöchstlast. Vgl. im Einzelnen BDI/VIK/VDEW/VDN/ARE/VKU [VV II plus, 2001], Anlage 4.

324 Das leistungsbezogene Nutzungsentgelt (in €/kWa) je Entnahmefall lässt sich durch Multiplikation mit dem Gleichzeitigkeitsgrad und Division mit der Jahresbenutzungsdauer (in h/a), definiert als Verhältnis von bezogener elektrischer Jahresarbeit zur Höchstleistung des Entnahmekunden, in ein arbeitsmengenbezogenes Entgelt (in ct/kWh) umrechnen. Vgl. die Beispielrechnungen in BDI/VIK/VDEW/VDN/ARE/VKU [VV II plus, 2001], Anlage 5.

Dazu findet sich in der VV II plus ein Kalkulationsleitfaden mit Berücksichtigung der Strukturmerkmale Einwohner- und Abnahmedichte, Verkabelungsgrad sowie Ost-/Westgebiet für die Entgeltbestimmung.[325]

Bundesland des ansässigen Netzbetreibers	Entnahme aus Niederspannungsnetz		Entnahme aus Mittelspannungsnetz	
	ct/kWh	Abweichung*	ct/kWh	Abweichung*
Hamburg	6,0	-11,3 %	2,3	-13,5 %
Nordrhein-W.	6,3	-6,8 %	2,3	-13,5 %
Baden-W.	6,4	-3,9 %	2,4	-8,5 %
Hessen	6,5	-5,4 %	2,4	-9,8 %
Bayern	6,6	-2,4 %	2,5	-7,3 %
Schleswig-H.	6,6	-2,4 %	2,5	-4,8 %
Rheinland-Pfalz	6,4	-14,2 %	2,6	-2,3 %
Niedersachsen	6,8	-5,4 %	2,6	-2,3 %
Berlin	5,8	0,6 %	2,7	0,2 %
Sachsen	7,2	3,5 %	2,7	2,7 %
Bremen	5,9	6,5 %	2,8	4,0 %
Saarland	7,0	-12,8 %	2,8	4,0 %
Mecklenburg-V.	7,3	13,9 %	2,9	10,3 %
Brandenburg	7,7	7,9 %	2,9	10,3 %
Thüringen	7,8	15,3 %	3,1	15,3 %
Sachsen-Anhalt	7,9	16,8 %	3,1	15,3 %
Mittelwert	6,8	-	2,7	-

* Gegenüber Mittelwert

Tabelle 17: Vergleich der Netznutzungsentgelte für Sondervertragskunden (Stand 19.12.2002)
(eigene Berechnungen; Datenquelle: VEA [Netznutzungsentgeltvergleich, 2002])

Gleichwohl kommt es in der Praxis teils zu erheblichen Differenzen zwischen den Entgelttarifen der Netzerbetreiber. In Tabelle 17 finden sich die Ergebnisse eines vom Bundesverband der Energieabnehmer (VEA) regelmäßig durchgeführten Vergleichs der Netznutzungsentgelte für Sondervertragskunden.[326] Obschon die

325 Vgl. BDI/VIK/VDEW/VDN/ARE/VKU [VV II plus, 2001], Anlage 3, S. 1-11.

326 Hier separat nach dem Bundesland eines ansässigen Netzbetreibers aufgeführt. Vgl. VEA [Netznutzungsentgeltvergleich, 2002].

Entgeltunterschiede im Zeitablauf wesentlich abnahmen[327], liegen die positiven wie negativen Abweichungen der Entgelte je Spannungsebene zum Mittelwert mitunter im zweistelligen Prozentbereich. Auffällig ist, dass die Entgelte im Osten im Vergleich zum übrigen Bundesgebiet relativ hoch liegen. Dabei ist auch die Möglichkeit zu berücksichtigen, dass Netzbetreiber von Dritten prohibitiv hohe Nutzungsentgelte für die Durchleitung verlangen, um so die Netznutzung zu verteuern und ihren eigenerzeugten Strom besser abzusetzen.

5.2.3.2.3.2 Auswirkungen des KWKG auf die Höhe der Nutzungsentgelte

Für die Bestimmung von Netznutzungsentgelten sind auch die Belastungen aus dem neuen Kraft-Wärm-Kopplungsgesetz (KWKG)[328] zu beachten, das am 01.04.2002 inkraftgetreten ist und das bis dahin gültige alte Kraft-Wärm-Kopplungsgesetz[329] abgelöst hat.[330]

Gefördert wird gem. § 2 S. 1 KWKG nur KWK-Strom aus Kraftwerken mit KWK-Anlagen auf Basis von Steinkohle, Braunkohle, Abfall, Biomasse, gasförmigen oder flüssigen Brennstoffen. Nach § 4 Abs. 1 S. 1 KWKG ist ein Netzbetreiber verpflichtet, KWK-Anlagen an sein Netz anzuschließen, den Strom abzunehmen und den eingespeisten Strom zu vergüten. Die Vergütung besteht gem. § 4 Abs. 3 S. 1 KWKG aus einem zwischen beiden Parteien vereinbarten Preis und einem Zuschlag. Bei Nichtzustandekommen einer Vereinbarung gilt der sog. übliche Preis als vereinbart, der sich am Markt für vergleichbare Versorgungsqualität orientiert.[331] Die Höhe des Zuschlags und Dauer der Zahlung sind in § 7 KWKG geregelt, wobei eine zeitliche Staffelung der Zuschlagshöhe mit Differenzierung nach dem Alter sowie dem Typ einer KWK-Anlagen vorgenommen wird.

Im Rahmen der Belastungsausgleichs kann der Netzbetreiber nach § 9 Abs. 1 KWKG vom vorgelagerten Übertragungsnetzbetreiber einen finanziellen Ausgleich für die Zahlung des Zuschlags verlangen. Die Übertragungsnetzbetreiber führen gem. § 9 Abs. 2 u. 3 KWKG untereinander einen Belastungsausgleich

---

327 So erreichten beispielsweise im September 2000 die Entgeltabweichungen im Vergleich zum Durchschnitt teils Werte von über 50 %. Vgl. VEA [Netznutzungsentgeltvergleich, 2000].

328 Vgl. Gesetz zur für die Erhaltung, die Modernisierung und den Ausbau der Kraft-Wärme-Kopplung vom 19.03.2002 (BGBl. I, S. 1092).

329 Vgl. Gesetz zum Schutz der Stromerzeugung aus Kraft-Wärme-Kopplung vom 12.05.2000, (BGBl. I , S. 703).

330 Zur Relevanz der KWK in der Stromerzeugung vgl. Abschnitt 5.3.2.1.2.

331 Zu den Varianten der Bestimmung des üblichen Preises und den damit verbundenen Problematiken vgl. Rosin/Elspas [Kraft-Wärme-Kopplungsgesetz, 2002], S. 178-181; Schrader/Krzikalla/Lehmann [Schwächen, 2002], S. 67.

durch und können nach § 9 Abs. 4 KWKG die bei ihnen verbliebenen Belastungen auf unmittelbar oder mittelbar nachgelagerte Netzbetreiber umlegen, bis alle Netzbetreiber gleiche Belastungen tragen. Die Netzbetreiber sind gem. § 9 Abs. 7 KWKG berechtigt, geleistete, jedoch nicht erstattete Zuschlagszahlungen und Ausgleichzahlungen bei der Ermittlung der Netznutzungsentgelte in Ansatz zu bringen. Im Ergebnis dieser Kostenwälzung soll die Belastung bundeseinheitlich gleichmäßig auf alle Letztverbraucher verteilt werden.[332]

Nach einer Untersuchung im Auftrag des Bundesministeriums für Wirtschaft und Arbeit betrug 2002 die über Netznutzungsentgelte abgewälzte KWK-Belastung für Letztverbraucher durchschnittlich 0,26 ct/kWh ab der ersten kWh und 0,05 ct/kWh für den über 100.000 kWh/a hinausgehenden Teil bzw. 0,025 ct/kWh für das produzierende Gewerbe und den Schienenverkehr, sofern die Stromkosten 4 % des Umsatzes übersteigen.[333]
Aufgrund der im Zeitablauf zumeist degressiven Gestaltung der KWK-Förderbeträge (vgl. § 7 KWKG) dürften die Belastungen je kWh in Verbindung mit der zeitlich befristeten Förderdauer zukünftig tendenziell abnehmen. Da gem. § 13 Abs. 2 KWKG das Gesetz am 31.12.2010 außer Kraft tritt – sofern auf Basis einer Zwischenprüfung nach § 12 Abs. 1 KWKG keine Verlängerung beschlossen wird –, besteht bis zu diesem Zeitpunkt eine gewisse Planungssicherheit für die zukünftigen KWK-Belastungen und Umwälzungen auf die Netznutzungsentgelte.

5.2.3.2.3.3 Konsequenzen für die Bewertung

Trotz der Vorgaben in der VV II plus zur Bestimmung von Netznutzungsentgelten erscheint es m.E. insgesamt problematisch, die auf Basis von Verbändevereinbarungen ermittelten Entgelttarife im Rahmen der Netzbewertung für die Bestimmung der nachhaltigen Netzerlöse heranzuziehen. Dies belegen auch die derzeit noch relativ großen Schwankungen der Nutzungsentgelte (vgl. Tabelle 17), was bereits dazu geführt hat, dass das Bundeskartellamt Netzbetreiber wegen überhöhter Netznutzungsentgelte abmahnte.[334] Verbunden mit den rechtlichen Unsicherheiten von Verbändevereinbarungen sind in Deutschland vermehrt Forderungen nach einer eigenen Regulierungsbehörde bzw. einer Ansiedlung der Regulierung beim Kartellamt oder der Regulierungsbehörde für Telekommunikation und Post

---

332 Vgl. Stevens [Kraft-Wärme-Kopplungsgesetz, 2002], 358-359.

333 Vgl. Haubrich/CONSENTEC [Nutzung, 2002], S. 28. Für über 100.000 kWh/a hinausgehende Strombezüge sind gem. § 9 Abs. 7 S. 2-5 KWKG Höchstwerte der KWK-Belastung von 0,05 bzw. 0,025 ct/kWh festgeschrieben, um eine Benachteiligung deutscher Unternehmen im internationalen Vergleich aufgrund hoher Strombezugskosten zu vermeiden. Vgl. Stevens [Kraft-Wärme-Kopplungsgesetz, 2002], S. 359.

334 Vgl. o.V. [Kartellamt, 2003], S. 12; o.V. [Kartellamt, 2002], S. 11.

laut geworden[335], zumal Deutschland in der EU das einzige Land ist, dass den Netzzugang ohne staatliche Verordnung regelt[336] und ein EU-Richtlinienentwurf vorsieht, dass die Mitgliedsstaaten eine oder mehrere zuständige Stellen mit der Aufgabe als Regulierungsbehörde betrauen.[337] Dies könnte dazu führen, dass rechtlich verbindliche Regelungen zur Entgeltbestimmung für die Netznutzung geschaffen werden, die eine höhere Planungssicherheit für die Bestimmung nachhaltiger Nutzungsentgelte bietet. Da es sich beim Stromtransport um ein Massengeschäft handelt, dürfte bei der Gestaltung der Entgeltregelungen neben der Berücksichtigung der Kostenverursachung auch die Einfachheit des Tarifsystems von Bedeutung sein. Es bedarf dann einer Abwägung von Kostenverursachungsgerechtigkeit und Einfachheit.[338] Die Folge wäre, dass die Kosten individueller Netzstrukturen und -zustände nicht mehr wie im bisherigen Maße Berücksichtigung bei der Entgeltbestimmung finden.

Weitet man die Betrachtungen auf einen liberalisierten europäischen Strommarkt aus, so ist ein diskriminierungsfreier und transparenter Zugang zu den europäischen Stromnetzen zukünftig nur möglich, wenn weitestgehend einheitliche Entgeltregulierungen in den Staaten getroffen werden.[339] Die derzeitigen Nutzungsentgelte in den einzelnen Staaten dürften sich dann auf lange Sicht tendenziell einem Niveau annähern. Berücksichtigt man, dass Deutschland im europäischen Vergleich mit die höchsten durchschnittlichen Netzzugangsgebühren aufweist[340], besteht hier noch ein entsprechendes Anpassungspotential. Allerdings ist dabei zu berücksichtigen, dass die Versorgungssicherheit, gemessen an der jährlichen Unterbrechungsdauer, in Deutschland gegenüber beispielsweise Großbritannien höher ausfällt[341], so dass die Entgeltunterschiede zu relativieren sind.

Zusammenfassend dürften in Deutschland auf kurze Sicht die Netznutzungsentgelte noch nach einer Verbändevereinbarung – VV II plus oder nach deren Ablauf am 31.12.2003 eine anschließende Verbändevereinbarung –, mittelfristig eher auf Basis gesetzlicher Regelungen und auf lange Sicht auf Basis europaeinheitlicher Entgeltregelungen bestimmt werden. Allerdings ist die zeitliche Abschätzung der rechtlichen und praktischen Umsetzung entsprechend schwierig. Für den Ansatz der Nutzungsentgelte als Umsatzerlöse im Rahmen der Netzbewertung könnten beispielsweise folgende Perioden in Betracht kommen:

---

335 Vgl. o.V. [Monopolkommission, 2002], S. 9; o.V. [Regulierungsbehörde, 2000], S. 16; o.V. [Stromanbieter, 2000], S. 20.

336 Vgl. Müller-Kirchenbauer/Ritzau [VV II, 2000], S. 212.

337 Vgl. Artikel 23 des Richtlinienentwurfs vom 29.01.2003 (Fn. 22).

338 Vgl. Ahlemeyer/Nissen/Lehmköster [VV II, 2000], S. 221.

339 Vgl. Schwintowski [Grundlinien, 2000], S. 98.

340 Vgl. die Studien von Haubrich/CONSENTEC [Nutzung, 2002]; Kühn/Schulz [Netznutzung, 2002], S. 231-249.

341 Vgl. Bochanky [Versorgungsqualität, 1999], S. 14.

- individuelle Entgelte nach Verbändevereinbarung bis 2004/05
- national einheitliche Regelungen und angenäherte Entgelte ab 2004/05
- europaweit einheitliche Regelungen und angenäherte Entgelte ab 2010 (unter Berücksichtigung der Versorgungssicherheit bzw. -qualität in den europäischen Staaten)

5.2.4 Zwischenfazit

Bis zur Liberalisierung war die Bewertung von Stromversorgungsnetzen vor allem Gegenstand rechtlicher Auseinandersetzungen, in denen es um die Kaufpreisbestimmung bei der Netzübergabe in Zusammenhang mit Endschaftsklauseln in Konzessionsverträgen ging. Dabei wurde für die Bemessungsgrundlage regelmäßig der Sachzeitwert als substanzorientierter Wertansatz herangezogen. Erst mit einer richtungsweisenden BGH-Entscheidung aus dem Jahr 1999 ist dem Ertragswert, als zukunftsentnahmeorientiertem Wertansatz, bei der Bestimmung des Übernahmepreises Rechnung getragen worden. Daher dürfte zukünftig die Bedeutung des zukunftsentnahmeorientierten Wertansatzes als Bemessungsgrundlage für die Preisbestimmung zunehmen.

Wertbestimmende Faktoren des Sektors Übertragung und Verteilung stellen die Netzinvestitionen und -betriebsauszahlungen sowie die zurechenbaren Netzerlöse dar, die jeweils unter Berücksichtigung der Versorgungsqualität und des Netzwirkungsgrades zu bestimmen sind.
Es wurde gezeigt, dass mit steigender Nutzungsdauer einer Netzinvestition der Anteil des Residualwerts am gesamten Barwert einer Investitionskette bereits bei niedriger Periodizität gering ausfällt. Daher kann schon der erste Reinvestitionszeitpunkt bzw. die erste Periodizität der Investitionskette für die Einzelplanung ausreichend sein. Verschiebungen ergeben sich unter Berücksichtigung einer nachhaltigen Wachstumsrate innerhalb der Investitionskette. Danach steigt bei gleicher Nutzungsdauer der Anteil des Residualwerts am gesamten Barwert einer Investitionskette mit zunehmender Wachstumsrate der Reinvestitionsbeträge an. Gleichwohl sind die Verschiebungen relativ gering, so dass der überwiegende Teil der Investitionskette durch die erste Periodizität bzw. das erste Kettenglied determiniert wird.

Zurechenbare Netzerlöse ergeben sich entweder mittelbar als Bestandteil des Strompreises oder unmittelbar als Netznutzungsentgelt für die Durchleitung. In Deutschland werden Netznutzungsentgelte derzeit auf Basis freiwilliger Verbändevereinbarungen ermittelt, während in der EU der Netzzugang und die Entgeltbestimmung weitestgehend staatlich reguliert wird. Im Hinblick auf europaeinheitliche Entgeltregelungen dürfte davon auszugehen sein, dass auch in Deutsch-

land zukünftig eine Regulierung stattfindet. Die derzeit noch relativ starken Schwankungsbreiten bei den Netznutzungsentgelten der deutschen EltVU würden dann enger ausfallen, was die Planung und Prognose zukünftiger Netznutzungsentgelte erleichtert.
Hierbei ist zu berücksichtigen, dass bereits relativ geringe Veränderungsraten für Netznutzungsentgelte und Durchleitungsmengen im Vergleich zu konstanten Entgelten und Mengen verhältnismäßig große Auswirkungen auf den Wert einer Diskontierungsreihe für Netznutzungserlöse und mithin auf die Bewertung des Sektors Übertragung und Verteilung hervorrufen können (vgl. Abschnitt 4.4.3). Gleichzeitig wäre eine Anpassung des Einzelprognosehorizontes vorzunehmen, wenn die Veränderungsraten das Verhältnis von Einzelprognosewert und Residualwert einer Diskontierungsreihe für Netznutzungserlöse stark beeinflussen (vgl. Abschnitt 4.4.4).

5.3 Bewertung des Sektors Erzeugung

Ausgangspunkt für die Bewertung des Sektors Erzeugung ist das zukünftig erwartete Absatzverhalten der Kunden bezüglich Absatzmenge und Lastverteilung. Die Absatzmenge determiniert dann die zu erzeugende bzw. bereitzustellende Energiemenge, während die Lastverteilung die benötigte Erzeugungs- bzw. Bezugsleistung und die Reserveleistung bestimmt.

5.3.1 Die Entscheidung zwischen Eigen- und Vertragserzeugung

Die Bewertung des Sektors Erzeugung kann sowohl die Eigenerzeugung von Strom als auch den Strombezug durch Dritte, die sog. Vertragserzeugung, umfassen. Dabei handelt es sich grundsätzlich um ein Entscheidungsproblem, das auf die gesamte Lebensdauer des zu bewertenden EltVU zu beziehen ist.

Hinsichtlich der Entscheidungsfindung sind prinzipiell drei Konstellationen denkbar:

- vollständige Eigenerzeugung
- teils Eigen-/teils Vertragserzeugung
- vollständige Vertragserzeugung

Jede der Konstellationen ergibt im Bewertungsmodell eine Diskontierungsreihe, deren Wert für die Bewertung relevant ist. In Abbildung 23 ist beispielhaft der Verlauf der Barwerte in Abhängigkeit vom Anteil der Eigen- und Vertragserzeugung dargestellt. Unter der Voraussetzung, dass die Erzeugungsart keinen Einfluss auf die Vertriebserlöse und -auszahlungen (Sektor Vertrieb) sowie die Erlöse und Ausgaben im Netzbereich (Sektor Übertragung und Verteilung) hat, ist diejenige Kombination von Eigen- und Vertragserzeugung für die Bewertung heranzuziehen, deren Barwert der Diskontierungsreihe unter Berücksichtigung der inhärenten Erzeugungsrisiken den niedrigsten Wert aufweist. In diesem Beispielfall liegt das Barwertminimum bei einem größeren Anteil von Eigen- gegenüber Vertragserzeugung. Dabei kann die Deckung der Grund- und Mittellast durch eigene Kraftwerke erfolgen, während die Spitzenlast durch Zukauf der benötigten Strommenge gedeckt wird.

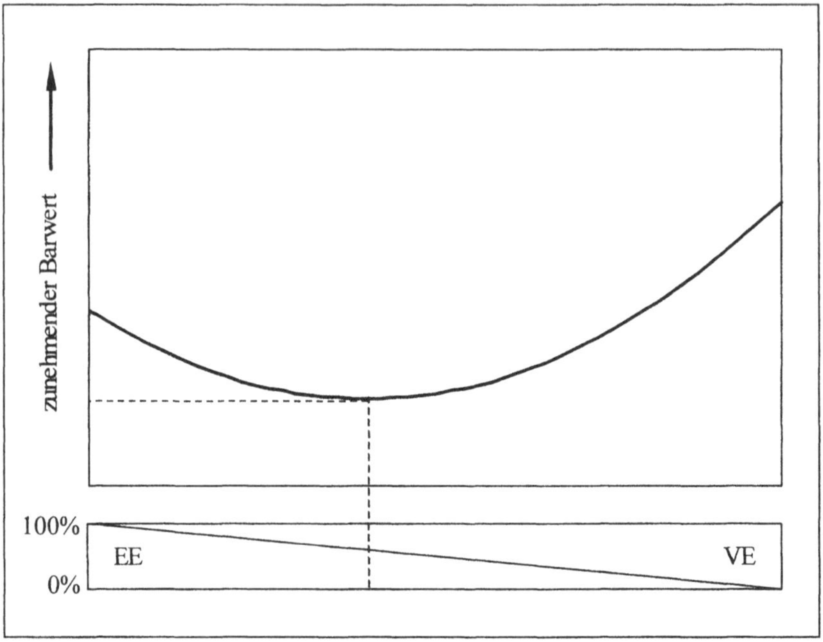

Abbildung 23: Beispielhafter Verlauf der Barwerte der Diskontierungsreihen bei unterschiedlichem Anteil an Eigen- (EE) und Vertragserzeugung (VE)
(eigene Darstellung)

5.3.1.1 Eigenerzeugung

Die Eigenerzeugung ist im Gegensatz zur Vertragserzeugung dadurch gekennzeichnet, dass relativ weite Investitionsintervalle für Erzeugungsanlagen vorliegen und der Einsatz des Energieträgers mit der Investitionsentscheidung i.d.R. langfristig festgelegt ist. Hinsichtlich der Entscheidungsfindung für eine Erzeugungstechnologie bzw. für einen Energieträger sind verschiedene Faktoren relevant, wie beispielsweise:

- technische Verfügbarkeit einer Erzeugungstechnologie
- Wirkungsgrad einer Erzeugungstechnologie
- Abstell- und Anfahrverhalten der Kraftwerke
- Verfügbarkeit und wirtschaftliche Förderung bzw. Gewinnung eines Energieträgers

- Beschaffungskonditionen, d.h. Preis, Menge und Qualität eines Energieträgers einschließlich Fracht
- Umweltbelastung durch Erzeugungstechnologie bzw. Energieträger
- politische Rahmenbedingungen für eine Erzeugungstechnologie bzw. einen Energieträger (z.B. Restriktionen oder Subventionen)

Innerhalb des Bewertungsmodells ist zu berücksichtigen, dass zum einen der permanente technologische Fortschritt, der zukünftig effizientere, umwelt- und ressourcenschonende Erzeugungstechnologien hervorbringt, den Lebenszyklus einer bestehenden Erzeugungstechnologie determiniert. Zum anderen kann die Ressourcenverknappung die Substitution eines Energieträgers erfordern. So wird z.B. im Reinvestitionszeitpunkt einer bestehenden Erzeugungstechnologie die Investition in eine neue Technologie getätigt oder zu einem bestimmten Zeitpunkt die Umstellung auf einen anderen Energieträger, beispielsweise von Stein- oder Braunkohle auf Erdgas, vorgenommen.

Für die Restwertbestimmung ist zudem der Aspekt der Nachhaltigkeit relevant. Hierbei ist zu berücksichtigen, inwieweit ein Energieträger aufgrund seiner begrenzten natürlichen Ressourcen nachhaltig verfügbar und die Erschließung von Lagerstätten im Vergleich zu alternativen Energieträgern noch rentabel erscheint. So führen knappe Ressourcen tendenziell zur Verteuerung der Energieträger, und die Erschließung von schwerer zugänglichen Lagerstätten einschließlich Förderung der Energieträger ist mit zunehmenden Auszahlungen verbunden. Dadurch gewinnen alternative Energieträger bzw. -technologien zukünftig an Bedeutung, wobei die Substitutionsmöglichkeit bezüglich des Lastbereichs (Grund-, Mittel- und Spitzenlast) zu berücksichtigen ist.[342]

Die Einsatzdauer von Kraftwerken ist unter Berücksichtigung des Lastverlaufs von der Kostenstruktur abhängig. So werden im Grundlastbereich die Kraftwerke mit den geringsten variablen Kosten eingesetzt (vor allem Kernenergie, Laufwasser und Braunkohle), die gleichzeitig hohe Fixkosten verursachen. Im Mittellastbereich kommen Kraftwerke mit zunehmend höheren variablen Kosten, bedingt durch höhere Brennstoffkosten, und geringeren Fixkosten zum Einsatz (vor allem Steinkohle, Öl und Erdgas). Im Spitzenlastbereich schließlich werden schnell anfahrbare Kraftwerke, wie Pumpspeicherwerke und Gasturbinenkraftwerke, einge-

342 So kann beispielsweise ein Kohlekraftwerk im Grundlastbereich nicht unmittelbar durch eine Windkraftanlage substituiert werden, da die Windrichtung und -stärke i.d.R. unterschiedlich ausfällt und eine permanent gleichmäßige Stromerzeugung nicht sicherstellen. Vgl. Müller [Elektrizitätswirtschaft, 1998], S. 209.

setzt, die aufgrund ihrer hohen variablen Kosten und niedrigen Fixkosten nur kurze Einsatzzeiten aufweisen.[343]

Im Vergleich zur Vertragserzeugung, bei der im Wesentlichen nur die Auszahlungen für den Strombezug im Bewertungsmodell zu erfassen sind, kommen bei der Eigenerzeugung mehrere Auszahlungsgrößen in Betracht:

- Investitionen in Erzeugungsanlagen einschließlich Umweltschutzmaßnahmen
- Betrieb, Wartung und Instandhaltung
- Beschaffung von Brennstoff
- Rückbau und Entsorgung von Erzeugungsanlagen

Berücksichtigt man zudem die Veränderungsraten der jeweiligen Auszahlungsgröße, fällt der Planungs- und Prognoseaufwand, gemessen an der Anzahl zu bestimmender Größen, bei der Eigenerzeugung im Vergleich zur Vertragserzeugung erheblich höher aus.

Bei den Investitionsauszahlungen ergeben sich ähnlich wie im Übertragungs- und Verteilungsbereich (vgl. Abschnitt 5.2.3.1.3) relativ große Investitionsintervalle. Um die Spannweite zwischen den (Re-)Investitionszeitpunkten einer Erzeugungsanlage zu verdeutlichen, seien beispielhaft für ausgewählte Anlagegüter die mittleren betrieblichen Nutzungsdauern nach den amtlichen AfA-Tabellen angegeben[344]:

• Maschinelle Dampfkraftanlagen	15 Jahre
• Schornsteine	40 Jahre
• Rauchgasreinigungsanlagen	13 Jahre
• Maschinelle Wasserkraftanlagen	20-25 Jahre
• Staustrecke	60 Jahre

Wie bereits in Abschnitt 5.2.3.1.3.2 gezeigt, wird bereits ab einer Nutzungsdauer von sieben Jahren mehr als die Hälfte des gesamten Barwerts der Investitionskette mit der ersten Periodizität erreicht (vgl. Tabelle 15). Die wertmäßige Bedeutung des Restwerts nimmt mit steigender Nutzungsdauer entsprechend ab.

Die Berücksichtigung eines Technologiewechsel – beispielsweise von Kohlestaubfeuerung im Dampfkraftwerk auf Kohlevergasung in Gas und Dampf (GuD)-Anlagen – führt im Bewertungsmodell zu einer Veränderung der bisheri-

---

343 Vgl. Müller [Elektrizitätswirtschaft, 1998], S. 308-311; Hasse [Elektrizitätswirtschaft, 1994], S. 48-52.

344 Entnommen aus Müller [Elektrizitätswirtschaft, 1998], S. 101.

gen Diskontierungsreihe der Investitionsauszahlungen. Geht man davon aus, dass zu einem Reinvestitionszeitpunkt einer Erzeugungsanlage ein Technologiewechsel erfolgt, werden die Veränderungen, die sowohl die Auszahlungshöhe als auch und die Reinvestitionszeitpunkte betreffen können, ab diesem Zeitpunkt wirksam. Der wertmäßige Einfluss eines Technologiewechsels auf den Barwert der Investitionskette ist dabei tendenziell um so größer, je früher der Wechselzeitpunkt erfolgt.

Zudem hat ein Technologiewechsel i.d.R. auch Auswirkungen auf die Diskontierungsreihen anderer Auszahlungen im Eigenerzeugungsbereich, wie etwa für Energieträger und Kraftwerkspersonal. Veränderungen der Diskontierungsreihe können durch den Wechsel zu einem alternativen Energieträgers entstehen oder durch einen mengenmäßig geringeren Verbrauch des bestehenden Energieträgers, um die gleiche Strommenge zu erzeugen. Hinsichtlich des Personals ließen sich nachhaltig geringere Personalauszahlungen anführen, die auf eine niedrigere Anzahl von Mitarbeitern für den laufenden Kraftwerksbetrieb sowie weniger wartungsintensive und reparaturanfällige Kraftwerksanlagen zurückzuführen sind.

5.3.1.2 Vertragserzeugung

Bezüglich der Vertragserzeugung erhalten EltVU nach dem Wegfall der Demarkationsgebiete prinzipiell die Möglichkeit, den benötigten Strom zukünftig nicht mehr wie bisher vom gebietszuständigen Stromlieferanten beziehen zu müssen. Vielmehr können sie Strombezugsverträge auch mit anderen, d.h. günstigeren, Lieferanten abschließen.

Dabei ist zu beachten, dass bei Stromlieferungsverträgen, die vor der Liberalisierung mit meist langen Laufzeiten von beispielsweise 10 oder 20 Jahren abgeschlossen wurden, in Literatur und Rechtsprechung Unklarheit über die Wirksamkeit dieser Verträge, insbesondere hinsichtlich der Vertragslaufzeit, herrscht.[345] Bei nachhaltiger Betrachtung dürften zukünftig jedoch Stromlieferungsverträge mit tendenziell kürzeren Laufzeiten bzw. mit entsprechenden Anpassungsklauseln bestehen, die eine flexible Gestaltung der Bezugskonditionen sowohl des Beziehenden als auch des Lieferanten erlauben.
So sind bei einer im liberalisierten Strommarkt primär vorzufindenden wettbewerbs- und kundenorientierten Preisgestaltung langfristige Stromlieferungsverträge für eine Partei nur dann interessant, wenn sie zukünftig keine günstigeren Konditionen erwartet. Liegen beispielsweise aus Sicht des Belieferten die Strompreise relativ hoch, ist er tendenziell an kurzen Laufzeiten interessiert, um zukünf-

345 Vgl. Abschnitt 5.1.3.4 dieser Arbeit.

tig günstigere Konditionen in Anspruch nehmen und gegebenenfalls den Lieferanten wechseln zu können. Der Lieferant hingegen versucht in dieser Situation, sich die aus seiner Sicht günstigen Lieferkonditionen durch hohe Vertragslaufzeiten möglichst lange zu sichern. Auf der anderen Seite, bei relativ niedrigen Strompreisen, besteht für den Lieferant kein Interesse, diese Konditionen langfristig den Abnehmern anzubieten, weil er zukünftig höhere Marktpreise erwartet. Der Abnehmer wiederum ist in diesem Fall an längeren Vertragslaufzeiten interessiert, um sich die günstigen Bezugsbedingungen langfristig zu sichern.

Als weiteres Argument für niedrige Vertragslaufzeiten kann die Option für EltVU gesehen werden, sich Strom kurzfristig an einer der Strombörsen zu beschaffen. Allerdings ist dabei zu berücksichtigen, dass die Strompreisschwankungen relativ stark ausfallen können und in Phasen zukünftig starker Strompreisanstiege Verlustsituationen bei der Vertragserzeugung hervorrufen können.[346] Entsprechend erfolgt der Einsatz von Instrumenten der Preisabsicherung etwa in Form von Terminkontrakten, die einem strombeschaffenden EltVU zu einem bestimmten Zeitpunkt das Recht einräumt, eine bestimmte Strommenge zu einem vorher festgelegten Basispreis abzunehmen. Liegt der Marktpreis zu diesem Zeitpunkt über dem Basispreis erhält das EltVU eine entsprechende Ausgleichszahlung von der an die Strombörse angeschlossenen Clearing-Bank.[347] Der finanzielle Ausgleich ist der Regelfall, so dass bei Fälligkeit keine physische Stromlieferung mehr stattfindet.[348]
Im Bewertungsmodell wären dann Auszahlungen für Aufbau und Entwicklung eines Risikomanagement sowie für das Eingehen von Terminkontrakten zu berücksichtigen.
Andererseits fallen im Vergleich mit bilateralen Bezugsverträge geringe Auszahlungen im Beschaffungsbereich an, wie die Suche nach potentiellen Vertragspartnern und Informationen über diese, Vertragsverhandlungen, Vertragsgestaltung, Überwachung der Vertragsbedingungen und gegebenenfalls Vertragsanpassung.[349]

Insgesamt betrachtet erlaubt die Vertragserzeugung eine flexible Anpassung des Stromangebotes an die Nachfrage der Kunden, ohne dass eigene Erzeugungsanlagen vorgehalten werden müssen. Dadurch erhöht sich jedoch die Abhängigkeit von Stromlieferanten bzw. Strombörsen, was mit nachhaltig starken Preisschwan-

---

346 Vgl. auch die Ausführungen zur Preisabsicherung aus Sicht des Stromverkäufers in Abschnitt 5.1.3.4.

347 Die Clearing-Bank steht als Vertragspartnerin zwischen Käufern und Verkäufer. Gegenüber der Käuferseite tritt sie als Verkäufer und gegenüber der Verkäuferseite als Käufer auf. Vgl. Schulte-Beckhausen [Stromhandel, 1999], S. 54.

348 Vgl. Barth [Strombörse, 2000], S. 141; Schulte-Beckhausen [Stromhandel, 1999], S. 54.

349 Vgl. Abschnitt 5.1.3.4 dieser Arbeit.

kungen und höheren Unsicherheiten verbunden sein kann, soweit keine Vertragsbindung den Bezugspreis langfristig festschreibt.

Mit der Eigenerzeugung erfolgt durch den Bau bzw. Ersatz von Erzeugungsanlagen eine langfristige Festlegung der Investitionsauszahlungen. Je früher der erste Investitionszeitpunkt, der bei großer Nutzungsdauer einen wesentlichen Anteil des Barwerts der Diskontierungsreihe ausmacht, im Bewertungsmodell liegt, desto detaillierter kann die Planung vorgenommen werden und desto geringer sind die Unsicherheiten hinsichtlich der Auszahlungshöhe. Allerdings können zudem bei der Beschaffung des benötigten Energieträgers die gleichen Effekte wie bei der Beschaffung des Stroms im Rahmen der Vertragserzeugung auftreten.

5.3.2 Der Einfluss der Erzeugungstechnologie und des Energieträgers auf die Bewertung

Hinsichtlich der eingesetzten Energieträger zur Stromerzeugung erfolgt im Folgenden eine Differenzierung nach fossilen Brennstoffen, der Kernenergie und nach erneuerbaren Energien. Dabei werden jeweils die in Betracht kommenden Erzeugungstechnologien behandelt.

5.3.2.1 Fossile Brennstoffe

Zu den fossilen Energieträger, die der Stromerzeugung dienen, sind Braunkohle, Steinkohle, Erdgas und Heizöl zu zählen. In Deutschland betrug 1999 der Anteil von Braunkohle 26 %, Steinkohle 25 %, Erdgas 7 % und Heizöl 0,3 % der Netto-Stromerzeugung.[350]

5.3.2.1.1 Entwicklung des Brennstoffaufwands

Die Bestimmungsgleichung für den Brennstoffaufwand BA den eingesetzten fossilen Energieträgern $ET_1,\ldots,ET_n$ kann wie folgt formuliert werden:

$$BA = \sum_{ET=ET_1}^{ET_n} P_{ET} \cdot ME_{ET} \cdot V_{ET}$$

350 Vgl. VDEW [Strommarkt, 2000], S. 43 u. 79.

mit P_{ET} Brennstoffpreis in [€/t]
ME_{ET} Strommenge in [MWh], die mit einem bestimmten Energieträger erzeugt werden soll
V_{ET} spezifischer Brennstoffverbrauch eines eingesetzten Energieträgers in [t/MWh]

Im Bewertungsmodell können nun die drei Variablen ME_{ET}, V_{ET} und P_{ET} jeweils mit einer Veränderungsrate multiplikativ verknüpft werden. Die gesamte Veränderungsrate g würde dann lauten[351]:

$$g = (1+me_{ET})\cdot(1+v_{ET})\cdot(1+p_{ET})$$

Die Veränderungsrate des spezifischen Verbrauchs lässt sich z.B. ableiten aus der relativen Veränderung des Nutzungsgrades eines Energieträger in Verbindung mit der technologischen Entwicklung des Erzeugungsverfahrens. So führt ein höherer Wirkungsgrad bei gleicher zu erzeugender Strommenge zu einem geringeren Mengeneinsatz an fossilen Energieträger. Im Bewertungsmodell ergibt sich ab dem Einsatzpunkt der Technologie eine nachhaltig geringere Mengenkomponente beim Brennstoffaufwand.

fossiler Energieträger	Erzeugungstechnologie	Nutzungsgrad	Technische Verfügbarkeit
Braunkohle	Dampfkraftwerk mit Staubfeuerung	40,1%	heute
		43,0%	2002
	GuD mit Kohlevergasung	48,0%	2005/10
		50,5%	2005/10
Steinkohle	Dampfkraftwerk mit Staubfeuerung	43,0%	heute
		45,5%	2005/10
	GuD mit Kohlevergasung	46,0%	2005/10
		48,5%	2005/10
Erdgas	GuD	57,6%	heute

Tabelle 18: Technische Daten ausgesuchter Erzeugungstechnologien auf Basis fossiler Energieträger
(entnommen aus Marheineke/Krewitt/Friedrich [Lebenszyklusanalyse, 2001], S. 275)

351 Vgl. auch Fn. 218.

In Tabelle 18 sind für die fossilen Energieträger Braunkohle, Steinkohle und Erdgas Daten über zugehörige Erzeugungstechnologien, Nutzungsgrad und technische Verfügbarkeit aufgeführt. Dabei ist zu erkennen, dass mit weiter in der Zukunft liegender technischer Verfügbarkeit auch der Nutzungsgrad zunimmt.

Zur konkreten Bestimmung einer nachhaltigen Veränderungsrate für den spezifischen Brennstoffverbrauch sei an dieser Stelle auf eine Energieprognose, die von der Prognos AG und dem Energiewirtschaftlichen Institut (EWI) an der Universität Köln durchgeführt wurde, zurückgegriffen.[352] Dort wurden u.a. für unterschiedlicher Energieträgern die entsprechenden Nutzungsgrade für den Zeitraum 2005 bis 2020 prognostiziert (vgl. Tabelle 19).

	2005	2010	2015	2020
Braunkohle	43,1%	45,0%	46,0%	47,0%
Steinkohle	47,0%	48,0%	49,0%	50,0%
Gas-GuD	58,0%	58,5%	59,0%	59,5%
Gas-Turbine	37,5%	38,0%	38,5%	39,0%
Öl	49,0%	50,0%	51,0%	52,0%

Tabelle 19: Prognose der Nutzungsgrade unterschiedlicher fossiler Energieträger
(entnommen aus Schlesinger/Schulz [Energiemarkt, 2020], S. 109)

Um den prozentualen Rückgang des spezifischen Verbrauchs zu ermitteln, ist eine Umrechnung auf den benötigten Input bei gleichem Output notwendig. Am Beispiel für Braunkohle soll dies verdeutlicht werden:

	Input		Output
Jahr 2005:	100 %	→	43,1 %
Jahr 2020:	100 %	→	47,0 %
Jahr 2005:	232,0 %	→	100 %
Jahr 2020:	212,8 %	→	100 %

352 Vgl. Schlesinger/Schulz [Energiemarkt, 2000], S. 106-113.

Auf eine durchschnittliche jährliche Rate v_{ET} umgerechnet ergibt:

$$v_{Braunkohle} = \sqrt[15]{\frac{212{,}8}{232{,}0}} - 1 = -0{,}0057 = -0{,}57\%$$

Entsprechend lauten die Werte für die übrigen Energieträger:

- $v_{Steinkohle}$ = - 0,41 %
- $v_{Gas\text{-}GuD}$ = - 0,17 %
- $v_{Gas\text{-}Turbine}$ = - 0,26 %
- $v_{Öl}$ = - 0,40 %

Die zukünftige Preisentwicklung der fossilen Brennstoffe wird davon abhängen, in welchem Verhältnis Angebot und Nachfrage zueinander stehen.[353] Dadurch, dass fossile Energieträger verbraucht werden und nicht nachwachsen bzw. nicht wieder zur Verfügung stehen, reduziert sich das Angebot an verfügbaren fossilen Brennstoffen mit jeder weiteren Befriedigung der Nachfrage. Allerdings liegen keine gesicherten Erkenntnisse über die weltweiten Ressourcen an fossilen Energieträgern vor.

Nach derzeitigen Kenntnisstand sind Braun- und Steinkohlevorräte für kommende Generationen in ausreichendem Maße vorhanden. Durch die geographisch breite Streuung der Kohleressourcen ist auch nachhaltig von einer sicheren Verfügbarkeit auszugehen.

Geht man von den Schätzungen der wirtschaftlich förderbaren Weltvorräte an Braunkohle von ca. 520 Mrd. t aus und einer jährlichen Förderung von etwa einer Mrd. t weltweit, so ergibt sich überschlägig bei einer nachhaltigen Förderung in dieser Höhe ein Förderzeitraum von über 500 Jahren. Bezogen auf Deutschland würde bei einem geschätzten Vorrat von ca. 50 Mrd. t und einer jährlichen Förderung von etwa 0,2 Mrd. t die Reserven für die kommenden 250 Jahre ausreichen.[354] Vor dem Hintergrund des geringen Heizwertes von Braunkohle, der einen Transport über größere Entfernungen unrentabel macht, wird fast ausnahmslos eine lagerstättennahe Kraftwerksnutzung vorgenommen.[355] Damit scheiden andere Bezugsmöglichkeiten aus betriebswirtschaftlichen Gründen quasi aus, so das Preis- und Mengenkonditionen im Rahmen längerfristiger Lieferverträge – evtl. mit Anpassungsklauseln – zwischen dem EltVU und Förderunternehmen nachhaltig festgelegt sein dürften.

---

353 Vgl. Eickhoff/Hiller/Rempel [Energieverfügbarkeit, 2000], S. 47.

354 Daten entnommen aus Müller [Elektrizitätswirtschaft, 1998], S. 184-185.

355 Vgl. Eickhoff/Hiller/Rempel [Energieverfügbarkeit, 2000], S. 49.

Die wirtschaftlich gewinnbaren Weltvorräte an Steinkohle liegen nach Schätzungen bei ca. 780 Mrd. t SKE, wobei die jährliche Förderung weltweit bei ca. 3,6 Mrd. t liegt. Dies würde überschlägig bei einer nachhaltigen Förderung in dieser Höhe einem Förderzeitraum von über 200 Jahren entsprechenden.[356] Aufgrund der geringen Vorkommen und im Weltvergleich teuren Gewinnung in Europa erfolgt die Versorgung der europäischen EltVU mit Steinkohle im wesentlichen durch Importe aus Südafrika, Nord- und Südamerika. Da auch zukünftig von einem – derzeit bestehenden – Überangebot an Steinkohle auszugehen ist, dürften die Preise tendenziell stagnieren oder fallen. Nach der o.g. Energieprognose der Prognos AG und des EWI wird z.B. von einem Rückgang des Steinkohlepreises von 46,5 €/t SKE in 2005 auf 45,5 €/t SKE in 2020 ausgegangen.[357] Dies entspräche einer nachhaltigen Veränderungsrate $p_{Steinkohle}$ von –0,15 %.

Die sicher gewinnbaren Reserven an Erdgas belaufen sich auf knapp 150 Billionen m^3. Geht man von einer nachhaltigen Förderung auf dem Niveau des Jahres 2000 von knapp 2,5 Billionen m^3 aus, liegt die Förderungsdauer bei etwa 60 Jahren. Im Vergleich zu Kohle sind die Vorkommen weniger breit gestreut. So liegt der Großteil der Erdgasreserven in der Russischen Föderation (Anteil an Weltreserven 2000: 32 %) und im Nahen Osten (35 %).[358] Dabei handelt es sich um politisch relativ instabile Regionen, die beispielsweise durch Preisabsprachen oder Angebotsverknappung den Erdgasmarkt zukünftig verzerren können. Zusammen mit der im Vergleich zu Kohle verhältnismäßig geringen Verfügbarkeit kann es nachhaltig zu Preiserhöhungen kommen.[359] Nach der oben bereits erwähnten Energieprognose der Prognos AG und des EWI wird z.B. von einem Steigerung des Erdgaspreises von 0,98 ct/kWh in 2005 auf 1,28 ct/kWh in 2020 ausgegangen.[360] Dies entspräche einer nachhaltigen Veränderungsrate p_{Erdgas} von 1,8 %.

5.3.2.1.2 Stromerzeugung in Kraft-Wärme-Kopplungsanlagen

In Kraft-Wärme-Kopplungsanlagen (KWK-Anlagen) wird die bei der Stromerzeugung anfallende Abwärme genutzt, um als Fernwärme zu Heizzwecken oder als industrielle Prozesswärme Verwendung zu finden. Die Vorteile der KWK resultieren im Vergleich zur getrennten Strom- und Wärmeerzeugung[361] zum einen

356 Daten entnommen aus Müller [Elektrizitätswirtschaft, 1998], S. 179.

357 Vgl. Schlesinger/Schulz [Energiemarkt, 2000], S. 109.

358 Vgl. ESSO [Oeldorado 2001], S. 6 (Publikation der ExxonMobile Central Europe Holding GmbH, Hamburg; abrufbar unter www.esso.de).

359 Dabei ist zu berücksichtigen, dass der Erdgaspreis grundsätzlich an den Ölpreis gebunden ist. Vgl. im Einzelnen Müller [Elektrizitätswirtschaft, 1998], S. 198.

360 Vgl. Schlesinger/Schulz [Energiemarkt, 2000], S. 109.

361 Das bedeutet, Stromerzeugung in einem konventionellen Kraftwerk und Wärmeerzeugung direkt beim Verbraucher (z.B. in einer Öl- oder Gasheizung).

aus dem geringeren Einsatz an fossilen Brennstoffen, um die gleiche Energiemenge zu erzeugen, und zum anderen aus der niedrigeren Umweltbelastung vor allem durch niedrigere CO_2-Emissionen. Aufgrund dieser Vorteile wurde die KWK Gegenstand energie- und umweltpolitischer Einflussnahme durch staatliche Förderung, da die KWK ansonsten im Vergleich zur getrennten Strom- und Wärmeversorgung nicht wettbewerbsfähig bleiben würde. Dies ist einerseits der Fall, wenn die Preise für Heizöl und -gas relativ niedrig liegen und den Fernwärmepreis entsprechend drücken.[362] Anderseits sind mit der Übertragung und Verteilung der Fernwärme erhebliche Investitions- und laufende Auszahlungen verbunden.[363]

Vor dem Hintergrund des nationalen Klimaschutzprogramms der Bundesregierung wurde am 25.Juni 2001 mit der deutschen Wirtschaft eine Vereinbarung zur Minderung der CO_2-Emissionen und der Förderung der KWK getroffen. Kern der Vereinbarung war die Selbstverpflichtung der EltVU, KWK-Anlagen zu erhalten, modernisieren und zuzubauen. Sollten die in der Vereinbarung angestrebten CO_2-Minderungen nicht erreicht werden, empfiehlt die Bundesregierung eine Quotenregelung.[364]
Flankiert worden ist diese Verpflichtung durch das am 1. April 2002 inkraftgetretene neue Kraft-Wärme-Kopplungsgesetz (KWKG), welches das bis dahin bestehende alte Kraft-Wärme-Kopplungsgesetz abgelöst hat.[365] Ziel des neuen KWKG ist es, bis 2005 bzw. bis 2010 jeweils eine Minderung der jährlichen CO_2-Emissionen in einer bestimmten Größenordnung zu erreichen (§ 1 Abs. 1 KWKG). Dabei wird die Zieleinhaltung vom Gesetzgeber gem. § 12 KWKG zwischenzeitlich überprüft, mit der Möglichkeit bei Nichteinhalten geeignete Maßnahmen zur Zielerreichung vorzuschlagen. Das Hinwirken auf die Emissionsziele dürfte für eigenerzeugende EltVU in bestimmten Umfang Investitionen in KWK-Anlagen zur Folge haben, sei es auf freiwilliger Basis oder durch Maßnahmen des Gesetzgebers. Damit wären entsprechende Auswirkungen auf die Diskontierungsreihen für Einzahlungen und Auszahlungen verbunden.

Bei den Erzeugungsanlagen ist die Ausrüstung mit der benötigten KWK-Technik zu berücksichtigen. Für die Verteilung der erzeugten Wärme werden ein Fernwärmenetz, das die Nutzwärme in Form von Wasserdampf oder Wasser höherer Temperatur zu den Verbrauchern liefert, sowie entsprechende Wärmeübergabesta-

---

362 Vgl. Müller [Elektrizitätswirtschaft, 1998], S. 260.

363 Beispielsweise liegen die Preise für wärmeisolierte Fernwärmeleitungen um das mehrfache über den Preisen von Gasleitungen. Vgl. Müller [Elektrizitätswirtschaft, 1998], S. 273.

364 Vgl. Vereinbarung zwischen der Regierung der Bundesrepublik Deutschland und der deutschen Wirtschaft zur Minderung der CO_2-Emissionen und der Förderung der Kraft-Wärme-Kopplung vom 9.11.2000, Berlin 2001, S. 1-5.

365 Vgl. auch Abschnitt 5.2.3.2.3.2.

tionen und Wärmeverbrauchsanlagen beim Kunden benötigt.[366] Entsprechend sind folgende Größen im Bewertungsmodell zu berücksichtigen:

- Investitionen in KWK-Anlage (Erhalt, Modernisierung und Zubau)
- Investitionen in Fernwärmenetz
- laufender Betrieb, Wartung und Reparatur
- Umsatzerlöse aus Wärmeabgabe

Bei den Investitionen in Fernwärmenetze handelt es sich wie bei den Erzeugungsanlagen um relativ langlebige Wirtschaftsgüter (vgl. Abschnitt 5.3.1.1). So beträgt etwa nach den AfA-Tabellen die mittlere Nutzungsdauer für kanalverlegte Fernwärmeleitungen 25 Jahre und für Fernwärmeübergabestationen 20 Jahre.[367] Bereits mit der ersten Periodizität werden 92 % bzw. 87 % des Barwerts der Investitionskette (bei nachhaltig gleich hohen Auszahlungsbeträgen) erreicht (vgl. Tabelle 15). Die Restwerte ab der zweiten Periodizität bzw. dem ab dem zweiten Glied der Investitionskette haben demnach für die Planung eine relativ geringe Bedeutung.

5.3.2.1.3 Berücksichtigung von Emissionen

Bisher können EltVU Treibhausgase[368], die bei der Stromerzeugung durch Verbrennung fossiler Energieträger entstehen, kostenfrei emittieren. Mit Verabschiedung des Kyoto-Protokolls im Dezember 1997 einigten sich 38 Industrienationen auf Ziele zur Reduktion ihrer Treibhausgas-Emissionen. Zwar ist das Kyoto-Protokoll bis heute nicht ratifiziert worden, was vor allem an der Haltung der USA liegt. Es zeichnet sich jedoch innerhalb der EU ab, dass ein System zur Treibhausgasreduzierung installiert wird. So plant die EU, im Jahr 2005 den Handel mit Emissionszertifikaten aufzunehmen.[369]

Emissionszertifikate berechtigen ein EltVU, Treibhausgase in Höhe des verbrieften Zertifikatwertes innerhalb der Zertifikatlaufzeit zu emittieren.[370] Dabei werden soviel Zertifikate an die emittierenden Unternehmen ausgeben, bis der gesamte Emissionswert einem vorgegebenen Emissionsziel entspricht. Ein EltVU muss mindestens Zertifikate in Höhe ihrer Emissionen besitzen. Die Ausgabe der Zerti-

---

366 Vgl. Müller [Elektrizitätswirtschaft, 1998], S. 260-267.

367 Entnommen aus Müller [Elektrizitätswirtschaft, 1998], S. 102.

368 Zu den Treibhausgasen zählen Kohlendioxid, Methan, Distickstoffoxid und diverse Fluorkohlenwasserstoffe, wobei der Großteil auf Kohlendioxid (weltweit ca. 75 – 80 %) entfällt. Vgl. Flatnitzer/Herrmann/Mohnhaupt/Scholtissek [Herausforderung, 2001], S. 32.

369 Vgl. Flatnitzer/Herrmann/Mohnhaupt/Scholtissek [Energieversorger, 2001], S. 338-340.

370 Vgl. Mittendorf [Emissionshandel, 2001], S. 27.

fikate durch die Staaten kann durch Gratisverteilung, Versteigerung oder Ausgabe zum Festpreis erfolgen.[371] Daneben haben EltVU die Möglichkeit, benötigte Zertifikate am Markt zuzukaufen oder überschüssige zu veräußern.

Der Erwerb von Emissionszertifikaten bedeutet für EltVU zunächst eine nachhaltige Belastung, da nach Ablauf der Zertifikatsdauer neue Zertifikate in Höhe der erwarteten Emissionen zu erwerben sind. Die Bestimmungsgleichung für die Emissionsentgelte EmEnt der eingesetzten fossilen Energieträger $ET_1,...,ET_n$ lässt sich wie folgt formulieren:

$$EmEnt = \sum_{ET=ET_1}^{ET_n} P_{EmZert} \cdot ME_{ET} \cdot Em_{ET}$$

mit P_{EmZert} Preis eines Emissionszertifikats in [€/t CO_2]
ME_{ET} Strommenge in [MWh], die mit einem bestimmten fossilen Energieträger erzeugt werden soll
Em_{ET} spezifische CO_2-Emission eines eingesetzten fossilen Energieträgers in [t CO_2/MWh]

Nach dieser Gleichung kann eine Senkung der Emissionsentgelte durch Verringerung der Strommenge (z.B. Stilllegung emissionsintensiver Erzeugungsanlagen oder Substitution durch emissionsarme/-lose Anlagen) und der spezifischen CO_2-Emission (z.B. effizientere Brennstoff- oder Filtertechnologie)[372] erfolgen. Gleichzeitig werden mit der Emissionsvermeidung Zertifikate in Höhe der Reduktion nicht mehr benötigt, die am Markt veräußert werden können und die zu Erlösen beim EltVU führen. Die Durchführung von Vermeidungsmaßnahmen ist dann unternehmenswerterhöhend, solange der Barwert der Auszahlungsreihe für die Emissionsreduzierung[373] geringer ausfällt als der Barwert der Zertifikatserlöse. In Abbildung 24 ist dieser Sachverhalt exemplarisch dargestellt. Danach liegt die optimale Emissionsreduktion dort, wo die Differenz der Barwerte der Erlös- und Auszahlungsreihe (BW_2-BW_1) ein Maximum aufweist.

---

371 Vgl. im Einzelnen Mittendorf [Emissionshandel, 2001], S. 28; Flatnitzer/Herrmann/Mohnhaupt/Scholtissek [Herausforderung, 2001], S. 33.

372 Im Bewertungsmodell kann dies durch Verknüpfung mit einer entsprechenden Veränderungsrate für die Verringerung der spezifischen CO_2-Emission berücksichtigt werden.

373 Dies sind z.B. Investitionen in Vermeidungstechnologien oder Brennstoffeinsparungen.

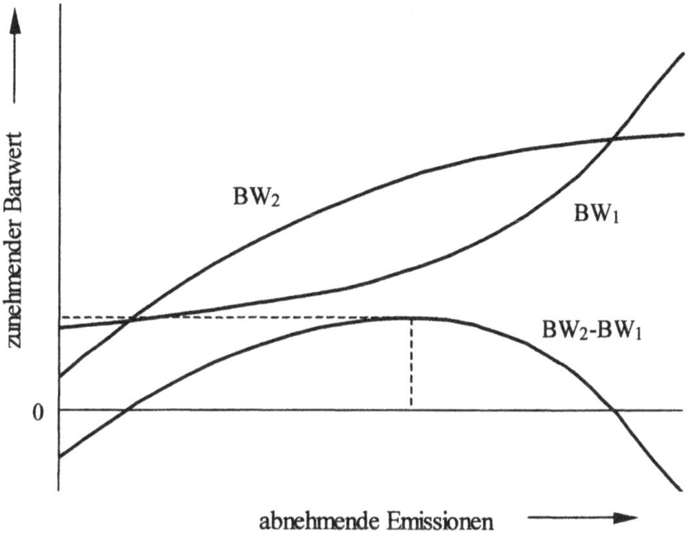

Abbildung 24: Verlauf der Barwerte beim Verkauf von Zertifikaten in Abhängigkeit vom Grad der Emissionsreduzierung
(eigene Darstellung)

Im anderen Fall, wenn ein EltVU seine in den Zertifikaten verbrieften Emissionswerte überschreitet oder Zertifikate erst zu einem späteren Zeitpunkt etwa im Zuge einer Kapazitätserweiterung benötigt, bietet sich die Möglichkeit, Emissionszertifikate von anderen EltVU zu erwerben. Alternativ können aber auch Maßnahmen ergriffen werden, bestehende Emissionen zu reduzieren bzw. bei Neuinvestitionen auf emissionsarme Erzeugungstechnologien zurückzugreifen. Dadurch würden sich die Auszahlungen für Zertifikate entsprechend der reduzierten Emissionsmenge verringern. Die Abbildung 25 spiegelt diesen Sachverhalt beispielhaft wieder. Danach liegt die optimale Emissionsreduktion dort, wo die Summe der Barwerte der Auszahlungsreihen für Vermeidungsmaßnahmen und den Zukauf von Zertifikaten (BW_1+BW_2) minimal ist.

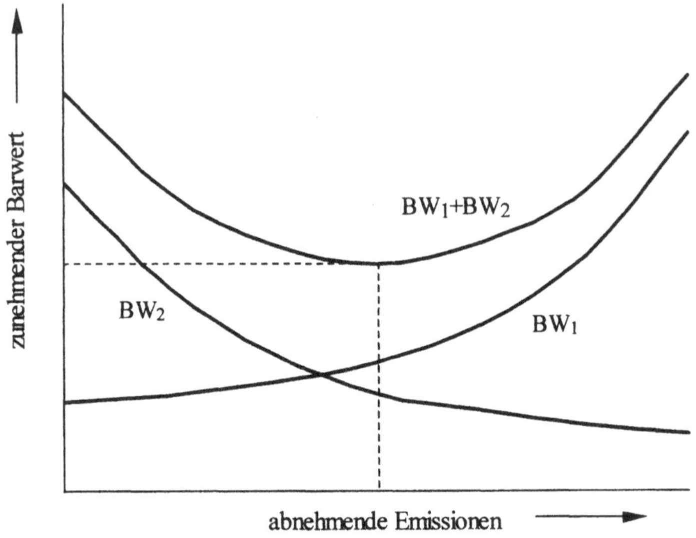

BW_1 Barwert der Investitionsauszahlungen und eingesparten Auszahlungen bei der Emissionsreduzierung
BW_2 Barwert für den Zukauf von Emissionszertifikaten

Abbildung 25: Verlauf der Barwerte beim Zukauf von Zertifikaten in Abhängigkeit vom Grad der Emissionsreduzierung
(eigene Darstellung)

In den beiden oben beschriebenen Fällen hängt die Entscheidung, in welchem Umfang eigene Emissionsreduktionen vorgenommen werden, maßgeblich vom zukünftig erwarteten Zertifikatspreis ab. In der Literatur finden sich je nach Ausgestaltung eines EU-weiten Handelssystems unterschiedliche Modellberechnungen bzw. Szenarien, die von einem Marktpreis für ein Zertifikat von ca. 20 bis 30 € je t CO_2 jährlich ausgehen und als Ansatzpunkt für die Bewertung dienen können.[374]

374 Vgl. etwa Flatnitzer/Herrmann/Mohnhaupt/Scholtissek [Herausforderung, 2001], S. 33; Metzger/Pelchen [Handelssystem, 2001], S. 36.

5.3.2.2 Erneuerbare Energien

Zu den erneuerbaren Energieträgern, die zur Stromerzeugung Verwendung finden, sind Wasserkraft, Windkraft, Photovoltaik, Biomasse, Geotherme, Deponie-, Gruben- und Klärgas sowie – allerdings umstritten – die Müllverbrennung zu rechnen. In Deutschland betrug 1999 der Anteil erneuerbarer Energien an der Netto-Stromerzeugung etwa 6 %. Die wesentlichen Anteile davon machten die Wasserkraft mit 4 % und die Windkraft mit 1 % aus.[375]

5.3.2.2.1 Subventionierung durch Abnahme- und Vergütungspflicht

Mit dem am 1. April 2000 inkraftgetretenen Gesetz für den Vorrang Erneuerbarer Energien (Erneuerbare-Energien-Gesetz – EEG)[376] wurde das Stromeinspeisungsgesetz (StrEG) von 1990[377] abgelöst. Im Einklang mit der EU ist es gem. § 1 EEG Ziel des Gesetzes, eine nachhaltige Entwicklung der Stromversorgung aus erneuerbaren Energien zu ermöglichen, um mindestens eine Verdopplung des Anteils an erneuerbaren Energien am gesamten Stromverbrauch bis zum Jahr 2010 zu erreichen.[378] Bis auf die Müllverbrennung findet das EEG Anwendung auf alle o.g. erneuerbaren Energieträger. Für Strom aus erneuerbaren Energien besteht eine Abnahme- und Vergütungspflicht (§ 3 EEG), d.h. ein Netzbetreiber ist gem. § 3 Abs. 1 EEG verpflichtet:

1. Erzeugungsanlagen auf Basis erneuerbarer Energieträger an sein Netz anzuschließen,
2. das Gesamtangebot an Strom aus diesen Anlagen vorrangig abzunehmen,
3. den eingespeisten Strom nach Maßgabe der §§ 4-8 EEG zu vergüten.

Zum anderen ist nach § 3 Abs. 2 EEG der vorgelagerte Übertragungsnetzbetreiber wiederum verpflichtet, den vom Netzbetreiber aufgenommen Strom zu den gleichen Konditionen wie in den §§ 4-8 EEG abzunehmen. Um die Belastungen auf alle Übertragungsnetzbetreiber gleichmäßig zu verteilen, ist in § 11 EEG eine bundesweite Ausgleichsregelung getroffen worden. Dabei haben die Übertragungsnetzbetreiber untereinander einen Ausgleich der abgenommenen Energiemengen und gezahlten Vergütungszahlungen derart vornehmen, dass jeder Über-

---

375 Vgl. Wagner [Nutzung, 2000], S. 12.

376 Vgl. Gesetz für den Vorrang Erneuerbarer Energien vom 29.03.2000 (BGBl. I, S. 305). Zuletzt geändert durch Artikel 7 des Gesetzes vom 23.07.2002 (BGBl. I, S. 2778).

377 Vgl. Fn. 9.

378 Allerdings ist im EEG nicht angegeben, welche Bezugsbasis für die Verdopplung heranzuziehen ist. Geht man von einem Wert von 6 % für 1999 aus, würde sich für 2010 ein Mindestziel von 12 % ergeben.

tragungsnetzbetreiber gemessen an seiner Gesamtstrommenge, die er mittelbar oder unmittelbar an Letztverbraucher abgibt, mit dem gleichen Anteil belastet wird (§ 11 Abs. 1-3 EEG). Anschließend besteht nach § 11 Abs. 4 EEG für EltVU, die Letztverbraucher beliefern, die Verpflichtung, von ihren regelverantwortlichen Übertragungsnetzbetreibern den Strom anteilig zu einem durchschnittlichen Vergütungssatz[379] abzunehmen. Im Endeffekt werden somit alle Letztverbraucher beliefernde EltVU mit dem relativ gleichen Anteil zur Stromabnahme und -vergütung verpflichtet. Das bedeutet, dass ein Stromlieferant, der x % des bundesweit an Letztverbraucher gelieferten Strom vertreibt, verpflichtet ist, x % des gesamten aus erneuerbaren Energien eingespeisten Stroms abzunehmen und mit dem Durchschnittssatz zu vergüten.[380]

5.3.2.2.2 Auswirkungen der Abnahme- und Vergütungspflicht

Die relativ komplizierten Regelungen zur Vergütung- und Abnahmepflicht von Strom aus erneuerbaren Energien sind mit unterschiedlichen Auswirkungen auf die Diskontierungsreihen der Erzeugungsauszahlungen der beteiligten EltVU verbunden.

Für reine Betreiber von Erzeugungsanlagen, sog. Independent Power Producer (IPP), bedeutet die Vergütungs- und vorrangige Abnahmepflicht verbunden mit der Zielsetzung einer nachhaltigen Entwicklung erneuerbarer Energien eine langfristige Investitionssicherheit. So beträgt die Dauer der in den §§ 4-8 EEG festgelegten Mindestvergütung nach § 9 EEG grundsätzlich 20 Jahre.[381] Innerhalb dieses Zeitraums sind die Vergütungssätze konstant[382], so dass Schwankungen bei den Umsatzerlösen nur auf die Erzeugungsmenge zurückzuführen sind. Dies führt zu relativ stabilen Entgelten, die zur Deckung der Investitionen und für Betrieb und Wartung bereitstehen. Zudem entfallen im Vergleich zu fossilen und atomaren Brennstoffen bei erneuerbaren Energien die Schwankungen der Brennstoffpreise, da keine Brennstoffbeschaffung im Bewertungsmodell zu berücksichtigen ist. Auch liegen keine Knappheitsprobleme vor, weil erneuerbare Energieträger nicht durch Abbau von begrenzten Lagerstätten gewonnen werden. Allerdings bestehen Unsicherheiten aufgrund der Abhängigkeit der Erzeugungsmenge und

---

379 Der Vergütung errechnet sich nach § 11 Abs. 4 S. 5 EEG aus dem Durchschnitt der von der Gesamtheit der Netzbetreiber je kWh gezahlten Vergütungen.

380 Vgl. Oschmann [Gesetz, 2000], S. 462-463.

381 Dies gilt nicht für Strom aus Wasserkraft. Obwohl im Gesetz keine Vergütungsdauer dafür angegeben ist, kann von einem Zeitraum über mehrere Jahrzehnte ausgegangen werden. Vgl. Oschmann [Gesetz, 2000], S. 462.

382 Für Biomasse, Windkraft und solare Strahlungsenergie verringert sich die konstante Vergütung beginnend mit dem Jahr 2002 für in folgenden Jahren in Betrieb genommene Anlagen um einen festen Prozentsatz.

des Erzeugungszeitpunkts von den jeweiligen Umweltbedingungen, insbesondere bei Windkraft (durch Windgeschwindigkeit und -richtung), bei Photovoltaik (durch Intensität der Sonnenstrahlung) und bei Wasserkraft (durch Niederschlagsmenge).

Weitere Unsicherheiten ergeben sich durch potentielle gesetzliche Änderungen des EEG, da relativ wenige Gesetze 20 Jahre und länger in der gleichen Form bestehen bleiben. Zu denken ist hier beispielsweise an eine Reduzierung der Vergütungssätze oder eine Verringerung der Vergütungsdauer.[383]

Abnahme- und vergütungspflichtige Netzbetreiber, die nur im Bereich der Übertragung und Verteilung tätig sind, übernehmen nunmehr zusätzlich die Funktion eines Stromhändlers[384], indem sie den An- und Verkauf des Stroms aus erneuerbaren Energieträgern abwickeln müssen. Dadurch werden zum einen Umsatzerlöse aus dem Verkauf an den vorgelagerten Übertragungsnetzbetreiber generiert. Auf der anderen Seite entstehen Belastungen aus dem Ankauf des Stroms vom Betreiber der Erzeugungsanlage sowie für die Erfassung und Abrechnung der Strommengen und -vergütungen. Für Übertragungsnetzbetreiber fallen zusätzliche Belastungen an, die mit dem Ausgleich der abgenommenen Energiemengen und gezahlten Vergütungszahlungen gegenüber anderen Übertragungsnetzbetreibern verbunden sind.

Für EltVU, die Letztverbraucher versorgen, bedeutet die anteilige Abnahme- und Vergütungspflicht gegenüber den regelverantwortlichen Übertragungsnetzbetreibern eine Einschränkung der Entscheidungsfreiheit bei der Strombeschaffung durch Eigen- und/oder Vertragserzeugung. Aufgrund der Zielsetzung einer Verdopplung des Anteils aus erneuerbaren Energien bis zum Jahr 2010 erhöht sich entsprechend der Anteil des abnahmepflichtigen Stroms am gesamten Stromabsatz. Bei einem Anteil des aus erneuerbaren Energien eingespeisten Stroms am gesamten Stromverbrauch in Deutschland von 6 % liegt der Anteil des abnahmepflichtigen Stroms eines EltVU ebenfalls bei 6 % bezogen auf den Gesamtstromabsatz. Würde die Zielsetzung des EEG nach einer Verdopplung des Anteils auf 12 % erreicht, steigt der abnahmepflichtige Stromanteil eines EltVU auf 12 %. Dies führt in der Diskontierungsreihe tendenziell zu höheren Belastungen, da eine günstigere Vertragserzeugung zu Marktpreisen bzw. Eigenerzeugung zugunsten erneuerbarer Energien quasi verdrängt wird. Die Folge könnte dann ein Abbau eigener Überkapazitäten in der Eigenerzeugung sein, um hier nachhaltig Einspa-

383 Zur Investitionssicherheit vor dem Hintergrund rechtlicher Aspekte des EEG vgl. Bönning [Investitionssicherheit, 2000], S. 270.

384 Vgl. Salje [Vorrang, 2000], S. 131.

rungen bei den Investitionen sowie bei Betrieb, Wartung und Reparatur zu erzielen.

5.3.2.3 Kernenergie

Für die Stromerzeugung aus Kernenergie wird als Brennstoff angereichertes Uran in Form von Brennstäben verwendet. Nach Abbrennen der Brennelemente besteht neben der Zwischen- bzw. Endlagerung auch die Möglichkeit der Wiederaufbereitung. In Deutschland lag 1999 der Anteil der Kernenergie an der Netto-Stromerzeugung bei 35 %.[385]

5.3.2.3.1 Auswirkungen des Atomausstiegskonsens

Im Juni 2000 hatten sich die Bundesregierung (SPD und Grüne) und die deutschen Kernkraftwerksbetreiber EON, RWE, EnBW und HEW auf einen Atomkonsens zum Ausstieg aus der Kernenergie zur Stromerzeugung geeinigt, der am 11. Juni 2001 von den Parteien unterzeichnet wurde. Kernpunkt der Vereinbarung sind Regelungen, auf welche Weise die künftige Nutzung der vorhandenen Kernkraftwerke in Deutschland befristet wird. Durch Novellierung des Atomgesetzes im April 2002 wurden die getroffenen Vereinbarung gesetzlich flankiert.[386]

Die Betriebsberechtigung eines Kernkraftwerks endet, wenn die vorher für jede atomare Anlage festgelegte Reststrommenge erreicht worden ist. Die Reststrommenge errechnet sich aus der Multiplikation einer für jede Anlage zugrundegelegten Regellaufzeit von 32 Kalenderjahren mit der um 5,5 % erhöhten, für jedes Kraftwerk ermittelten durchschnittlichen jährlichen Referenzmenge.[387] Dabei besteht die Möglichkeit, Strommengen von einem Kernkraftwerk auf ein anderes zu übertragen.[388]

Mit der Möglichkeit der Übertragung von Strommengen zwischen den atomaren Anlagen können die EltVU Einfluss auf die Zeitpunkte für die Beendigung des

---

385 Vgl. VDEW [Strommarkt, 2000], S. 43.

386 Vgl. Gesetz zur geordneten Beendigung der Kernenergienutzung zur gewerblichen Erzeugung von Elektrizität vom 22.04.2002 (BGBl. I S. 1351).

387 Vgl. § 7 Abs. 1a AtG u. Anlage 3 AtG. Mit der Erhöhung der durchschnittlichen Referenzmenge um 5,5 % soll die technische Optimierung, die Leistungserhöhung einzelner Anlagen und die durch die Liberalisierung veränderte Reservepflicht zur Netzstabilisierung berücksichtigt werden. Vgl. Vereinbarung zwischen der Bundesregierung und den Energieversorgungsunternehmen vom 14. Juni 2000, Berlin 2000, S. 4.

388 Sofern die empfangene Anlage später in Betrieb ging als die abgebende Anlage. Vgl. § 7 Abs. 1b AtG.

Kraftwerkbetriebs nehmen. Entsprechend ergeben sich Auswirkungen auf die Diskontierungsreihen der Auszahlungen. So können Strommengen von Anlagen, die relativ hohe Auszahlungen verursachen auf Anlagen mit niedrigen Auszahlungen übertragen werden, mit der Folge das unwirtschaftlich betriebene Anlagen tendenziell früher und wirtschaftlich betriebene Anlagen tendenziell später abgeschaltet werden. Sofern die früher abgeschalteten Kernkraftwerke Überkapazitäten aus Sicht des EltVU darstellen und die später abgeschalteten Anlagen durch andere Kapazitäten ersetzt werden müssen, verschiebt sich der Ersatzzeitpunkt entsprechend nach hinten. Aufgrund der damit verbundenen höheren Abzinsung der Auszahlungsreihe für die Ersatzinvestition nimmt deren Relevanz gemessen am Barwert der gesamten Auszahlungsreihe ab.

Für EltVU, die bisher Strom in eigenen Kernkraftwerken erzeugen, stellt sich das Problem, wie die wegfallenden Erzeugungskapazitäten – soweit sie nicht dem Abbau bestehender Überkapazitäten dienen – nach Betriebsende eines Kernkraftwerks zu kompensieren sind. Als Alternativen bieten sich hier an:

- Substitution durch andere Energieträger in der Eigenerzeugung
- verstärkter Fremdbezug, insbesondere von ausländischen Stromerzeugern

Da die Kernenergie aufgrund der geringen variablen Kosten vornehmlich im Grundlastbereich eingesetzt wird [389], kommen als Substitute in der Eigenerzeugung der verstärkte Einsatz von Erdgas und Kohle in Betracht, da diese eine sichere, d.h. dauerhafte und gleichbleibende, Stromversorgung insbesondere für die energieintensive Industrie gewährleisten. Der adäquate Ersatz durch erneuerbare Energien scheint indes nicht gegeben zu sein. Zum einen dürfte der Bau von Laufwasserkraftwerken zur Deckung des Grundlastbereichs in Deutschland an der Genehmigungsproblematik scheitern. Zum anderen bieten Wasser- und Solarkraft aufgrund der Abhängigkeit von den Wind- bzw. Sonnenverhältnissen nicht die benötigte Versorgungssicherheit.[390]

5.3.2.3.2 Auswirkungen des Steuerentlastungsgesetzes 1999/2000/2002 auf die steuerrechtliche Bewertung von Rückstellungen im Bereich der Kernenergie

Rückstellungen im Kernenergiebereich sind von den EltVU zu bilden, um den Stillegungs-, Beseitigungs- und Entsorgungsverpflichtungen nachzukommen.

389 Zum Einsatz von Kraftwerkstypen in den unterschiedlichen Lastbereichen (Grund-, Mittel- und Spitzenlast) vgl. Müller [Elektrizitätswirtschaft, 1998], S. 308-311.

390 Vgl. Eickhoff/Hiller/Rempel [Energieverfügbarkeit, 2000], S. 47-51; Wagner [Nutzung, 2000], S. 10-12.

Diese umfassen die Kernkraftwerke, Kernbrennstoffe und kontaminierten beweglichen Wirtschaftsgüter.[391]

Wesentlichen Einfluss auf die Bewertung der Rückstellungen ergeben sich durch das Steuerentlastungsgesetzes 1999/2000/2002[392], auf die im Folgenden explizit eingegangen wird:

- § 5 Abs. 4b EStG: Verbot der Bildung von Aufwandsrückstellungen für Kernbrennelemente, die zur Wiederaufbereitung vorgesehen sind (vgl. Abschnitt 5.3.2.3.2.1)
- § 6 Abs. 1 Nr. 3a d) EStG: Verlängerung der Ansammlungsfrist für Stillegungsverpflichtungen bei Kernkraftwerken von bisher 19 auf 25 Jahre (vgl. Abschnitt 5.3.2.3.2.2)
- § 6 Abs. 1 Nr. 3a e) EStG: Abzinsung von Rückstellungen für die Verpflichtung, ein Kernkraftwerk stillzulegen, mit einem Zinssatz von 5,5 % (vgl. Abschnitt 5.3.2.3.2.2).

5.3.2.3.2.1 Rückstellungsverbot für wiederaufbereitete Kernbrennstoffe

Rückstellungen für wiederaufbereitete Kernbrennstoffe i.S.d. § 5 Abs. 4b EStG, die in der Vergangenheit gebildet wurden, sind gem. § 52 Abs. 14 EStG in dem ersten Veranlagungszeitraum, dessen Veranlagung noch nicht bestandskräftig ist, vollständig aufzulösen.

Soweit die Auflösungsperiode noch in den Bewertungszeitraums fällt, d.h. zeitlich dem Bewertungsstichtag folgt, ist der mit der Gewinnerhöhung verbundene zusätzliche Steueraufwand im Bewertungsmodell zu erfassen.

Nach der alten Regelung minderten Aufwandsrückstellungen für wiederaufbereitete Kernbrennstoffe den steuerpflichtigen Gewinn in der Periode der Rückstellungsbildung. Entsprechend niedrig fallen die Steueraufwendungen in dieser Periode aus. Tritt der Fall der Wiederaufbereitung ein, erfolgt eine erfolgsneutrale Auflösung der Rückstellung. Bei der neuen Regelung wird der steuerpflichtige Gewinn erst in der Periode gemindert, in welcher die Aufwendungen für die Wiederaufbereitung entstehen. Entsprechend reduzieren sich die Steueraufwendungen erst zu einem späteren Zeitpunkt. Die neue Regelung wirkt somit im Vergleich zur alten Vorschrift mindernd auf den Unternehmenswert, da der später entste-

---

391 Vgl. Reinhard [Beurteilung, 1988], S. 338-339.

392 Vgl. Steuerentlastungsgesetz 1999/2000/2002 vom 24.03.1999 (BGBl. I S. 402) mit Änderungen des EStG, zuletzt geändert durch Artikel 1 des Gesetzes vom 15.01.2003 (BGBl. I S. 58).

hende Steuervorteil mit einen relativ niedrigeren Diskontierungsfaktor multipliziert wird.

5.3.2.3.2.2 Rückstellungen für die Stillegungsverpflichtung von Kernkraftwerken

Die Auswirkungen des Steuerentlastungsgesetzes auf die Bewertung der Rückstellungen für die Verpflichtung, ein Kernkraftwerk stillzulegen, umfassen zwei Aspekte:

1. Höhe der jährlichen Rückstellungsbeträge in zukünftigen Perioden
2. Auflösung von Rückstellungsbeträgen, die auf einer Neubewertung der Rückstellung beruht

Zu (1): Die Änderungen bei der Rückstellungsbildung durch Verlängerung des Ansammlungszeitraums von 19 auf 25 Jahre und Abzinsung der Rückstellungen mit einem Zinssatz von 5,5 % wirken auf die Höhe der jährlich zuzuführenden Rückstellungsbeträge. Nach der alten Regelung erfolgte eine Ansammlung des gesamten zu bildenden Rückstellungsbetrages $RückSt_{ges}$ nach 19 Perioden ohne Abzinsung. Der jährlich zuzuführende Rückstellungsbetrag $RückSt_{alt}$ ergab sich aus:

$$RückSt_{ges} = \sum_{t=1}^{19} RückSt_{alt} = 19 \cdot RückSt_{alt} \quad \Rightarrow \quad RückSt_{alt} = \frac{RückSt_{ges}}{19}$$

Nach der neuen Vorschrift erfolgt die Ansammlung des gesamten Rückstellungsbetrages $RückSt_{ges}$ zeitanteilig in gleichen Raten. Dabei sind bei einem Ansammlungszeitraum von 25 Jahren und einer Abzinsung mit 5,5 % die jährlich anfallenden Zinsen aus in Vorperioden zugeführten Rückstellungsbeträgen zusätzlich zur jährlichen Rückstellungsrate $RückSt_{neu}$ zu berücksichtigen (vgl. Abbildung 26).[393]

Die jährliche Rückstellungsrate $RückSt_{neu}$ ergibt sich aus:

$$RückSt_{ges} = \sum_{t=1}^{25} RückSt_{neu} \cdot 1{,}055^{t-1} = 51{,}2 \cdot RückSt_{neu}$$

$$\Rightarrow RückSt_{neu} = \frac{RückSt_{ges}}{51{,}2}$$

393 Vgl. Rogall/Spengel [Abzinsung, 2000], 1236-1237.

Der jährlich zuzuführende Betrag $RückSt^{*}_{neu}$ in Periode t lautet dann:

$$RückSt^{*}_{neu,t} = 1{,}055^{t-1} \cdot RückSt_{neu} = 1{,}055^{t-1} \cdot \frac{RückSt_{ges}}{51{,}2}$$

t=1	t=2	t=3	...	t=25
$RückSt_{neu}$	$0{,}055 \cdot RückSt_{neu}$	$1{,}055 \cdot 0{,}055 \cdot RückSt_{neu}$	...	...
$1{,}055^{0} \cdot RückSt_{neu}$	$RückSt_{neu}$	$0{,}055 \cdot RückSt_{neu}$	...	...
	$1{,}055^{1} \cdot RückSt_{neu}$	$RückSt_{neu}$	...	...
		$1{,}055^{2} \cdot RückSt_{neu}$	...	$RückSt_{neu}$
				$1{,}055^{24} \cdot RückSt_{neu}$

Abbildung 26: Zusammensetzung des jährlich zuzuführenden Rückstellungsbetrages bei einem Ansammlungszeitraum von 25 Jahren und einer Abzinsung mit einem Zinssatz von 5,5 %
(eigene Darstellung)

In Abbildung 27 sind die Verläufe der jährlichen Rückstellungsbeträge nach der alten und neuen Regelung graphisch dargestellt. Hier wird deutlich, dass etwa bis zum 19. Jahr eines Ansammlungszeitraumes die jährlichen Rückstellungsbeträge nach der alten Vorschrift höher ausfallen und damit den steuerpflichtigen Gewinn entsprechend stärker reduzieren. Ab dem 20. bis zum 25. Jahr sind nur noch jährliche Rückstellungsbeträge bei der neuen Regelung zuzuführen, so dass der steuerpflichtige Gewinn in diesen Perioden im Vergleich zur alten Vorschrift geringer ausfällt. Der Steuervorteil wird bei der neuen Regelung somit zeitlich nach hinten verschoben und durch Multiplikation mit relativ niedrigeren Diskontierungsfaktoren $(1+k\cdot(1-s^{ESt}))^{-t}$ im Vergleich zur neuen Regelung abschwächt. Die Auswirkungen auf den Unternehmenswert hängen davon ab, in welches Ansammlungsjahr der Bewertungsstichtag, ab dem der zukünftige Steueraufwand zu erfassen ist, fällt.

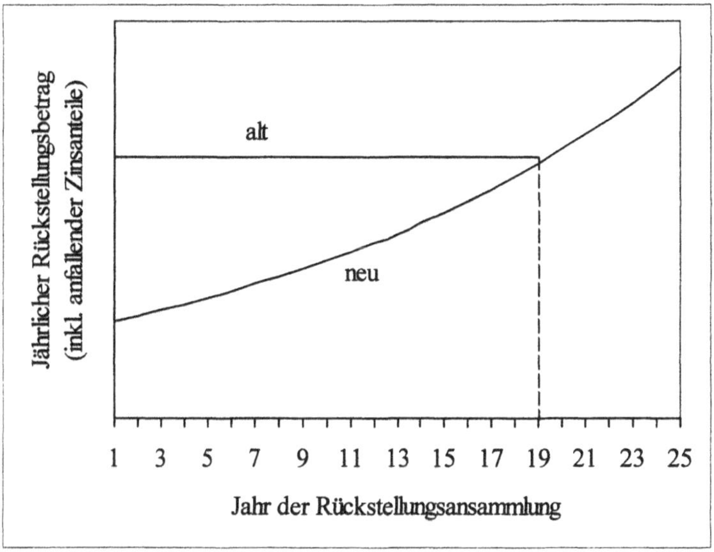

Abbildung 27: Verläufe der jährlichen Rückstellungsbeträge nach der alten und neuen Regelung
(eigene Darstellung)

Zu (2): Zur Rückstellungsauflösung kann gem. § 52 Abs. 16 EStG ab dem ersten nach dem 31.12.1998 folgenden Geschäftsjahr eine den Gewinn mindernde Rücklage gebildet werden. Die Höhe der Rücklage beträgt 9/10 des aufzulösenden Rückstellungsbetrags und ist in den folgenden 9 Jahren mit mindestens 1/9 gewinnerhöhend aufzulösen.

Je nachdem, in welchem Umfang der Auflösungszeitraum vom Bewertungszeitraum erfasst wird, ergibt sich ein zusätzlicher Steueraufwand in den jeweiligen Perioden, der den Unternehmenswert entsprechend mindert. Die Abbildung 28 zeigt die Verläufe der angesammelten jährlichen Rückstellungsbeträge nach der alten und neuen Vorschrift. Danach sind zwei Fälle zu betrachten, bei denen die Rückstellungen nach der alten Regelung:

- noch nicht komplett über den Zeitraum von 19 Jahren angesammelt wurden
- vollständig über den Zeitraum von 19 Jahren hinaus gebildet worden sind.

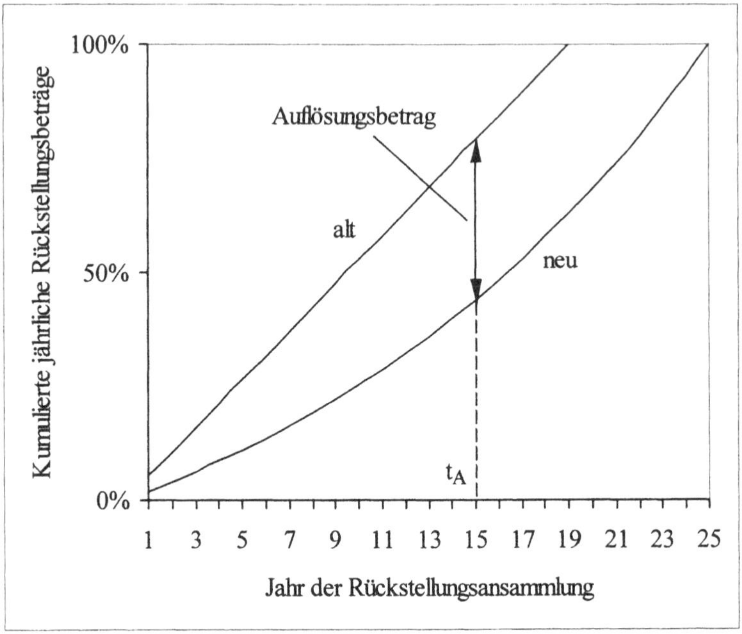

Abbildung 28: Verläufe der kumulierten jährlichen Rückstellungsbeträge nach der alten und neuen Regelung
(eigene Darstellung)

Unter Berücksichtigung dieser beiden Konstellationen ergibt sich der gesamte Auflösungsbetrag zum Beginn des Auflösungszeitraums t_A aus der Differenz zwischen den angesammelten Rückstellungsbeträgen nach alter Regelung und nach neuer Regelung:

$$\text{Auflösungsbetrag}_{t_A} = \begin{cases} t_A \cdot \text{RückSt}_{alt} - \sum_{t=1}^{t_A} \text{RückSt}_{neu} \cdot 1{,}055^{t-1} & \text{für } t_A < 19 \\ 19 \cdot \text{RückSt}_{alt} - \sum_{t=1}^{t_A} \text{RückSt}_{neu} \cdot 1{,}055^{t-1} & \text{für } t_A \geq 19 \end{cases}$$

$$= \begin{cases} t_A \cdot \frac{\text{RückSt}_{ges}}{19} - \frac{\text{RückSt}_{ges}}{51{,}2} \cdot \frac{1{,}055^{t_A} - 1}{0{,}055} & \text{für } t_A < 19 \\ \text{RückSt}_{ges} - \frac{\text{RückSt}_{ges}}{51{,}2} \cdot \frac{1{,}055^{t_A} - 1}{0{,}055} & \text{für } t_A \geq 19 \end{cases}$$

$$\text{Auflösungsbetrag}_{t_A} = \begin{cases} \left(\dfrac{t_A}{19} - \dfrac{1{,}055^{t_A} - 1}{0{,}055 \cdot 51{,}2}\right) \cdot \text{RückSt}_{ges} & \text{für } t_A < 19 \\ \left(1 - \dfrac{1{,}055^{t_A} - 1}{0{,}055 \cdot 51{,}2}\right) \cdot \text{RückSt}_{ges} & \text{für } t_A \geq 19 \end{cases}$$

Geht man von einer Auflösung der Rückstellung von jeweils 1/10 des Auflösungsbetrages über 10 Jahre aus, sind die entsprechenden Erträge aus der Rückstellungsauflösung anteilig bei den steuerpflichtigen Gewinnen zu berücksichtigen. Der dadurch höhere Steueraufwand wirkt sich je nach Diskontierung mindernd auf den Unternehmenswert aus.

5.3.3 Zwischenfazit

Für die Bewertung des Sektors Erzeugung ist zunächst das Entscheidungsproblem der zukünftigen Eigen- und/oder Vertragserzeugung von Bedeutung. Während bei der Eigenerzeugung die langfristige Investitionsplanung in Erzeugungsanlagen, die Auswahl und Beschaffung des Energieträgers sowie der technologische Wandel zu beachten sind, gilt dies bei Vertragserzeugung für die Beschaffungsalternativen von Strom und die Gestaltung der Stromlieferungsvereinbarungen.
Hierbei ist zu zum einen berücksichtigen, dass bereits relativ geringe nachhaltige Veränderungsraten für Brennstoffmengen bzw. fremdbezogene Strommengen und Brennstoffpreise bzw. Fremdbezugspreise im Vergleich zu nachhaltig konstanten Mengen und Preisen verhältnismäßig große Auswirkungen auf den Wert einer Diskontierungsreihe für Beschaffung der Brennstoffe bzw. Fremdstrommengen und mithin auf die Bewertung des Sektors Erzeugung hervorrufen können (vgl. Abschnitt 4.4.3). Gleichzeitig wäre eine Anpassung des Einzelprognosehorizontes vorzunehmen, wenn die Veränderungsraten das Verhältnis von Einzelprognosewert und Residualwert einer Diskontierungsreihe für Beschaffung der Brennstoffe bzw. Fremdstrommengen stark beeinflussen (vgl. Abschnitt 4.4.4).
Zum anderen ist bei Eigenerzeugung zu beachten, dass mit steigender Nutzungsdauer eines Kraftwerkes bzw. der Kraftwerkskomponenten der Anteil des Residualwerts am gesamten Barwert der Investitionskette bereits bei niedriger Periodizität gering ausfällt. Daher kann schon der erste Reinvestitionszeitpunkt bzw. die erste Periodizität der Investitionskette für die Einzelplanung der Kraftwerksinvestitionen ausreichend sein.

Bei EltVU, die Strom in Kernkraftwerken erzeugen, sind steuerrechtliche Änderungen zur Behandlung atomarer Rückstellungen im Bewertungsmodell abzubilden. Im einzelnen handelt es sich um das Verbot der Bildung von Aufwandsrückstellungen für wiederaufbereitbare Kernbrennstäbe, die Verlängerung der Ansammlungsfrist für Stillegungsverpflichtungen und das Abzinsungsgebot für Rückstellungen bei Stillegungsverpflichtungen. Damit verbunden sind entsprechende Auswirkungen auf die Aufwandskomponenten und steuerliche Bemessungsgrundlage, die Einfluss auf den Ertragswert nehmen.

5.4 Bewertung des Sektors Sonstige Stromaktivitäten

In diesem Abschnitt sollen Bewertungsaspekte behandelt werden, die in relativ engem Zusammenhang zu den Stromaktivitäten stehen. Diese sind das Anbieten spezieller Energiedienstleistungen (Least-Cost-Planning und Contracting) und Aktivitäten im Telekommunikationssektor (Powerline Communication und paralleler Aufbau von Telekommunikationsnetzen entlang von Stromkabeltrassen).

5.4.1 Anbieten spezieller Energiedienstleistungen

5.4.1.1 Least-Cost-Planning

Das Konzept des Least-Cost-Planning (LCP) stammt aus der US-amerikanischen Versorgungswirtschaft. Dabei bieten EltVU ihren Kunden Energieeinsparprogramme an. Ein EltVU finanziert durch Gewährung von Zuschüssen einen Teil der energiesparenden Investitionen des Kunden und bietet umfassende Informationen und Beratung zum sparsamen Gebrauch von Energie. Beispielsweise zahlt ein EltVU jedem Käufer eines Kühlschranks, dessen Stromverbrauch unterhalb eines vorgegeben Verbrauchsniveaus liegt, einen Zuschuss von 51 €.[394] oder es wird beim Kunden eine Verbrauchsdiagnose mit Berechnung der Stromeinsparungsmöglichkeiten durchgeführt.[395]

Für den Kunden rechnet sich die Anschaffung des energiesparenden Gerätes aus ökonmischer Sicht, wenn die Summe aus dem Kaufpreis (abzüglich des Zuschusses) und den (diskontierten) zukünftigen Stromzahlungen unterhalb dem entsprechenden Wert eines Gerätes mit höherem Verbrauch und ohne Zuschusszahlung liegt.[396]

Für die Darstellung von LCP-Programmen im Bewertungsmodell von EltVU sind die entsprechenden Wirkungen bei den Diskontierungsreihen zu erfassen [397]:

- Rückgang der Stromabsatzmenge
- Anhebung der Strompreise für Programmteilnehmer (je nach Vereinbarung)
- zusätzlich Auszahlungen für Gewährung von Zuschüssen an Kunden
- Auszahlungen für Durchführung des Einsparprogramms (Marketing, Verwaltung, u.ä.)

---

394 Vgl. Herppich [Evaluierung, 1991], S. 1.

395 Vgl. Engel/Karel/Setzer [Kosten-Nutzen-Analyse, 1996], S. 577.

396 Bei unterstellter gleicher Lebensdauer der Geräte.

397 Vgl. Engel/Karel/Setzer [Kosten-Nutzen-Analyse, 1996], S. 578.

- Einsparung von Brennstoffkosten
- Einsparung von Investitionsauszahlungen für Erzeugungsanlagen einschließlich laufender Auszahlungen für Betrieb, Wartung und Reparatur durch Kapazitätsabbau oder vermiedene Kapazitätserweiterung
- Einsparung von Emissionsentgelten bei fossilen Energieträgern

Die Realisierung von LCP-Programmen dürfte dort werterhöhend sein, wo insgesamt betrachtet hohe Einsparungspotentiale möglich sind. Das bedeutet, dass bei relativ geringen Einsparungsmöglichkeiten eine genügend große Kundenanzahl (vornehmlich Privatkunden) bereitstehen oder bei einer geringen Anzahl von Kunden (Geschäftskunden) das Einsparpotential relativ hoch liegen muss. Bezüglich des Restwerts im Bewertungsmodell ist der Aspekt zu behandeln, in welchem Maße nachhaltig Stromeinsparungen erwartet werden. Hierzu bedarf es einer technischen Abschätzung des zukünftigen Einsparpotentials.

Allerdings ist in einem liberalisierten Strommarkt zu berücksichtigen, ob Kunden bereit sind, sich bei Teilnahme an einem LCP-Programm längerfristig an den Versorger zu binden und auch nach Ablauf eines LCP-Programms weiterhin Strom vom EltVU zu beziehen.[398] Gleichwohl kann ein LCP-Programm als Instrument der Kundenbindung dienen, wenn sich die Programm-Teilnahme für den Kunden rentiert hat.

5.4.1.2 Contracting

Gegenstand des Contracting sind effizienzsteigernde Investitionen beim Kunden, die vom EltVU (Contractor oder Contracting-Geber) durchgeführt werden. Die Refinanzierung erfolgt dabei über die im Investitionszeitraum erreichten Einsparungseffekte beim Kunden (Contracting-Nehmer). Eine weit verbreitete Form ist das Anlagen-Contracting, bei dem der Contractor z.B. Investitionen in Industriekraftwerke für energieintensive Unternehmen tätigt oder das innerbetriebliche Elektrizitätsversorgungssystem vollständig übernimmt.[399]

Das Contracting basiert auf einer vertraglichen Vereinbarung zwischen Contractor und Kunden. Bis zum Laufzeitende des Vertrages bleibt der Contractor Eigentümer der Anlage. In dieser Zeit erhält er vom Kunden Entgelte, die sich an den realisierten Energieeinsparungen orientieren.[400]

---

398 Vgl. Wietschel/Balduf/Schöttle/Rentz [Markt, 1999], S. 320.

399 Vgl. Jeschke [Contracting, 1998], S. 368.

400 Zu den verschiedenen Varianten der Entgeltzahlung vgl. Jeschke [Contracting, 1998], S. 369.

Der Vorteil des Contracting liegt für den Kunden in der Konzentration auf seine Kerngeschäftsfelder durch Outsourcing seiner Strombeschaffungsaktivitäten. Für ein EltVU als Contractor bedeutet das Contracting die Erschließung eines Geschäftsfeldes mit entsprechendem Ertragspotential. Gleichzeitig können bei dezentraler Versorgung eines Kunden mit einem Industriekraftwerk eigene unwirtschaftliche Kapazitäten abgebaut werden, sofern der Kunde vorher vom EltVU mit Strom versorgt worden ist.

Die vertragliche Vereinbarung zwischen Contracting-Anbieter und -Nehmer über die Konditionen der Entgeltzahlungen gibt dem EltVU auf der einen Seite eine gewisse Planungssicherheit. So wird die Refinanzierung durch den Kunden sichergestellt und die Rendite des Contracting-Projekts vorgegeben. Demgegenüber bestehen jedoch Risiken, wenn der Contracting-Nehmer seinen finanziellen Verpflichtungen, beispielsweise aufgrund von Liquiditätsproblemen oder konjunkturbedingten Schwierigkeiten, nicht nachkommen kann. In einer Studie des Instituts für Energietechnik der Technischen Universität Berlin, bei der Contracting-Anbieter nach ihren Erfahrungen befragten wurden, gaben 60 % der Befragten an, dass das finanziellen Ausfallrisiko des Contracting-Nehmers insbesondere bei relativ hochvolumigen Projekten erhebliche Bedeutung hat. Daher spielt die Bonität der Contracting-Nehmer sowie Formen der Eigentumssicherung eine wesentliche Rolle.[401]

Die Abbildung der Contracting-Aktivitäten im Bewertungsmodell ist in Verbindung mit den bisherigen Erfahrungen des zu bewertenden EltVU auf diesem Gebiet sehen. Liegt bereits Datenmaterial über abgewickelte Contracting-Projekte vor, können Informationen wie Schwankungen der erzielten Projektrenditen oder finanzielle Ausfallquoten gewonnen werden. Daraus lassen sich dann zusätzliche Risikozuschläge zum Kalkulationszinssatz bestimmen bzw. Ausfallwahrscheinlichkeiten als Abschläge auf die erwarteten Entgelterlöse ableiten.

5.4.2 Synergieeffekte mit dem Telekommunikationssektor

5.4.2.1 Powerline Communication

Beim Powerline Communication wird das Stromnetz zur kommerziellen Übertragung von Kommunikationssignalen verwendet. Da praktische Erfahrungen im Rahmen von Pilotprojekten erst seit wenigen Jahren vorliegen, sind die Unsicherheiten über die zukünftige Entwicklung dieser Technik relativ hoch.[402]

---

401 Vgl. Franzke/Bosse/Hintze [Praxiserfahrungen, 1997], S. 471-473.

402 Zu einer Übersicht von Pilotprojekten vgl. Hnida [Datentransfer, 2000], S. 48.

Derzeit bestehen zwei Anwendungsgebiete der Powerline Communication: im Outdoor- und Indoor-Bereich. Im Outdoor-Bereich dient das Niederspannungsnetz zur Überbrückung der letzten Meile. Dabei werden an der jeweiligen Ortsnetzstation des Telekommunikationsnetzbetreibers die Daten-, Sprach- und Servicedienste[403] auf das Niederspannungsnetz moduliert und über diese Spannungsebene an den Hausanschlusskasten transportiert. Innerhalb des Gebäudes bedarf es eines Adapters, der Strom und Dienste voneinander trennt und die Kommunikationssignale demoduliert. Im Indoor-Bereich können über die Steckdose die Daten-, Sprach- und Servicedienste an die User verteilt werden. Gleichzeitig ergibt sich die Möglichkeit einer Vernetzung innerhalb des Gebäudes über die vorhandenen Steckdosen. Dadurch entfällt die Notwendigkeit einer separaten Verkabelung für Telefon- und Datendienste.[404]

Die derzeit maximal erreichbaren Übertragungsraten von Powerline Communication liegen bei etwa 2 bis 4 Mbit/s. Diese liegt um das Mehrfache höher als ein ISDN-Anschluss, jedoch wesentlich niedriger als bei einem Glasfaseranschluss, der Übertragungsraten im Bereich von Gbit/s erlaubt. Als potentielle Kunden kommen daher Haushaltskunden sowie kleinere und mittlere Geschäftskunden in Betracht, die hohe Übertragungsraten, z.B. für High-Speed-Internet oder die schnelle Übermittlung großer Datenmengen, nachfragen. Allerdings steht Powerline Commincations in Konkurrenz mit alternativen Übertragungstechniken, wie Digital Subscriber Line (DSL), Richtfunk, TV-Kabelnetz und Glasfaser. Somit dürfte das Preis-Leistungs-Verhältnis wichtiges Entscheidungskriterium des Kunden sein.[405]

Für die Darstellung im Bewertungsmodell ist zu beachten, dass angesichts der noch fehlenden langfristigen Praxiserfahrungen, der geringen kommerziellen Verbreitung und der unzureichend flächendeckenden Verfügbarkeit von Powerline Communications, Akzeptanzprobleme beim Kunden bestehen dürften. Dadurch ist eine Prognose der relevanten Ein- und Auszahlungen mit erheblichen Unsicherheiten behaftet, die durch Verwendung eines adäquaten Risikozuschlags zum Kalkulationszins berücksichtigt werden kann.

Die Investitionsauszahlungen für die Powerline-Technologie fallen zum großen Teil proportional zur Kundenanzahl an. Vor allem sind dies Auszahlungen für die Vernetzung der Transformatorstation des EltVU mit der Ortsnetzstation zur Kopplung des Niederspannungsnetzes an das Telekommunikationsnetz. Daneben

---

403 Als Servicedienste kommen z.B. Stromzählerfernablesung, Fernsteuerung und -wartung elektrischer Geräte wie Heizungen, Haushaltsgeräte oder Alarmanlagen in Betracht. Vgl. Martinez [Powerline-System, 2001], S. 36.

404 Vgl. Martinez [Powerline-System, 2001], S. 34.

405 Vgl. Hnida [Datentransfer, 2000], S. 50.

entstehen Auszahlungen für die Anbindung an das Backbone (etwa über eigenes Glasfasernetz oder durch Zahlung von Interconnenction-Gebühren) und für die Powerline-Module beim Kunden, die vom EltVU getragen oder an den Kunden weitergegeben werden können. Auf der Erlösseite sind je nach Tarifgestaltung feste oder variable Preiselemente denkbar. Im Unterschied zur direkter Anbindung über das Telekommunikationsnetz, bei der i.d.R. eine zeitabhängige Preisgestaltung erfolgt, wird bei Powerline Communication die Abrechnung prinzipiell in Abhängigkeit vom übertragenen Datenvolumen vorgenommen. Für Privatkunden kann zudem eine Flatrate (z.B. monatliche Pauschale) angeboten werden, die bis zu einer bestimmten Datenmenge gültig ist.[406]

5.4.2.2 Paralleler Aufbau von Telekommunikationsnetzen entlang von Stromkabeltrassen

Der Aufbau von Netzen der Telekommunikation parallel zu Stromversorgungsnetzen umfasst die unterirdische Verlegung von Strom- und Kommunikationskabeln. Dies kann zum einen geschehen, indem bei der Stromkabelverlegung (z.B. beim Netzausbau oder Kabelaustausch) gleichzeitig Telekommunikationskabel oder Leerrohre zum späteren Einziehen mitverlegt werden. Eine andere Möglichkeit besteht in der Nutzung bereits bestehender und zugänglicher Stromkabeltrassen, die nachträglich mit Telekommunikationskabeln bzw. Leerrohren bestückbar sind. Interessant ist vor allem die Verlegung von Glasfaserleitungen, mit denen sich im Vergleich zu anderen Übertragungstechniken die höchsten Übertragungsraten realisieren lassen.[407]

Die Vorteile des parallelen Netzaufbaus liegen in den geringeren Auszahlungen im Vergleich zum getrenntem Netzaufbau. Vor allem betrifft dies Auszahlungen, die mit der reinen Verlegung verbunden sind (Aufreißen der Erdoberfläche, Erdausgrabung und -zuschüttung) und den Großteil der Gesamtauszahlungen verursachen, während die Montage- und Materialauszahlungen (für Leerrohre, Leitungsmaterial, Muffen, u.ä.) entsprechend gering ausfallen.[408]

Die Einzahlungen, die sich mit Verlegung von Telekommunikationskabeln bzw. Leerrohren realisieren lassen, können entstehen durch:

- eigenen Betrieb des Telekommunikationsnetzes, sofern das EltVU eine Übertragungswegelinzenz gem. § 6 Abs. 1 Nr. 1 Telekommunikationsgesetz besitzt, und Anbieten von Telekommunikationsdiensten

406 Vgl. Schönberg [Powerline, 2001], S. 42.
407 Vgl. Kraft/Epple [Weitverkehrsnetz, 1999], S. 64.
408 Vgl. Duda/Hönel [Aufbau, 1999], S. 63.

- Vermietung des Telekommunikationsnetzes durch Einräumung des Nutzungsrechts an einem Dritten, der Besitzer einer o.g. Übertragungswegelizenz ist, gegen ein entsprechendes Entgelt

Im Bewertungsmodell ist dabei zu berücksichtigen, dass die Auszahlungen für die Verlegung und die Einzahlungen bei Selbstnutzung oder Vermietung zeitlich relativ weit auseinanderfallen können. Dies wäre der Fall, wenn die Verlegung von Leerrohren als Option für das Einziehen von Telekommunikationskabel zu einem späteren Zeitpunkt betrachtet wird und zum Bewertungsstichtag noch keine konkrete Absicht zur Selbstnutzung oder Vermietung besteht.

5.4.3 Zwischenfazit

Für die Bewertung des Sektors Sonstige Stromaktivitäten wurden Tätigkeitsbereiche betrachtet, die in relativ engen Kontext zu den Stromaktivitäten stehen. Hierbei handelt es sich zum einen um spezielle Energiedienstleistungen und zum anderen um Synergien mit dem Telekommunikationsbereich.

Bei den speziellen Energiedienstleistungen sind vor allem das Least-Cost-Planning und Contracting bewertungsrelevant.
Energieeinsparungsprogramme mit Least-Cost-Planning führen beim Kunden zu sparsamerem Gebrauch von Energie, indem das EltVU durch Gewährung von Zuschüssen einen Teil der energiesparenden Investitionen des Kunden übernimmt. Dabei sinkt der Stromverbrauch des Kunden und mithin der Stromabsatz des EltVU, was gleichzeitig auf die Übertragung und Verteilung sowie auf die Erzeugung wirkt. Entsprechend sind die Wirkungen bei den Diskontierungsreihen der betroffenen elektrizitätswirtschaftlichen Sektoren darzustellen.
Beim Contracting übernimmt das EltVU die Finanzierung effizienzsteigernder Investitionen der Energieversorgung eines Kunden. Die Refinanzierung orientiert sich an den innerhalb des Investitionszeitraums realisierten Energieeinsparungen beim Kunden durch Zahlung entsprechender Entgelte an das EltVU. Im Bewertungsmodell sind neben den Investitionsauszahlungen und erhaltenen Entgelten auch die Wirkungen auf den Sektor Vertrieb (sinkender Stromabsatz), Übertragung und Verteilung (geringerer Bedarf an Übertragungs- und Durchleitungskapazitäten) und Erzeugung (Abbau unwirtschaftlicher Erzeugungskapazitäten, weniger Energieträgereinsatz bzw. Vertragserzeugung) zu erfassen.

Als zwei Aktivitäten des Telekommunikationsbereichs, die Synergiepotentiale mit elektrizitätswirtschaftlichen Sektoren bieten, wurden Powerline Communication und der Parallelaufbau von Telekommunikationsnetzen entlang von Stromtrassen dargestellt.

Mit Powerline Communication werden die bestehenden Stromleitungen zur kommerziellen Übertagung von Telekommunikationssignalen genutzt. Durch Anbieten von Daten-, Sprach- und Servicediensten lassen sich zusätzliche Umsätze generieren. Die damit verbundenen Investitionsauszahlungen entstehen großteils proportional zur Kundenzahl und fallen im wesentlichen für die Kopplung des Niederspannungsnetzes an das Telekommunikationsnetze an. Gleichwohl befindet sich Powerline Communication noch mehr oder minder in der Erprobungsphase, so dass zukünftige Prognosen mit erheblichen Unsicherheiten verbunden sind, die durch Verwendung eines angemessenen Risikozuschlags im Bewertungsmodell berücksichtigt werden können.
Der Parallelaufbau von Telekommunikationsnetzen entlang von Stromtrassen erfolgt durch parallele Verlegung von Strom- und Telekommunikationskabeln bzw. Leerrohren, in die später Telekommunikationsleitungen eingezogen werden können. Umsätze lassen sich generieren, indem die Telekommunikationsleitungen selbst zum Anbieten von Telekommunikationsdienstleistungen genutzt oder an Dritte durch Einräumung des Nutzungsrechts vermietet werden. Ein zeitliches Auseinanderfallen von Verlegung und Nutzung, insbesondere wenn zum Bewertungszeitpunkt keine konkreten Selbstnutzungsabsichten oder Mietinteressenten vorliegen, ist im Bewertungsmodell entsprechend zu berücksichtigen.

5.5 Gesamtbetrachtung der sektoralen Interdependenzen und Synergiepotentiale

5.5.1 Sektorale Interdependenzen

Wie die Ausführungen in den Abschnitten 5.1 bis 5.4 deutlich gemacht haben, bestehen eine Vielzahl von Interdependenzen zwischen den vier dargestellten Sektoren Vertrieb, Übertragung und Verteilung, Erzeugung und Sonstige Stromaktivitäten. Dabei ist für die Bewertung relevant, welche Sektoren vom zu bewertenden EltVU in Anspruch genommen werden. So können EltVU zu bewerten sein, die nur in einem Sektor tätig sind, wie z.B. reine Netzbetreiber, Independent Power Producer oder Stromhändler, und solche, die mehrere Sektoren abdecken. Bei einem vollständig vertikal integrierten EltVU würden dann sämtliche elektrizitätswirtschaftlichen Sektoren wahrgenommen:

- Vorliegen einer eigenen Vertriebsabteilung für Endkunden (Geschäfts- und Haushaltskunden) und Wiederveräußerer von Strom
- Betreiben eigener Übertragungs- und Verteilungsnetze
- Betreiben eigener Erzeugungsanlagen
- Aktivität im Bereich Sonstige Stromaktivitäten[409], insb. das Anbieten von LCP-Programmen und Contracting-Projekten

In Abbildung 29 sind die wesentlichen Einflussgrößen und die Interdependenzen zwischen den einzelnen Sektoren für ein vertikal vollständig integriertes EltVU schematisch dargestellt.

Ausgangspunkt der Betrachtungen ist der Sektor *Vertrieb*. Mit Liberalisierung der Strommärkte stehen sich die EltVU im Wettbewerb um den Kunden gegenüber. Die Kundenfokussierung erfordert im Unterschied zu den früheren Gebiets- und Versorgungsmonopolen eine stärkere Vertriebsorientierung. Für die Bewertung spielen daher Aspekte des Kundenverhaltens, der Kundenbeziehung und -bindung sowie der Tarifgestaltung (Strompreis, -menge und -qualität) eine maßgebliche Rolle.
Um auf Basis dieser Aspekte eine Vertriebsstrategie im Bewertungsmodell abzubilden, bedarf es einer differenzierten Betrachtung und Gestaltung der bewertungsrelevanten Variablen und deren Einflussgrößen sowie bestehender Wirkungszusammenhänge. So kann der Umsatz nach verhaltens- und abnahmeähnlichen Kundengruppen segmentiert werden. Der Umsatz je Kundengruppe setzt sich dann aus den Komponenten Kundenanzahl, durchschnittlicher Strompreis

409 Die Aktivitäten Powerline Communication und Parallelaufbau von Telekommunikationsnetzen entlang von Stromkabeltrassen sind eher dem Telekommunikationssektor zuzuordnen und als horizontal integriert zu betrachten.

und Stromverbrauch je Kunde zusammen. Dabei sind die Wirkungen von Strompreisänderungen auf Verbrauchsänderungen sowie von Strompreisänderungen und verstärkten Vertriebsaktivitäten auf die Kundenzahl zu erfassen. Diese Wirkungszusammenhänge können mit Elastizitätskoeffizienten dargestellt werden.
Entsprechend der Bedeutung des Sektors Vertrieb, der die absetzbare Strommenge, den Lastverlauf und die Versorgungsqualität determiniert, gibt dieser Sektor die Rahmenbedingungen für die Sektoren Übertragung und Verteilung sowie Erzeugung vor.

Im Sektor *Übertragung und Verteilung* ist die Auslegung der Netze maßgeblich von den Kundenanforderungen abhängig:

- zukünftig durchzuleitende Strommenge an Kunden (Endverbraucher bzw. Weiterverteiler)
- vom Kunden geforderte Versorgungsqualität

Vor diesem Hintergrund sind Netzinvestitionen entsprechend den Kundenanforderungen im Bewertungsmodell zu erfassen. Zudem muss der Netzwirkungsgrad berücksichtigt werden, der von den Netzverlusten abhängig ist. Je höher die Netzverluste, desto größer ist die einzuspeisende Strommenge, so dass sich Rückwirkungen auf den Sektor Erzeugung ergeben.

Da Übertragungs- und Verteilungsnetze eine relativ lange Lebensdauer aufweisen, liegen die Investitionsintervalle verhältnismäßig weit auseinander. Dies hat zur Folge, dass mit der ersten Periodizität bzw. dem ersten Glied der Investitionskette ein Großteil des gesamten Barwerts der Investitionskette erreicht wird. Somit nimmt die Bedeutung des Residualwerts gemessen am Anteil des gesamten Barwerts bereits mit der zweiten Periodizität bzw. dem zweiten Glied der Investitionskette relativ stark ab.

Durch Zuordnung von Netzerlösen in Form von Nutzungsentgelten und Entgelten für die Sicherstellung einer geforderten Versorgungsqualität lässt sich der (subjektive) Wert eines Netzes i.S.e. Zukunftsentnahmewertes ermitteln. Neben der Relevanz eines solchen Wertansatzes zur Bestimmung von Kaufpreisobergrenze bzw. Verkaufpreisuntergrenze im Rahmen einer freien Kaufpreisverhandlung, findet die entnahmeorientierte Betrachtungsweise auch in der Rechtsprechung verstärkt Zuspruch. So rückt der BGH in einer Entscheidung zur Ermittlung des Kaufpreises bei Zwangsverkäufen in Zusammenhang mit Endschaftsklauseln in Konzessionsverträgen von einem rein substanzorientierten Wert (Sachzeitwert) ab und fordert bei der Festlegung der Bemessungsgrundlage auch die Berücksichtigung des Ertragswertes.

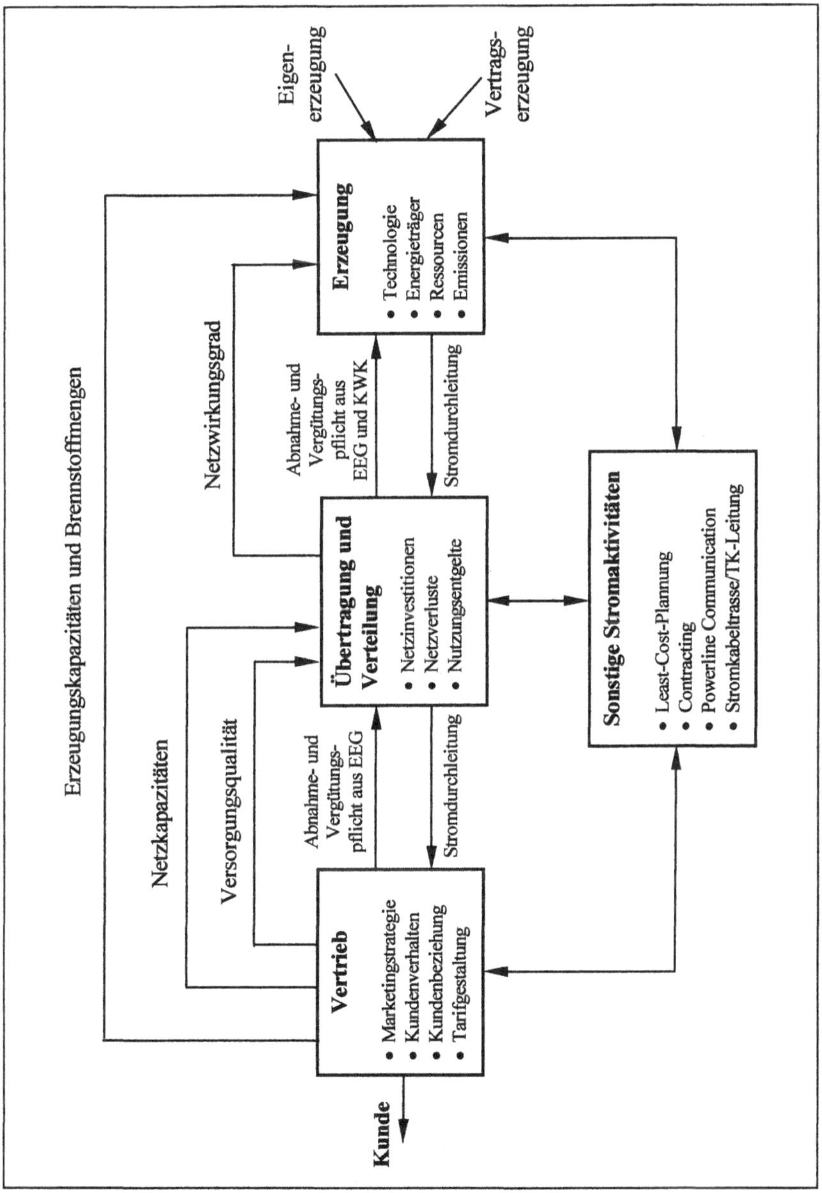

Abbildung 29: Sektorale Einflussgrößen und Interdependenzen eines vollständig vertikal integrierten EltVU

(eigene Darstellung)

Die Bewertung des Sektors *Erzeugung* lässt sich durch folgende wesentliche Aspekte charakterisieren:

- Entscheidungsproblem zwischen Eigen- und Vertragserzeugung
- Wahl der Erzeugungstechnologie und des Energieträgers
- politische Einflussnahmen
- Belastung durch Emissionsentgelte

Das Entscheidungsproblem, ob im Bewertungsmodell von einer vollständigen oder anteiligen Eigen- bzw. Vertragserzeugung auszugehen ist, hängt vom Barwert der entsprechenden Diskontierungsreihen ab. Aus Bewertungssicht ist prinzipiell die Alternative heranzuziehen, bei welcher der Barwert ein Minimum aufweist. Dabei ist zu beachten, dass eine unterschiedliche Anzahl von zu prognostizierenden Einflussgrößen vorliegt. Umfasst die Bewertung der Eigenerzeugung als wesentliche Bestimmungsgrößen (1) Investitionen in Erzeugungsanlagen, (2) Betrieb, Wartung und Reparatur der Anlagen, (3) Beschaffung der Energieträger sowie (4) Rückbau und Entsorgung der Anlagen, wird die Vertragserzeugung grundsätzlich nur von der Beschaffung der benötigten Strommenge determiniert. Zudem ermöglicht es die Liberalisierung, Strom zu günstigen Bezugskonditionen von beliebigen Stromerzeugern, Stromhändlern oder über eine Strombörse zu beschaffen. Andererseits steigt mit zunehmender Vertragserzeugung die Abhängigkeit von den Stromlieferanten, während die Eigenerzeugung hier eine gewisse Unabhängigkeit bietet.
Hinsichtlich der Wahl des einzusetzenden Energieträgers ist im Bewertungsmodell die nachhaltige Verfügbarkeit der Ressourcen zu beachten. So können bei knapper werdenden Energieträgern Preiserhöhungen bzw. relativ große Preisschwankungen die Folge sein. Auch politische motivierte Einflussnahmen (z.B. Ausstieg aus der Kernenergie, Subventionierung erneuerbarer Energieträger oder Reduzierung der Treibhausgasemissionen) sind bewertungsrelevant, da sie – allerdings unter dem Vorbehalt möglicher gesetzlichen Änderungen – verbindliche Rahmenbedingungen vorgeben.
Zudem kann auch der Kunde Einfluss auf den eingesetzten Energieträger nehmen, wenn beispielsweise Verbraucher verstärkt Strom aus regenerativen Energieträgern nachfragen und das EltVU dann in entsprechende Erzeugungsanlagen investiert. Insofern ergeben sich hier Interdependenzen mit dem Sektor Vertrieb.

Die elektrizitätswirtschaftlichen Aktivitäten im Sektor *Sonstige Stromaktivitäten* können Auswirkungen auf die Sektoren Vertrieb, Übertragung und Verteilung und Erzeugung haben. So beeinflussen LCP- und Contracting-Programme die Vertriebserlöse und -auszahlungen durch geringere Absatzmengen, die Gewährung von Zuschüssen und Vereinnahmung von Entgelten zur Refinanzierung von Contracting-Projekten. Gleichzeitig kann die Verringerung der abzusetzenden bzw. zu verteilenden Strommenge zu einem Abbau der benötigten Erzeugungs- und Verteilungskapazitäten in Höhe der eingesparten Energiemenge führen.

5.5.2 Sektorale Synergiepotentiale

Die Realisierung von Synergiepotentialen wird oftmals zur Begründung von Unternehmensübernahmen und -fusionen herangezogen. Der Begriff Synergiepotential kann dabei in Anlehnung an *Schneider* definiert werden, als die Möglichkeit, spezifische Fähigkeiten des einen EltVU einem oder mehreren anderen EltVU zugänglich zu machen oder Fähigkeiten zu generieren, die ein EltVU alleine nicht erreichen kann.[410]
Synergie- oder Verbundeffekte können sowohl positiv, d.h. werterhöhend, als auch negativ, d.h. wertmindernd, ausfallen.[411] Entsprechend sind die Wirkungen im Umsatzbereich, im Investitionsbereich, in der laufenden Betriebsführung und Beschaffung innerhalb des Bewertungsmodell abzubilden. Dabei ist beachten, dass Synergieeffekte einmalig, über mehrere Perioden verteilt oder nachhaltig anfallen können.

Zur Darstellung der sektoralen Synergiepotentiale von EltVU wird im folgenden eine Differenzierung nach vertikaler Ebene (vgl. Abschnitt 5.5.2.1) und nach horizontaler Ebene (vgl. Abschnitt 5.5.2.2) vorgenommen.

5.5.2.1 Auf vertikaler Ebene

Bei der Realisierung von Synergiepotentialen auf vertikaler Ebene ist anzumerken, dass mit Umsetzung der EUStrRl in nationales Recht eine organisatorische bzw. verwaltungsmäßige und buchungstechnische Entflechtung (Unbundling) der entsprechenden elektrizitätswirtschaftlichen Bereiche verbunden ist.[412] Dies kann dazu führen, dass der Informationsaustausch und die Abstimmung zwischen den Sektoren eingeschränkt wird und negative Wirkungen auf die Betriebsabläufe und Investitionsplanungen in vertikal integrierten EltVU zur Folge hat. Insofern bestehen negative Synergiepotentiale, die mindernd auf die Bewertung eines EltVU wirken.

Positive Synergieeffekte zwischen dem Sektor Vertrieb und dem Sektor Übertragung und Verteilung ergeben sich ausgehend von der Vertriebsstrategie. Anhand

---

410 Vgl. Schneider [Ermittlung, 1988], S. 529.

411 Vgl. Funk/Sigle [Synergieeffekte, 1993], S. 147; Coenenberg/Sautter [Bewertung, 1988], S. 698-702; Küting [Verbundeffekten, 1981], 181-184.

412 Vgl. auch die Abschnitte 2.2 und 2.3.

des zukünftig erwarteten Kunden- bzw. Verbrauchsverhaltens können die in das Stromnetz einzuspeisenden Strommengen entsprechend dem prognostizierten Verbrauch und Lastprofil des Kunden eingehender geplant werden. Damit lassen sich potentielle Belastungen durch Verrechnung von Mehr- oder Mindereinspeisungen mit dem Stromlieferanten besser abschätzen.[413]
Zudem kann auf Basis des zukünftig erwarteten Kunden- bzw. Verbrauchsverhaltens (Lastverlauf, Anschlussleistung, Kundenzahl, u.ä.) die Planungssicherheit für Zukunftsinvestitionen in Netzkapazitäten erhöht werden.[414]

Positive Synergien zwischen dem Sektor Vertrieb und dem Sektor Erzeugung können, wie bei der Übertragung und Verteilung, von der Vertriebsstrategie ausgehen. Mit Hilfe des erwarteten Kunden- bzw. Verbrauchsverhaltens lassen sich die zu produzierenden Strommengen und der zukünftige Einsatz der Kraftwerke unter Berücksichtigung des Lastprofils und der Kostenstruktur besser planen.[415]
Daneben bietet der Erwerb eines EltVU bzw. dessen Vertriebssektor die Möglichkeit, eigene, kostengünstige Erzeugungskapazitäten zur Belieferung neuer Kunden über den erworbenen Vertriebsbereich besser auszulasten, sofern die Durchleitungsentgelte den Kostenvorteil nicht aufzehren.[416]
Schließlich kann auf Grundlage des erwartete Kunden- bzw. Verbrauchsverhalten (Lastverlauf, Anschlussleistung, Kundenzahl, u.ä.) die Planungssicherheit für Zukunftsinvestitionen in Erzeugungskapazitäten einschließlich der Reservehaltung erhöht werden.[417]

Positive Synergien zwischen dem Sektor Übertragung und Verteilung und dem Sektor Erzeugung ergeben sich aus einer zeitnahen Übermittlung der gemessenen Verbrauchsdaten bzw. Lastprofile an den Erzeugungsbereich. Dadurch können wertsteigernde Einsparungen beim Kraftwerkseinsatz unter Berücksichtigung der Kostenstruktur und des Lastverlaufs erreicht werden.[418]
Zudem ergeben sich, insbesondere auch in Verbindung mit der Vertriebsstrategie, höhere Planungssicherheiten durch simultanen Abgleich der Übertragungs- und Verteilungskapazitäten mit den Erzeugungskapazitäten.[419]

Insgesamt betrachtet ergeben sich auf vertikaler Ebene durch Zusammenwirken der einzelnen Sektoren positive Synergiepotentiale, wobei die größten Potentiale

---

413 Vgl. Gebhart [Methoden 2000], S. 14; Müller-Kirchbauer/Ritzau [Anforderungen, 2000], S. 214-216; Fritz/Haubrich [Ausgleichskonzepte, 1999], S. 138.

414 Vgl. Bräuer/Egeln/Werner [Wettbewerb, 1997], S. 23.

415 Vgl. Brugger/Eichler [Erfolgsfaktoren, 2000], S. 21-22.

416 Vgl. Flechner/Wolter [Kraftwerkseinsatzoptimierung, 2000], S. 29-30.

417 Vgl. Bräuer/Egeln/werner [Wettbewerb, 1997], S. 23.

418 Vgl. Klautke/Schirmer [Verbrauchsdatenerfassung, 2000], S. 48-52.

419 Vgl. Bräuer/Egeln/Werner [Wettbewerb, 1997], S. 23.

bei vollständig vertikal integrierten ElVU vorliegen. Jedoch können Beeinträchtigungen des Informationsaustausch und der Abstimmung zwischen den Sektoren aufgrund der Unbundling-Regelungen negativ auf die Betriebsabläufe und Investitionsplanung wirken und so den Wertsteigerungsmöglichkeiten entgegenwirken.

5.5.2.2 Auf horizontaler Ebene

Auf horizontaler Ebene können Synergiepotentiale im Vertriebsbereich, im Bereich Übertragung und Verteilung sowie im Erzeugungsbereich bestehen.

Synergiepotentiale auf Vertriebsebene entstehen vor allem durch Schaffung einer unternehmensweit einheitlichen Marketingstrategie, die für alle, d.h. die bestehenden und neu hinzu kommenden, Vertriebsbereiche bzw. -gebiete Gültigkeit besitzt. Neben Einführung eines unternehmensweit einheitlichen Markenauftritts[420] kann für Kunden aus verschiedenen Versorgungsgebieten, die gleiches Verbrauchs- bzw. Kundenverhalten zeigen, ein kundengruppenspezifisches Stromtarifmodell und Management der Kundenprozesse entwickelt werden.[421]
So lassen sich durch Vermeidung bzw. Beendigung von Doppelaktivitäten und/oder Zentralisierung bestimmter Vertriebsaktivitäten, wie Rechnungsstellung, Zahlungsverkehr, Forderungsmanagement, Zählerablesung, Kundenservice, Call Center u.ä., Marketingressourcen einsparen.[422]

Synergiepotentiale auf Übertragungs- und Verteilungsebene lassen sich durch Konzentration der Kompetenzen im Übertragungsnetz- und Verteilungsnetzbereich realisieren. Synergiepotentiale kommen insbesondere dann zum Tragen, wenn ein örtliches Verteilungs- an ein regionales Verteilungsnetz bzw. ein regionales Verteilungs- an ein Übertragungsnetz direkt angeschlossen ist. Damit können vor allem folgende Synergiepotenziale genutzt werden, die mit entsprechenden Einsparungen verbunden sind[423]:

- abgestimmtes Lastmanagement zur Verbesserung der Spannungsqualität und Versorgungszuverlässigkeit
- ganzheitliche Verteilungsnetzplanung

---

420 Vgl. Hagemann/Voshage [Markenkommunikation, 2001], S. 258-261.

421 Kundenprozesse sind vor allem Vertragsabschluss, Verbrauchsdatenbeschaffung, Kündigung des bisherigen Versorgers, Fahrplanmanagement, Fakturierung und Rechnungsstellung. Vgl. Knechtel [Kundenprozesse, 2001], S. 35-36.

422 Vgl. Küting [Verbundeffekten, 1981], S. 181.

423 Vgl. Wannow [Kostensenkungspotentiale, 1998], S. 23-28; Bochanky [Planung, 1996], S. 624-629.

- Netzumstrukturierungen auf der gesamten Verteilungsstrecke bzw. beim Übergang von Übertragungs- in Verteilungstrecke
- Zusammenlegung der Netzentstörungsdienste

Hingegen bestehen nur geringe Synergiepotentiale bei Vergrößerung des Verteilungsgebietes im Niederspannungsbereich, so dass der Erwerb eines Niederspannungsnetzes, das an das eigene Niederspannungsnetz angeschlossene ist, kaum Synergieeffekte erzeugt. So sind nach Auffassung von *Meinsen* Größenvorteile in der Stromverteilung im Niederspannungsbereich unter Kostenaspekten relativ gering.[424] Zu einem ähnlichen Ergebnis kommen auch *Joskow* und *Schmalensee*, die Größenvorteile der Verteilung bereits bei relativ kleinen Stadtgebieten als ausgeschöpft sehen.[425]

Bei den Synergiepotentialen auf Erzeugungsebene ist zwischen Eigen- und Vertragserzeugung zu differenzieren.
Bei der Eigenerzeugung sind Synergieeffekte denkbar, wenn der Erwerb oder die Veräußerung von Erzeugungskapazitäten zu Kostenstrukturverbesserungen des Kraftwerksparks entsprechend dem Lastverlauf des EltVU führt (vgl. auch Abschnitt 5.3.1.1).[426] Gleichzeitig können durch Zusammenlegung von zentralisierbaren Bereichen im Anlagemanagement und in der Betriebsführung Einsparungen erreicht werden.[427] Im Beschaffungsbereich bieten bessere Bezugskonditionen durch Bündelung des Einkaufs für Energieträger bzw. Brennstoffe nachhaltig Einsparungspotentiale.[428]
Analog sind auch bei der Vertragserzeugung Einsparungen im Beschaffungsbereich möglich, wenn bei der Beschaffung fremd bezogenen Strom ein größere Einkaufsvolumen die Durchsetzung günstigerer Bezugskonditionen beim Lieferanten erlaubt.[429]

---

424 Vgl. Meinsen [Elektrizitätsverteilung, 1975], S. 578.
425 Vgl. Joskow/Schmalensee [Power, 1983], S. 59.
426 Vgl. Hasse [Elektrizitätswirtschaft, 1994], S. 48-61.
427 Vgl. Müller [Elektrizitätswirtschaft, 1998], S. 312.
428 Vgl. Roesner/Nagel [Beschaffungsfunktion, 2001], S. 445-448.
429 Vgl. Meyer-Rentschhausen/Sieling [Liberalisierung, 1999], S. 128-129.

6 Schlussbetrachtung

6.1 Zusammenfassung und Ergebnis

Zielsetzung dieser Arbeit war es, die Auswirkungen der Liberalisierung der europäischen Strommärkte auf die Bewertung von Elektrizitätsversorgungsunternehmen zu analysieren und damit verbunden die Problematik der Abbildung zukünftiger Marktentwicklungspotentiale und unternehmensspezifischer Strategien im Bewertungsmodell von Stromversorgern zu lösen.
Ausgangspunkt der Betrachtungen bildeten die relevanten EU-rechtlichen Vorschriften der EU-Binnenmarkt-Richtlinie Strom von 1996, die jeweils in das nationale Recht der einzelnen Mitgliedsstaaten umzusetzen sind. In Deutschland geschah dies durch Novellierung des Energiewirtschaftsgesetzes im Jahr 1998.
Die Rechtsumsetzungen auf den europäischen Strommärkten waren für diese Arbeit in zweierlei Hinsicht von Relevanz: Zum einen führt der verstärkte Wettbewerb zu Konsolidierungen unter den Stromversorgern bzw. Veränderungen der Unternehmensstrukturen in Form von Unternehmenskäufen bzw. -verkäufen, Fusionen, Abspaltungen und sonstigen Transaktionsformen. Zum anderen bilden die Rechtsvorschriften den Bezugsrahmen für die Unternehmensbewertung, die sich in den o.g. Fällen aus dem Erfordernis der Ermittlung von subjektiven Unternehmenswerten (Kaufpreisobergrenze bzw. Verkaufspreisuntergrenze), Abfindungsangeboten, Umtauschverhältnissen, u.ä. ergeben.
Insofern galt es zu analysieren, inwieweit veränderte rechtliche Rahmenbedingungen in Verbindung mit zunehmendem Wettbewerb auf den europäischen Strommärkten Auswirkungen auf die Bewertung von Stromversorgungsunternehmen haben.

Für die Bewertung sind aus investitionstheoretischer Sicht basierend auf dem Zukunftsentnahmeprinzip die zukünftig erwarteten Entnahmeüberschüsse relevant, aus denen durch entsprechende Diskontierung der Zukunftsentnahmewert abzuleiten ist. Die Ermittlung des Zukunftsentnahmewertes kann auf Basis des DCF- und Ertragswertverfahrens erfolgen, wobei, wie gezeigt wurde, beide Verfahren miteinander korrespondieren. Der Vorteil des Ertragswertverfahrens liegt in der Berücksichtigung steuer-, handels- und gesellschaftsrechtlicher Rahmenbedingungen, wohingegen beim DCF-Verfahren das wirtschaftliche Entwicklungspotential des Unternehmens stärker Beachtung findet. Die Einzahlungsüberschüsse verdeutlichen somit das Ausschüttungspotential des Unternehmens und dienen als Entscheidungsgrundlage für die zukünftige Ausschüttungspolitik.

Auf Grundlage zukunftsorientierter Bewertungsverfahren wurden dann die bewertungsrelevanten Probleme aufgezeigt, die in Verbindung mit der zukünf-tigen Entwicklung der liberalisierten europäischen Strommärkte stehen.

Hierbei handelte es sich zunächst um das Problem der Festlegung des Einzelprognosehorizontes, der den Zeitraum festgelegt, bis zu dem eine Detailprognose der Entnahmegrößen (Einzelprognosewert) erfolgt bzw. ab dem der Übergang in eine Residualwertbetrachtung stattfindet (Residualwert). Es wurde gezeigt, wie der Einzelprognosehorizont konkret zu bestimmen ist, um einerseits dem Erfordernis der Erfassung auch längerfristiger Liberalisierungsanpassungen innerhalb der Detailprognose Rechnung zu tragen und um andererseits die Schwierigkeiten einer detaillierten Prognose weit in der Zukunft liegender Strommarktentwicklungen zu berücksichtigen.
In einer tiefergehenden Problemanalyse erfolgte anschließend die explizite Berücksichtigung von Preis- und Mengenänderungen innerhalb der Entnahmegrößen. Dazu wurde der Zukunftsentnahmewert entsprechend der Entnahmegrößen in einzelne Diskontierungsreihen aufgespalten und die Sensitivität einer Diskontierungsreihe gegenüber positiven und negativen Veränderungen der Preis- und Mengenkomponenten verdeutlicht. Im Ergebnis empfiehlt es sich, je nach Höhe und Richtung einer Preis- bzw. Mengenänderung eine Ausweitung oder Verkürzung des Einzelprognosehorizonts vorzunehmen.

Um die o.g. Problemstellungen und -lösungen konkret auf die elektrizitätswirtschaftlichen Aktivitäten eines Stromversorgungsunternehmens zu übertragen, wurde eine Segmentierung des Bewertungsobjekt in die Sektoren *Vertrieb*, *Übertragung* und *Verteilung*, *Erzeugung* und *Sonstige Stromaktivitäten* durchgeführt. Eine solche Segmentierung erlaubt eine sektorale Bewertung und macht zugleich die bestehenden Bewertungsinterdependenzen zwischen den einzelnen Sektoren deutlich.

Im *Sektor Vertrieb* erfordert eine mit der Liberalisierung verbundene freie Wahl des Stromversorgers durch den Kunden eine stärkere Vertriebsorientierung des Stromversorgers, so dass alternative Vertriebsstrategien und der entsprechende Einsatz absatzpolitischen Instrumente im Bewertungsmodell adäquat zu erfassen sind. Eine Segmentierung nach Kundengruppen ermöglicht dabei eine differenzierte Betrachtung der Vertriebsstrategien und den Einsatz absatzpolitischer Instrumente unter kundenspezifischen Aspekten. Gleichzeitig wird dadurch erkennbar, welchen Wertbeitrag bestimmte Kunden für den zu bewertenden Stromversorger liefern.
Es wurde gezeigt, wie sich die Wirkungen absatzpolitischer Instrumente und des Kundenverhaltens in einem liberalisierten Strommarkt durch Elastizitätskoeffizienten darstellen lassen. Daraus wiederum können Veränderungsraten für Strompreis, Verbrauchsmenge, Kundenzahl, Vertriebsaufwand und sonstige vertriebsrelevante Größen abgeleitet werden, die im Bewertungsmodell mit der jeweiligen Bezugsgröße zu verknüpfen sind. Hierbei galt es zu berücksichtigen, dass bereits verhältnismäßig geringe nachhaltige Veränderungsraten für Strompreis und

Strommenge im Vergleich zu nachhaltig konstanten Strompreisen und Absatzmengen relativ große Auswirkungen auf den Wert einer Diskontierungsreihe für Umsätze und mithin auf die Bewertung des Sektors Vertrieb hervorrufen können. Eine adäquate Anpassung des Einzelprognosehorizontes ist vorzunehmen, falls die Veränderungsraten das Verhältnis von Einzelprogenosewert und Residualwert einer Diskontierungsreihe für Umsätze stärker beeinflussen.

Im *Sektor Übertragung und Verteilung* sind die wertbestimmenden Faktoren die Netzinvestitionen und -betriebsauszahlungen sowie die zurechenbaren Netzerlöse, die jeweils unter Berücksichtigung der Versorgungsqualität und des Netzwirkungsgrades im Bewertungsmodell anzubilden sind.
Es konnte gezeigt werden, dass mit steigender Nutzungsdauer einer Netzinvestition der Residualwertanteil am gesamten Barwert einer Investitionskette bereits bei geringer Periodizität relativ niedrig ausfällt. Daher reicht bei relativ hoher Nutzungsdauer von Netzelementen meist schon der erste Reinvestitionszeitpunkt bzw. die erste Periodizität der Investitionskette für die Einzelprognose aus. Unter Berücksichtigung einer nachhaltigen Wachstumsrate können sich jedoch Verschiebungen innerhalb der Investitionskette ergeben. Dabei steigt bei gleicher Nutzungsdauer der Anteil des Residualwerts am gesamten Barwert einer Investitionskette mit zunehmender Wachstumsrate der Reinvestitionsbeträge an. Allerdings sind, wie gezeigt wurde, die Verschiebungen relativ gering, so dass auch hier der überwiegende Teil der Investitionskette bereits mit dem ersten Reinvestitionszeitpunkt bzw. der ersten Periodizität erfasst wird.
Die dem Sektor Übertragung und Verteilung zurechenbaren Netzerlöse ergeben sich entweder direkt als Netznutzungsentgelt für die Durchleitung oder indirekt als Bestandteil des Strompreises. In Deutschland werden Netznutzungsentgelte derzeit noch auf Basis freiwilliger Verbändevereinbarungen ermittelt, während in den übrigen EU-Staaten der Netzzugang und damit die Entgeltbestimmung staatlich reguliert sind. Im Hinblick auf europaeinheitliche Entgeltregelungen ist davon auszugehen, dass auch in Deutschland zukünftig eine Regulierung stattfindet. Die derzeit noch relativ starken Schwankungsbreiten bei den Netznutzungsentgelten der deutschen Stromversorger würden dann schwächer ausfallen, was die Prognose zukünftiger Netznutzungsentgelte erleichtert. Hierbei ist zu berücksichtigen, dass bereits relativ geringe Veränderungsraten für Netznutzungsentgelte und Durchleitungsmengen im Vergleich zu konstanten Entgelten und Mengen verhältnismäßig große Auswirkungen auf den Wert einer Diskontierungsreihe für Netznutzungserlöse und mithin auf die Bewertung des Sektors Übertragung und Verteilung hervorrufen können. Gleichzeitig sollte eine angemessene Anpassung des Einzelprognosehorizontes vorgenommen werden, falls die Veränderungsraten das Verhältnis von Einzelprognosewert und Residualwert einer Diskontierungsreihe für Netznutzungserlöse stärker beeinflussen.

Auch in der Rechtsprechung wird die Relevanz zukunftsentnahmeorientierter Verfahren bei der Bewertung von Strommetzen deutlich, wie die rechtlichen Auseinandersetzungen zeigen, in denen es um die Kaufpreisbestimmung bei der Netzübergabe in Zusammenhang mit Endschaftsklauseln in Konzessionsverträgen ging. Für die Bemessungsgrundlage wurde regelmäßig der Sachzeitwert als substanzorientierter Wertansatz herangezogen, bis mit einer richtungsweisenden BGH-Entscheidung aus dem Jahr 1999 dem Ertragswert, als zukunftsentnahmeorientiertem Wertansatz, bei der Bestimmung des Übernahmepreises Rechnung getragen wurde. Somit dürfte zukünftig bei rechtlichen Auseinandersetzungen zur Festlegung des Netzkaufpreises die Relevanz des Ertragswertes als Bemessungsgrundlage erheblich zunehmen.

Im *Sektor Erzeugung* ist für die Bewertung zunächst das Entscheidungsproblem der zukünftigen Eigen- und/oder Vertragserzeugung von Relevanz. Während im Falle der Eigenerzeugung die langfristige Investitionsplanung in Erzeugungsanlagen, die Auswahl und Beschaffung des Energieträgers sowie der technologische Wandel zu berücksichtigen sind, trifft dies bei Vertragserzeugung für die Beschaffungsalternativen von Strom und die Gestaltung der Stromlieferungsvereinbarungen zu.

Dabei ist einerseits zu beachten, dass schon relativ geringe nachhaltige Veränderungsraten für Brennstoffmengen bzw. fremdbezogene Strommengen und Brennstoffpreise bzw. Fremdbezugspreise im Vergleich zu nachhaltig konstanten Mengen und Preisen verhältnismäßig große Auswirkungen auf den Wert einer Diskontierungsreihe für Beschaffung der Brennstoffe bzw. Fremdstrommengen und mithin auf die Bewertung des Sektors Erzeugung hervorrufen können. Eine adäquate Anpassung des Einzelprognosehorizontes ist vorzunehmen, falls die Veränderungsraten das Verhältnis von Einzelprognosewert und Residualwert einer Diskontierungsreihe für die Beschaffung der Brennstoffe bzw. Fremdstrommengen stärker beeinflussen.

Andererseits ist bei Eigenerzeugung zu berücksichtigen, dass mit steigender Nutzungsdauer eines Kraftwerkes bzw. deren Kraftwerkskomponenten der Anteil des Residualwerts am gesamten Barwert der Investitionskette bereits bei kleiner Periodizität gering ausfällt. So kann bereits der erste Reinvestitionszeitpunkt bzw. die erste Periodizität der Investitionskette für die Einzelprognose der Kraftwerksinvestitionen ausreichend sein.

Bei Stromversorgern, die Kernkraftwerke betreiben, sind im Bewertungsmodell steuerrechtliche Änderungen zur Behandlung atomarer Rückstellungen, die aus dem Steuerlastungsgesetzes 1999/2000/2002 resultieren, abzubilden. Konkret handelt es sich um das Verbot der Bildung von Aufwandsrückstellungen für wiederaufbereitbare Kernbrennstäbe, die Verlängerung der Ansammlungsfrist für Stillegungsverpflichtungen und das Abzinsungsgebot für Rückstellungen bei Stillegungsverpflichtungen. Gezeigt wurden die damit verbundenen Auswirkungen auf die Aufwandskomponenten und auf die steuerliche Bemessungsgrundlage sowie deren Einflüsse auf den Ertragswert.

Im *Sektor Sonstige Stromaktivitäten* sind für die Bewertung alle Tätigkeitsbereiche zu erfassen, die in relativ engem Zusammenhang mit den stromwirtschaftlichen Aktivitäten stehen, nicht aber den Sektoren Vertrieb, Übertragung/Verteilung oder Erzeugung unmittelbar zugeordnet werden können. Explizit behandelt wurden hier spezielle Energiedienstleistungen und Synergien mit dem Telekommunikationsbereich.
Bei den speziellen Energiedienstleistungen wurde auf das Least-Cost-Planning und Contracting eingegangen. So führen Energieeinsparungsprogramme mittels Least-Cost-Planning beim Kunden zu sparsamerem Energieverbrauch, indem der Stromversorger durch Gewährung von Zuschüssen einen Teil der energiesparenden Investitionen des Kunden übernimmt. Dabei sinkt der Stromverbrauch des Kunden und mithin der Stromabsatz des Stromversorgers, was gleichzeitig mehr oder minder Auswirkungen auf die Sektoren Übertragung/Verteilung und Erzeugung hat. Dementsprechend sind die Wirkungen im Bewertungsmodell bei den Diskontierungsreihen der betroffenen elektrizitätswirtschaftlichen Sektoren darzustellen. Beim Contracting übernimmt der Stromversorger die Finanzierung effizienzsteigernder Investitionen der Stromversorgung eines Kunden, wobei die Refinanzierung durch Zahlung entsprechender Entgelte des Kunden an den Stromversorger erfolgt. Innerhalb des Bewertungsmodells sind neben den Investitionsauszahlungen und erhaltenen Entgelten auch die Wirkungen auf den Sektor Vertrieb, Übertragung/Verteilung und Erzeugung zu berücksichtigen.
Bei den Aktivitäten des Telekommunikationsbereichs mit Synergiepotentialen zu elektrizitätswirtschaftlichen Sektoren wurde auf Powerline Communication und den Parallelaufbau von Telekommunikationsnetzen entlang von Stromtrassen eingegangen. Mit Powerline Communcation können Stromversorger zusätzliche Umsätze durch Anbieten von Daten-, Sprach- und Servicediensten generieren, indem die bestehenden Stromleitungen zur kommerziellen Übertagung von Telekommunikationssignalen genutzt werden. Die damit verbundenen Investitionsauszahlungen vor allem für die Kopplung der Strom- und Telekommunikationsnetze sind im Bewertungsmodell zu berücksichtigen. Der Parallelaufbau von Telekommunikationsnetzen entlang von Stromtrassen ermöglicht die Generierung von Umsatzerlösen aus dem Anbieten von Telekommunikationsdienstleistungen oder der Vermietung der Telekommunikationsleitungen an Dritte. Die mit der Verlegung und Wartung anfallenden Aufwendungen sind im Bewertungsmodell entsprechend zu abzubilden.

In einer Gesamtbetrachtung wurden abschließend die sektoralen Interdependenzen und Synergieeffekte dargestellt. Hier galt es einerseits zu zeigen, welche sektoralen Einflussgrößen und Interdependenzen eines vollständigen vertikal integrierten

Stromversorgers bestehen und wie diese auf das Bewertungsmodell wirken. Zum anderen wurden die Synergiepotentiale zwischen den Sektoren auf horizontaler und vertikaler Ebene herausgearbeitet und die mit deren Realisierung verbundenen Auswirkungen auf die Bewertung erörtert.

6.2 Ausblick

Obwohl die europäische Strommarktliberalisierung formell nun schon einige Jahre andauert, haben die bisherigen Bemühungen nur partiell zu mehr Wettbewerb auf den Strommärkten geführt, so dass eine vollständige Liberalisierung – auch im Hinblick auf die EU-Ost-Erweiterung – noch Jahre, vielleicht sogar noch mehr als ein Jahrzehnt in Anspruch nehmen dürfte. Insofern befindet sich die Liberalisierung der europäischen Strommärkte noch in einem relativ frühen Stadium, so dass bestimmte bewertungsrelevante Variablen und deren Einflussgrößen teilweise noch mit recht hohen Unsicherheiten verbunden sind. Zu nennen wären hier die Bestimmung der Netznutzungsentgelte, der grenzüberschreitende Stromaustausch im gesamten EU-Gebiet oder die Gestaltung eines Handelssystems für Emissionszertifikate. Mit zunehmender Liberalisierung werden diese Unsicherheiten jedoch weiter abgebaut. Zum einen bilden sich marktkonforme und von den Beteiligten mehr oder weniger akzeptierte Methoden und Instrumente heraus, die eine entsprechend hohe Planungs- und Prognosesicherheit bieten. Anderseits steht ein zunehmend größerer Liberalisierungszeitraum als Datenbasis zur Verfügung, der die bisherigen Entwicklungen auf dem Wege zum vollständig liberalisierten Strommarkt entsprechend abbildet. Mit einer umfangreichen Datenbasis kann die Grundlage für die Bestimmung zukünftiger Entwicklungsmöglichkeiten geschaffen werden, anhand derer die Planung und Prognose der unternehmenswertbestimmenden Variablen und deren Einflussgrößen vorzunehmen ist.

Trotz der seit Beginn der Liberalisierung zahlreichen Unternehmenstransaktionen auf den europäischen Strommärkten, ist auch zukünftig mit verstärkten Aktivitäten auf diesem Gebiet zu rechnen. Der aktuelle Trend weist dabei in Richtung der Bildung größerer Versorgungseinheiten, um durch Größenvorteile Synergieeffekte in den Sektoren Vertrieb, Übertragung und Verteilung, Erzeugung und den Sonstigen Stromaktivitäten zu erzielen. Durch Generierung höherer Stromumsätze über eine größere Kundenzahl im Vertriebssektor und gleichzeitigen Einsparungen in den Sektoren Übertragung/Verteilung und Erzeugung, wird versucht, Wertsteigerungen zu erreichen. Entsprechend ist das Wertsteigerungspotential bei der Unternehmensbewertung zu berücksichtigen.

Eine andere Tendenz ist auf horizontaler Ebene von EVU zu beobachten, die unter Begriffen wie Multi Utility oder Multi Service diskutiert wird.[430] Ziel des Multi-Utility-Konzepts ist es, dem Kunden ein gebündeltes und kundenspezifisches Angebot aus einer Hand offerieren zu können. Dies erfordert vom EVU, dass alle nachgefragten Versorgungsgüter bereitzustellen und lieferbar sind.[431] In diesem Fall bietet ein EVU die Strom-, Gas-, Fernwärme und Wasserversorgung an. Die Realisierung von Synergieeffekten erstreckt sich dabei primär auf den Vertriebsbereich, da alle Versorgungsangebote zentral verwaltet und offeriert werden. Daneben lässt sich eine stärkere Kundenbindung erreichen, indem auf die Kundenwünsche individuell eingegangen wird und die Bedürfnisse des Kunden umfassend befriedigt werden können.

Der Multi Service-Ansatz geht noch einen Schritt weiter und ergänzt das Multi Utility-Konzept um die Komponente Versorgungsdienstleistungen. Es wird nicht nur die reine Belieferung mit den Versorgungsgütern Strom, Gas, Fernwärme und Wasser angeboten, sondern auch alle damit verbundenen Dienstleistungen. Als einige von vielen Beispielen seien nur genannt: die Betreuung und Überwachung kundeneigener Energie- und Wasseranlagen, das Anbieten von Energie- und Wassereinsparprogrammen, die Umstellung der Heizung beim Kunden oder die Regelung von Klima- und Lüftungsanlagen. Mit diesen Diensten lässt sich eine noch höhere Bedürfnisbefriedigung des Kunden realisieren und zugleich die Kundenbindung weiter festigen.

In diesem Sinne gehen weitere Forschungsaspekte verstärkt in Richtung der Bewertung von EVU mit umfassenden Versorgungsangeboten, bestehend aus Versorgungsgütern und -dienstleistungen, unter Berücksichtigung der Interdependenzen zwischen der Strom-, Gas-, Fernwärme- und Wasserversorgung. Von besonderer Bedeutung ist hierbei die Erfassung der Bedürfnisbefriedigung des Kunden als Einflussgröße auf das Kundenverhalten.

---

430 Vgl. Kroneberg [Ausrichtung, 1999], S. 684-685.

431 Teilweise wird auch die Entsorgung von Abfällen mit in dieses Konzept integriert.

Anhang A

Umlaufrenditen öffentlicher Anleihen

Monat	Umlaufrendite in [%]
Okt 88	6,2
Nov 88	6,1
Dez 88	6,3
Jan 89	6,5
Feb 89	6,9
Mrz 89	6,9
Apr 89	6,9
Mai 89	7,1
Jun 89	6,9
Jul 89	6,8
Aug 89	6,8
Sep 89	7,1
Okt 89	7,3
Nov 89	7,6
Dez 89	7,6
Jan 90	7,9
Feb 90	8,7
Mrz 90	8,9
Apr 90	8,9
Mai 90	8,9
Jun 90	9,0
Jul 90	8,7
Aug 90	9,0
Sep 90	9,1
Okt 90	9,1
Nov 90	9,0
Dez 90	9,0
Jan 91	9,1
Feb 91	8,6
Mrz 91	8,5

Monat	Umlaufrendite in [%]
Apr 91	8,5
Mai 91	8,5
Jun 91	8,5
Jul 91	8,8
Aug 91	8,8
Sep 91	8,7
Okt 91	8,6
Nov 91	8,6
Dez 91	8,5
Jan 92	8,1
Feb 92	8,1
Mrz 92	8,1
Apr 92	8,2
Mai 92	8,3
Jun 92	8,3
Jul 92	8,3
Aug 92	8,4
Sep 92	8,0
Okt 92	7,4
Nov 92	7,3
Dez 92	7,3
Jan 93	7,0
Feb 93	6,8
Mrz 93	6,4
Apr 93	6,5
Mai 93	6,6
Jun 93	6,6
Jul 93	6,4
Aug 93	6,2
Sep 93	6,0

(Quelle: Statistische Beihefte Kapitalmarktstatistik zu den Monatsberichten der Deutschen Bundesbank)

Monat	Umlaufrendite in [%]
Okt 93	5,8
Nov 93	5,6
Dez 93	5,5
Jan 94	5,5
Feb 94	5,8
Mrz 94	6,2
Apr 94	6,3
Mai 94	6,4
Jun 94	6,9
Jul 94	6,7
Aug 94	6,9
Sep 94	7,3
Okt 94	7,4
Nov 94	7,3
Dez 94	7,4
Jan 95	7,5
Feb 95	7,3
Mrz 95	7,1
Apr 95	6,8
Mai 95	6,5
Jun 95	6,4
Jul 95	6,5
Aug 95	6,4
Sep 95	6,1
Okt 95	6,1
Nov 95	5,8
Dez 95	5,6
Jan 96	5,3
Feb 96	5,7
Mrz 96	5,9

Monat	Umlaufrendite in [%]
Apr 96	5,8
Mai 96	5,8
Jun 96	5,9
Jul 96	5,9
Aug 96	5,7
Sep 96	5,6
Okt 96	5,3
Nov 96	5,3
Dez 96	5,2
Jan 97	5,1
Feb 97	4,9
Mrz 97	5,1
Apr 97	5,2
Mai 97	5,1
Jun 97	5,0
Jul 97	4,9
Aug 97	5,1
Sep 97	5,1
Okt 97	5,3
Nov 97	5,3
Dez 97	5,1
Jan 98	4,8
Feb 98	4,7
Mrz 98	4,7
Apr 98	4,7
Mai 98	4,8
Jun 98	4,6
Jul 98	4,5
Aug 98	4,3
Sep 98	4,0

(noch Anhang A)

Anhang B

CDAX und CDAX-Rendite

Monats-ultimo	CDAX	r_{CDAX}
Sep 88	125,69	[0,0620]
Okt 88	130,60	0,0391
Nov 88	126,70	-0,0299
Dez 88	132,07	0,0424
Jan 89	134,63	0,0194
Feb 89	132,27	-0,0175
Mrz 89	134,60	0,0176
Apr 89	139,32	0,0351
Mai 89	142,64	0,0238
Jun 89	150,55	0,0555
Jul 89	158,34	0,0517
Aug 89	164,28	0,0375
Sep 89	166,40	0,0129
Okt 89	155,14	-0,0677
Nov 89	163,34	0,0529
Dez 89	180,84	0,1071
Jan 90	184,42	0,0198
Feb 90	183,04	-0,0075
Mrz 90	200,85	0,0973
Apr 90	187,80	-0,0650
Mai 90	191,47	0,0195
Jun 90	197,06	0,0292
Jul 90	204,80	0,0393
Aug 90	175,54	-0,1429
Sep 90	146,83	-0,1636
Okt 90	158,34	0,0784
Nov 90	158,68	0,0021
Dez 90	154,27	-0,0278
Jan 91	152,63	-0,0106
Feb 91	165,33	0,0832
Mrz 91	163,26	-0,0125

Monats-ultimo	CDAX	r_{CDAX}
Apr 91	173,20	0,0609
Mai 91	179,18	0,0345
Jun 91	174,69	-0,0251
Jul 91	171,58	-0,0178
Aug 91	173,62	0,0119
Sep 91	168,73	-0,0282
Okt 91	165,00	-0,0221
Nov 91	163,01	-0,0121
Dez 91	161,59	-0,0087
Jan 92	170,16	0,0530
Feb 92	177,40	0,0425
Mrz 92	174,46	-0,0166
Apr 92	175,57	0,0064
Mai 92	181,30	0,0326
Jun 92	175,51	-0,0319
Jul 92	161,84	-0,0779
Aug 92	152,65	-0,0568
Sep 92	146,68	-0,0391
Okt 92	148,54	0,0127
Nov 92	151,53	0,0201
Dez 92	151,26	-0,0018
Jan 93	154,62	0,0222
Feb 93	164,32	0,0627
Mrz 93	167,11	0,0170
Apr 93	163,54	-0,0214
Mai 93	164,56	0,0062
Jun 93	169,31	0,0289
Jul 93	178,74	0,0557
Aug 93	191,32	0,0704
Sep 93	188,41	-0,0152
Okt 93	203,69	0,0811

(Quelle: Deutsche Börse AG)

Monats-ultimo	CDAX	r_{CDAX}
Nov 93	202,97	-0,0035
Dez 93	218,66	0,0773
Jan 94	213,17	-0,0251
Feb 94	206,60	-0,0308
Mrz 94	209,74	0,0152
Apr 94	219,94	0,0486
Mai 94	209,78	-0,0462
Jun 94	201,87	-0,0377
Jul 94	210,51	0,0428
Aug 94	215,99	0,0260
Sep 94	200,00	-0,0740
Okt 94	203,57	0,0179
Nov 94	201,10	-0,0121
Dez 94	205,92	0,0240
Jan 95	197,38	-0,0415
Feb 95	204,09	0,0340
Mrz 95	188,50	-0,0764
Apr 95	197,01	0,0451
Mai 95	204,66	0,0388
Jun 95	205,90	-0,0061
Jul 95	216,92	0,0535
Aug 95	217,38	0,0021
Sep 95	212,88	-0,0207
Okt 95	208,71	-0,0196
Nov 95	212,72	0,0192
Dez 95	215,70	0,0140
Jan 96	231,65	0,0739
Feb 96	230,67	-0,0042
Mrz 96	230,60	-0,0003
Apr 96	230,65	0,0002
Mai 96	235,52	0,0211

Monats-ultimo	CDAX	r_{CDAX}
Jun 96	241,12	0,0238
Jul 96	233,20	-0,0328
Aug 96	239,02	0,0250
Sep 96	247,11	0,0338
Okt 96	247,19	0,0003
Nov 96	259,30	0,0490
Dez 96	263,46	0,0160
Jan 97	277,59	0,0536
Feb 97	295,55	0,0647
Mrz 97	310,29	0,0499
Apr 97	311,46	0,0038
Mai 97	323,38	0,0383
Jun 97	342,39	0,0588
Jul 97	390,13	0,1394
Aug 97	350,31	-0,1021
Sep 97	369,15	0,0538
Okt 97	335,60	-0,0909
Nov 97	350,22	0,0436
Dez 97	371,02	0,0594
Jan 98	387,12	0,0434
Feb 98	410,88	0,0614
Mrz 98	442,15	0,0761
Apr 98	444,55	0,0054
Mai 98	477,84	0,0749
Jun 98	497,50	0,0411
Jul 98	497,86	0,0007
Aug 98	416,74	-0,1629
Sep 98	387,60	-0,0699

(noch Anhang B)

Literaturverzeichnis

Ahlemeyer, W./Nissen, J./Lehmköster, C. [VV II, 2000]: VV II – Ermittlung der Netznutzungsentgelte, in: ET, 50. Jg. (2000), S. 220-224.

Ahuis, F./Habison, T. [Strommarkt, 2002] : Innovationen im deutschen Strommarkt, in : Elektrizitätswirtschaft, 101. Jg. (2002), S. 40-43.

ARE [Energieversorgung, 2000]: Regionale Energieversorgung 1998-1999, Tätigkeitsbericht der ARE, Hannover 2000.

Auge-Dickhut, S./Moser, U./Widmann, B. [Reform, 2000]: Die geplante Reform der Unternehmensbesteuerung – Einfluss auf die Berechnung und die Höhe des Werts von Unternehmen, in: Finanz Betrieb, 2. Jg. (2000), S. 362-371.

Baetge, J./ Krause, C. [Berücksichtigung, 1994]: Zur Berücksichtigung des Risikos bei der Unternehmensbewertung – Eine empirisch gestützte Betrachtung des Kalkulationszinses, in: BFuP, 46. Jg. (1994), S. 433-456.

Ballwieser, W. [Ermittlung, 2001]: Zur Ermittlung des Ertragswertes von örtlichen Stromnetzen, herausgegeben von der Arbeitsgemeinschaft Regionaler Energieversorgungs-Unternehmen (ARE) e.V., Stuttgart u.a. 2001.

Ballwieser, W. [Aspekte, 1995]: Aktuelle Aspekte der Unternehmensbewertung, in WPg, 48. Jg. (1995), S. 119-129.

Ballwieser, W. [Moxter, 1994]: Adolf Moxter und der Shareholder Value-Ansatz, in: Ballwieser, W./ Böcking, H.-J./ Drukarczyk, J./ Schmidt R. H. (Hrsg.), Bilanzrecht und Kapitalmarkt. Festschrift für Adolf Moxter, Düsseldorf 1994, S. 1379-1405.

Banschenbach, W. [Versorgungszuverlässigkeit, 1999]: Versorgungszuverlässigkeit in Verteilungsnetzen, in: Elektrizitätswirtschaft, 98. Jg. (1999), S. 25-28.

Barth, M. [Strombörse, 2000]: Strombörse und Energierecht, in: RdE, 9. Jg. (2000), S. 139-145.

Baumeister, A. [Strombörse, 2000]: Deutsche Strombörse als Ergebnis eines liberalisierten deutschen Strommarktes, in: WiSt, 29. Jg. (2000), S. 162-166.

BDI/VIK/VDEW/VDN/ARE/VKU [VV II plus, 2001]: Verbändevereinbarung über Kriterien zur Bestimmung von Nutzungsentgelten für elektrische Energie und über Prinzipien der Netznutzung vom 13. Dezember 2001, Frankfurt am Main 2001.

BDI/VIK/VDEW [VV II, 1999]: Verbändevereinbarung über Kriterien zur Bestimmung von Nutzungsentgelten für elektrische Energie vom 13. Dezember 1999, Frankfurt am Main 1999.

BDI/VIK/VDEW [VV I, 1998]: Verbändevereinbarung über Kriterien zur Bestimmung von Duchleitungsentgelten vom 22. Mai 1998, Frankfurt am Main 1998.

Bechthold, R. [Kartellgesetz, 1998], Das neue Kartellgesetz, in: NJW, 51. Jg. (1998), S. 2769-2774.

Becker, W. [MVV, 1997]: Für die MVV hat die Roadshow längst begonnen, in: Börsen-Zeitung, Nr. 102 vom 30.05.1998, S. 17.

Becker, P. [Sachzeitwert, 1998]: Der Sachzeitwert: Das unbekannte Wesen, in: ZNER, 2. Jg. (1998), S. 13-21.

Beckers, S./ Cummins, P./ Woods, C. [Estimation, 1993]: The Estimation of Multiple Factor Models and their Applications: The Swiss Equity Market, in: Finanzmarkt und Portfolio Management, 7. Jg. (1993), S. 24-45.

Bender, K. W. [Energiewirtschaft, 1997]: Österreichs Energiewirtschaft unter EU-Liberalisierungsdruck, in: FAZ, Nr. 40 vom 17.02.1997, S. 14.

Beutin, N./Paul, A./Schröder, N. [Marketing, 2001]: Marketing in Energieversorgungsunternehmen: Instrumente und Erfolgsfaktoren in Zeiten der Deregulierung, in: ZfE, 25. Jg. (2001), S. 171-188.

Blohm, H./ Lüder, K. [Investition, 1995]: Investition: Schwachstellenanalyse des Investitionsbereichs und Investitionsrechnung, 8. Aufl., München 1995.

Bochanky, L. [Versorgungsqualität, 1999]: Versorgungsqualität im liberalisierten Strommarkt, in: Elektrizitätswirtschaft, 98. Jg. (1999), S. 10-14.

Bochanky, L. [Planung, 1996]: Gesamtheitliche Planung der Verteilungsnetze, in: ET, 46. Jg. (1996), S. 624-629.

Bochanky, L./Siegmund, D. [Verteilungsnetzebene, 1993]: Zur Ertüchtigungsproblematik mit Beispielen aus der Verteilungsnetzebene, in: Elektrizitätswirtschaft, 92. Jg. (1993), S. 1148-1152.

Böcker, F. [Marketing, 1996]: Marketing, 6. Aufl., Stuttgart 1996.

Bönning, C. [Investitionssicherheit, 2000]: Investitionssicherheit für Betreiber einer Anlage zur Erzeugung von Strom aus erneuerbaren Energien durch das Erneuerbare-Energien-Gesetz?, in: ZNER, 4. Jg. (2000), S. 268-271.

Börner, A.-R. [Nichtigkeit, 1999]: Zur Nichtigkeit eines Stromlieferungsvertrages zwischen Regionalversorger und Stadt, in: ET, 49. Jg. (1999), S. 405-410.

Böwing, A. [Anhaltewert, 1996]: Der „Anhaltewert“, in: ET 46. Jg. (1996), S. 592-593.

Böwing, A. [Verkauf, 1995]: Der Verkauf von Stromnetzen als Fortsetzung der Stromversorgung mit anderen Mitteln?, in: ET, 45. Jg. (1995), S. 804-808

Böwing, A./Rosin, P. [Probleme, 2000]: Aktuelle Probleme der Gestaltung von Stromlieferungsverträgen, in: ET, 50. Jg. (2000), S. 74-80.

Bonse-Geuking, W./Erdmann, G. [Energiemärkte, 2001]: EU-Überregulierung der Energiemärkte verhindern!, in: ET, 51. Jg. (2001), S. 430-431.

Bräuer, W./Egeln, J./Werner, A. [Wettbewerb, 1997]: Wettbewerb in der Versorgungswirtschaft und seine Auswirkungen auf den kommunlane Querverbund, Basen-Baden 1997.

Braun, D. [Rechtsfragen, 1988]: Rechtsfragen beim Wechsel in der Versorgungszuständigkeit, in: ET, 38. Jg. (1988), S. 472-493.

Britz, G. [Umsetzung, 1997]: Elektrizitätsmarkt-Richtlinie und Umsetzung ins deutsche Recht, in: EuZW, 8. Jg. (1997), S. 334-337.

Britz, G. [Öffnung, 1997]: Öffnung der Europäischen Strommärkte durch die Elektrizitätsbinnenmarktrichtlinie?, in: RdE, 6. Jg. (1997), S. 85-93.

Brugger, H./Eichler, R. [Erfolgsfaktoren, 2000]: Erfolgsfaktoren für Energie-Erzeugungsmanagement-Systeme, in: Elektrizitätswirtschaft, 99. Jg. (2000), S. 21-26.

Busse von Colbe, W. [Bewertung, 1994]: Bewertung von örtlichen Stromversorgungsanlagen bei einem Wechsel der Versorgungszuständigkeit, Stuttgart u.a. 1994.

Coenenberg, A./Sautter M.T. [Bewertung, 1988]: Strategische und finanzielle Bewertung von Unternehmensakquisitionen, in: DBW, 48. Jg. (1988), S. 691-710.

Connor, G. [Types, 1995]: The Three Types of Factor Models: A Comparison of Their Explanatory Power, in: Financial Analysts Journal, Vol. 51 (1995), S. 42-46.

Dale, L. A. [Kriterien, 1996]: Kriterien im britischen Verbundsystem, in: ET, 46. Jg. (1996), S. 712-716.

Danner, W. [Kommentar § 1 EnWG, 2001]: Kommentar zu § 1 EnWG, in: Danner, W. (Hrsg.), Energiewirtschaftsrecht, Band I, München 2001, Rn. 1- 9.

Danner, W. [Kommentar § 2 EnWG, 2001]: Kommentar zu § 2 EnWG, in: Danner, W. (Hrsg.), Energiewirtschaftsrecht, Band I, München 2001, Rn. 1- 39.

Drake, F.-D./Ohler, T./Röthel, T. [Preiskrieg, 2000]: Vom Preiskrieg zum Servicewettbewerb, in: ET, 50. Jg. (2000), S. 286-291.

Duda, H.J./Hönel, D. [Aufbau, 1999]: Aufbau und Betrieb von LWL-Netzen, in: Funkschau, 1999, Heft 10, S. 62-64.

Dunkel, M. [Bürgersteige, 1997]: Beheizte Bürgersteige – In Norwegen können die Deutschen schon heute die Zukunft des Strommarktes bestaunen, in: Wirtschaftswoche, Nr. 37 vom 04.09.1997, S. 28-29.

DVG [Bericht, 1997]: Bericht 1996, Heidelberg 1997.

DVG [Jahresbericht, 2000]: Jahresbericht 1999, Heidelberg 2000.

Dyk van, J. [Elektrizitätsversorgung, 1994]: Kommunale Elektrizitätsversorgung in den fünf neuen Bundesländern, Frankfurt am Main u.a. 1994.

Eiber, A./Fuchs, M. [Überlegungen, 1994]: Überlegungen zur Bestimmung des Sachzeitwertes von Versorgungsnetzen, in: BB, 49. Jg. (1994), S. 1175-1179.

Eickhoff, G./Hiller, K./Rempel, H. [Energieverfügbarkeit, 2000]: Zukünftige Energieverfügbarkeit, in: Elektrizitätswirtschaft, 99. Jg. (2000), S. 47-51.

Engel, H./Karel, A./Setzer, M. [Kosten-Nutzen-Analyse, 1996]: Kosten-Nutzen-Analyse des Energie-Einspar-Programms eines regionalen Energieversorgers, in: Elektrizitätswirtschaft, 95. Jg. (1996), S. 577-583.

Erfkemper, H.D. [Risikomanagement, 2000]: Risikobereitschaft und Risikomanagement von Energieversorgern, in: ET, 50. Jg. (2000), S. 570-572.

ESSO [Oeldorado, 2001]: Oeldorado 2001, Hamburg 2001 (Publikation der Exxon Mobil Central Europe Holding GmbH, Hamburg; abrufbar unter www.esso.de)

Evers, H.-U. [Recht, 1983]: Das Recht der Energieversorgung, 2. Aufl., Baden-Baden 1983.

Fama, E. F./French, K. R. [Section, 1992]: The Cross Section of Expected Stock Returns, in: Journal of Finance, Vol. 42 (1992), S. 427-465.

Ferrari, K. [Versorgungswirtschaft, 1996]: Die italienische Versorgungswirtschaft, in: Tettinger, P. J. (Hrsg.), Strukturen der Versorgungswirtschaft in Europa, Stuttgart u.a. 1996, S. 47-57.

Fiquet, A. [System, 1996]: Das französische System des Service Public unter besonderer Berücksichtigung der Elektrizitätswirtschaft, in: Tettinger, P. J. (Hrsg.), Strukturen der Versorgungswirtschaft in Europa, Stuttgart u.a. 1996, S. 15-24.

Flatnitzer, K.H./Herrmann, M./Mohnhaupt, M./Scholtissek, S. [Herausforderung, 2001]: CO_2-Reduktion: Herausforderung und Chancen für europäische Energieversorger, in: Elektrizitätswirtschaft, 100. Jg. (2001), S. 32-36.

Flatnitzer, K.H./Herrmann, M./Mohnhaupt, M./Scholtissek, S. [Energieversorger, 2001]: Energieversorger müssen weiterhin mit „Kyoto" rechnen, in: ET, 51. Jg. (2001), S. 338-342.

Flechner, B./Wolter, H. [Kraftwerkseinsatzoptimierung, 2000]: Kraftwerkseinsatzoptimierung im liberalisierten Strommarkt, in: Elektrizitätswirtschaft, 99. Jg. (2000), S. 29-37.

Franzke, H.H./Bosse, F./Hintze, D. [Praxiserfahrungen, 1997]: Praxiserfahrungen mit Contracting-Konzepten, in: ET, 47. Jg. (1997), S. 471-473.

Fritz, W./Haubrich, H.J. [Ausgleichskonzepte, 1999]: Ausgleichkonzepte für Einspeise- und Entnahmeschwankungen, in: ET, 49. Jg. (1999), S. 136-141.

Fuchs, A. [Schweiz, 1998]: Strommarktöffnung in der Schweiz, in: ET, 48. Jg. (1998), S. 720-724.

Funk, J./Sigle, H. [Synergieeffekte, 1993]: Negative Synergieeffekte bei Unternehmenszusammenschlüssen, dargestellt am Beispiel von Gemeinschaftsunternehmen, in: Federmann, R. (Hrsg.), Betriebswirtschaftslehre, Unternehmenspolitik und Unternehmensbesteuerung, Berlin 1993, S. 143-160.

Gebhardt, A. [Methoden, 2000]: Methoden für den Markt von morgen, in: Energie Spektrum, 15. Jg. (2000), S. 14-16.

Gerch, H.-P./Kaendler G./Pfeiffer, R. [Qualitätsstandards, 2000]: Qualitätsstandards von Stromnetzen, in: ET, 50. Jg. (2000), S. 514-520.

Gerpott, T.J./Böhm, S. [Preisbildung, 2000]: Ansätze zur Preisbildung für Internet-Transportdienste, in: Wirtschaftsinformatik, 42. Jg. (2000), S. 233-243.

Greisinger, T.W./Möhl, W. [Internet, 2000]: Präsenz im Internet – mehr als eine Imagepflege?, in: Elektrizitätswirtschaft, 99. Jg. (2000), S. 32-35.

Hachmeister, D. [Discounted Cash Flow, 2000]: Der Discounted Cash Flow als Maß der Unternehmenswertsteigerung, 4. Aufl., Frankfurt am Main u.a. 2000.

Hagemann, G./Voshage, J. [Markenkommunikation, 2001]: Zielorientierte Markenkommunikation, in: ET, 51. Jg. (2001), S. 258-261.

Haß, D./Pels Leusden, G./Schwarz, J./Zimmermann, H. [Planung, 1981]: Das (n-1)-Kriterium in der Planung von Übertragungsnetzen, in: Elektrizitätswirtschaft, 80. Jg. (1981), S. 923-926.

Hasse, D. [Elektrizitätswirtschaft, 1994]: Ökonomische Möglichkeiten und Grenzen des Einsatzes dezentraler Technologien in der Elektrizitätswirtschaft, Münster/Hamburg 1994.

Haubrich, H.-J./CONSENTEC [Nutzung, 2002]: Preise und Bedingungen der Nutzung von Stromnetzen in ausgewählten europäischen Ländern, Studie im Auftrag des Bundesministeriums für Wirtschaft und Arbeit, durchgeführt von Univ.-Prof. Dr.Ing. H.-J. Haubrich (Institut für elektrische Anlagen und Energiewirtschaft der RWTH Aachen) und CONSENTEC Consulting für Energiewirtschaft und -technik GmbH, Aachen 2002.

Hax, H. [Investitionstheorie, 1993]: Investitionstheorie, korrigierter Nachdruck der 5. Aufl., Heidelberg 1993.

Hein, M. [Beziehungs-Management, 2000]: Beziehungs-Management durch Multi Channel Communication, in: Elektrizitätswirtschaft, 99. Jg. (2000), S. 52-54.

Henn, H. [Strom, 2000]: Call Center unter Strom: Kundengewinnung und Kundenbindung, in: Elektrizitätswirtschaft, 99. Jg. (2000), S. 36-39.

Herppich, W. [Evaluierung, 1991]: Evaluierung von Maßnahmen des Least-Cost-Planning durch amerikanische EVU, Frankfurt am Main 1991.

Hilz, C./Abs, L. [Vergleich, 1998]: Marktöffnungskonzepte im Vergleich, in: ET, 48. Jg. (1998), S. 241-246.

Hnida, U. [Datentransfer, 2000]: Datentransfer per Stromkabel, in: Elektrizitätswirtschaft, 99. Jg. (2000), S. 47-50.

Hötzel, O./Beckmann, K. [Einfluss,2000]: Einfluss der Unternehmenssteuerreform 2001 auf die Unternehmensbewertung, in: Wpg, 53. Jg. (2000), S. 696-701.

Hüffer, U. [Sachzeitwert, 1991]: Der Sachzeitwert als Übernahmepreis für Stromversorgungsanlagen – Eine Untersuchung zu Folgeproblemen der Vierten Kartellnovelle, in: Löwisch, M. u.a. (Hrsg.), Beiträge zum Handels- und Gesellschaftsrecht, München 1991, S. 211-232.

IDW [Entwurf, 2001]: Entwurf IDW Stellungnahme zur Rechnungslegung: Rechnungslegung von Energieversorgungsunternehmen nach dem Energiewirtschaftsgesetz (IDW ERS ÖFA 2), in: Wpg, 54. Jg. (2001), S. 1494-1499.

IDW [IDW S 1, 2000]: IDW Standard: Grundsätze zur Durchführung von Unternehmensbewertungen (IDW S 1), in: WPg, 53. Jg. (2000), S. 825-842.

IDW [Rechnungslegung, 1999]: Zweifelsfragen zur Rechnungslegung und Prüfung von Elektrizitätsversorgungsunternehmen, in: IDW (Hrsg.), 40. Arbeitstagung November 1998, Düsseldorf 1999.

IDW [ÖFA, 1998]: Diskussionspapier des Fachausschusses für öffentliche Unternehmen und Verwaltungen (ÖFA): Zweifelsfragen der Rechnungslegung und Prüfung von Elektrizitätsversorgungsunternehmen nach dem Energiewirtschaftsgesetz, in: WPg, 51. Jg. (1998), S. 827-834.

IDW [WP-Handbuch, 2002]: Wirtschaftsprüfer-Handbuch 2002, Band II, 12. Aufl., Düsseldorf 2002.

IDW [WP-Handbuch, 1992]: Wirtschaftsprüfer-Handbuch 1992, Band II, 10. Aufl., Düsseldorf 1992.

IDW [St/HFA, 1983]: Stellungnahme HFA 2/1983: Grundsätze zur Durchführung von Unternehmensbewertungen, in: WPg, 36. Jg. (1983), S. 468-480.

IZE [Netz, 1995]: Das Netz der Stromversorgung, Strombasiswissen Nr. 124, Frankfurt am Main 1995.

IZE [Struktur, 1995]: Struktur der deutschen Elektrizitätswirtschaft, Strombasiswissen Nr. 115, Frankfurt am Main 1995.

Jeschke, K. [Contracting, 1998]: Contracting – Dienstleistungskonzept für Energiemärkte, in: WiSt, 27. Jg. (2000), S. 368-370.

Jonas, M. [Unternehmensbewertung, 1995]: Unternehmensbewertung: Zur Anwendung der Discounted-Cash-flow-Methode in Deutschland, in: BFuP, 47. Jg. (1995), S. 83-98.

Joskow, P.L./Schmalensee, R. [Power, 1983]: Markets for Power – An Analysis of Electric Utility Deregulation, Cambridge/Massachusetts 1983.

Klaue, S. [Preisbewertung, 1995]: Zur Preisbewertung von örtlichen Stromversorgungsanlagen bei einem Wechsel der Versorgungszuständigkeit, in: BB, 50. Jg. (1995), S. 989-994.

Klautke, R./Schirmer, A. [Verbrauchsdatenerfassung, 2000]: Verbrauchsdatenerfassung und -austausch im Industrie- und Gewerbekundenbereich, in: Elektrizitätswirtschaft, 99. Jg. (2000), S. 48-52.

Kleeberg, J. M. [Einsatz, 1992]: Der Einsatz von fundamentalen betas im modernen Portfoliomanagement, in: Die Bank, 1992, Heft 8, S. 474-478.

Klemm, A. [Elektrizitätsgesetz, 1999]: Das niederländische Elektrizitätsgesetz 1998, in: ET, 49. Jg. (1999), S. 700-704.

Kloubert, T. [Energiemarketing, 2000]: Energiemarketing – ein dienstleistungsorientierter Ansatz], in: ZfE, 24. Jg. (2000), S. 225-236.

Knechtel, K. [Kundenprozesse, 2001]: Kundenprozesse von Stromversorgern, in: Elektrizitätswirtschaft, 100. Jg. (2001), S. 34-36.

KOM [Vollendung, 2001]: Mitteilung der Kommission an den Rat und das europäische Parlament vom 13.03.2001 zur Vollendung des Energiebinnenmarktes.

Kraft, G./Epple, C. [Weitverkehrsnetz, 1999]: Bayernwerk Netkom setzt im Weitverkehrsnetz auf WDM-Technik, in: NTZ, 1999, Heft 3, S. 64-67.

Kraus, M./Turgoose, B. [Entwicklungen,1999]: Entwicklungen bei wettbewerblichen Strommärkten – Reformbedarf in England/Wales und Deutschland, in: ET, 50 Jg. (1999), S. 64-68.

Krawinkel, H./Mez, L. [Energiepolitik, 1996]: Die dänische Energiepolitik an der Schwelle des 21. Jahrhunderts, in: ZfE, 20 Jg. (1996), S. 337-345.

Kroneberg, J. [Ausrichtung, 1999]: Strategische Ausrichtung im europäischen Markt, in: ET, 49. Jg. (1999), S. 680-685.

Kuba, E. [Umstrukturierung, 1998]: Die Umstrukturierung der polnischen Elektrizitätswirtschaft, in: ZfE, 22. Jg. (1998), S. 110-122.

Kühn, C./Schulz, W. [Netznutzung, 2002]: Vergleich der Preise für Netznutzung in ausgewählten Netzbereichen in Europa, in: ZfE, 26 Jg. (2002), S. 231-249.

Küting, K. [Verbundeffekten, 1981]: Zur Bedeutung und Analyse von Verbundeffekten im Rahmen der Unternehmensbewertung, in: BFuP, 33. Jg. (1981), S. 175-189.

Laker, M./Herr, S. [Strom-Pricing, 1998]: Strom-Pricing im Wettbewerb – Von der Kosten-Plus- zur marktfähigen Preispolitik, in: Elektrizitätswirtschaft, 97. Jg. (1998), S. 9-16.

Lamprecht, F. [Entwicklungen, 2001]: Strom und Gas – Entwicklungen in zwei konvergierenden Märkten, in: ET, 51. Jg. (2001), S. 463-465.

Latkovic, K./Seiferth, T. [Stromhandel, 1999]: Stromhandel – Charakteristika, Betätigungsfelder und Anforderungen, in: Elektrizitätswirtschaft, 98. Jg. (1999), S. 20-26.

López-Jurado, F. B. [Regulierung, 1994]: Die Regulierung des spanischen Elektrizitätssektors in ihren Grundzügen und Entwicklungsperspektiven, in: RdE, 3. Jg. (1994), S. 174-182.

Lottermann, T. [Preisentwicklung, 1995]: Preisentwicklung im englischen Elektrizitätssystem, in: Elektrizitätswirtschaft, 94. Jg. (1995), S. 93-98.

Lückenbach, A. [Energieversorgungsunternehmen, 2000]: „Anzuerkennendes Interesse" für Wettbewerbsbeschränkungen in Lieferverträgen zwischen Energieversorgungsunternehmen (EVU)?, in: RdE, 9. Jg. (2000), S. 101-107.

Lukes, R. [Neuregelung, 1998]: Die Neuregelung des Energiewirtschaftsrechts, in: BB, 53. Jg. (1998), S. 1217-1223.

Märtel, P./Wellßow, W. H. [Versorgung, 1996]: Die Qualität der Versorgung mit elektrischer Energie, in: Elektrizitätswirtschaft, 95. Jg. (1996), S. 1685-1689.

Markheineke, T./Krewitt, W./Friedrich, R. [Lebenszyklusanalyse, 2001]: Lebenszyklusanalyse verschiedener Erzeugungstechnologien, in: ET, 51. Jg. (2001), S. 274-279.

Martinez, D. [Powerline-System, 2001]: Das Powerline-System ist marktreif, in: Elektrizitätswirtschaft, 100. Jg. (2001), S. 34-36.

Mauerer, N. [Wirkung, 1995]: Die Wirkung absatzpolitischer Instrumente: Metaanalyse empirischer Forschungsarbeiten, Wiesbaden 1995.

Maul, K.-H. [Probleme, 1979]: Probleme prognose-orientierter Unternehmensbewertung, in: ZfB, 49. Jg. (1979), S. 107-117.

Maul, K-H. [Basis, 1973]: Unternehmensbewertung auf der Basis von Nettoausschüttungen, in: WPg, 26. Jg. (1973), S. 57-63.

Meffert, H. [Marketing, 2000]: Marketing: Grundlagen marktorientierter Unternehmensführung: Konzepte – Instrumente – Praxisbeispiele, 9. Aufl., Wiesbaden 2000.

Meffert, H./Bruhn, M. [Dienstleistungsmarketing, 2000]: Dienstleistungsmarketing: Grundlagen – Konzepte – Methoden, 3. Aufl. Wiesbaden 2000.

Meinsen, F. [Elektrizitätsverteilung, 1975]: Zur Frage der Konzentration im Bereich der Elektrizitätsverteilung – Sollen kommunale und regionale Versorgungsräume zusammengelegt werden?, in: ET, 25. Jg. (1975), S. 576-584.

Menges, R./Barzantny, K. [Liberalisierung, 1997]: Die Liberalisierung der Strommärkte in Norwegen und Schweden, in: ZfE, 21. Jg. (1997), S. 39-56.

Metzger, B.R./Pelchen, A. [Handelssystem, 2001]: CO_2-Emissionsrechte: Was bringt ein Handelssystem für ein Unternehmen?, in: Elektrizitätswirtschaft, 100. Jg. (2001), S. 34-39.

Meyer-Rentschhausen, M./Sieling, M. [Liberalisierung, 1999]: Liberalisierung des Strommarktes – Wirkungen und Anpassungsstrategien der kommunalen Energieversorgungsunternehmen, in: ZögU, 1999, Band 22, Heft 2, S. 115-133.

Mittendorf, M. [Emissionshandel, 2001]: Emissionshandel – noch ein langer Weg bis zur praktischen Umsetzung?, in: Elektrizitätswirtschaft, 100. Jg. (2001), S. 26-31.

Moxter, A. [Grundsätze, 1983]: Grundsätze ordnungsgemäßer Unternehmensbewertung, 2. Aufl., Wiesbaden 1983.

Müller, L. [Elektrizitätswirtschaft, 1998]: Handbuch der Elektrizitätswirtschaft: technische, wirtschaftliche und rechtliche Grundlagen, Berlin u.a. 1998.

Müller-Kirchenbauer, J./Ritzau, M. [VV II, 2000]: VV II – Anforderungen und Chancen in der Praxis, in: ET, 50. Jg. (2000), S. 212-219.

Münstermann, H. [Zukunftsentnahmewert, 1980]: Der Zukunftsentnahmewert der Unternehmung und seine Beurteilung durch den Bundesgerichtshof, in: BFuP, 32. Jg. (1980), S. 114-124.

Niedergesäß, U./Heinzelmann, P.J. [Energieversorger, 2002]: Wie loyal sind Privatkunden kommunaler Energieversorger?, in: ET, 52. Jg. (2002), S. 406-408.

o.V. [Aktionäre, 2000]: Aktionäre von RWE und VEW entscheiden über die Fusion, in: FAZ, Nr. 145 vom 26.06.2000, S. 24.

o.V. [Börse, 1998]: Die Stadtwerke Mannheim wollen an die Börse gehen, in: FAZ, Nr. 89 vom 17.04.1998, S. 24.

o.V. [Bulgarien, 2000]: Bulgarien: Wende auf Strommarkt steht kurz bevor, in: Elektrizitätswirtschaft, 99. Jg. (2000), S. 65.

o.V. [EdF, 2001]: Politischer Widerstand gegen die Expansion von EdF, in: FAZ, Nr. 134 vom 12.06.2001, S. 32.

o.V. [EdF, 2000]: EdF kauft EnBW-Anteil von Baden-Württemberg, in: FAZ, Nr. 15 vom 19.01.2000, S. 20.

o.V. [EdF, 1998]: EdF hat weniger Strom verkauft, in: FAZ, Nr. 54 vom 05.03.1998, S. 25.

o.V. [EDP, 1998]: Portugals EDP wird weiter privatisiert, in: FAZ, Nr. 137 vom 17.06.1998, S. 29.

o.V. [EDP, 1997]: Reges Interesse an der Privatisierung des Stromkonzerns EDP, in: FAZ, Nr. 138 vom 18.06.1997, S. 26.

o.V. [EnBW, 1998]: EnBW will schneller und pfiffiger sein als die anderen, in: FAZ, Nr. 88 vom 16.04.1998, S. 23.

o.V. [Endesa, 1998]: Spaniens Stromkonzern Endesa wird voll privatisiert, in: FAZ, Nr. 81 vom 06.04.1998, S. 29.

o.V. [Endesa, 1997]: Endesa steigert den Gewinn auf knapp zwei Milliarden DM, in: FAZ, Nr. 47 vom 25.02.1997, S. 21.

o.V. [Enel-Plazierung, 1999]: 35 Milliarden aus der Enel-Plazierung, in: FAZ, Nr. 254 vom 01.11.1999, S. 23.

o.V. [Energieriese, 1997]: Neuer deutsche Energieriese, in: Energie Spektrum, 12. Jg. (1997), S. 38-39.

o.V. [Energieversorger, 1997]: Energieversorger EVN will an das Rekordjahr 1995/96 anknüpfen, in: FAZ, Nr. 14 vom 17.01.1997, S. 23.

o.V. [EU, 1999]: EU erlaubt Preussen-Elektra Kauf niederländischer Firma, in: Handelsblatt, Nr. 191 vom 04.10.1999, S. 21.

o.V. [Fortum, 1999]: Fortum kauft Energieversorger Wesertal, in: FAZ, Nr. 211 vom 11.09.1999, S. 17.

o.V. [Fusion, 1998]: Aufsichtsräte billigen Fusion von EWE/ÜNH, in: HAZ, Nr. 14 vom 17.01.1998.

o.V. [Großbritannien, 2000]: Was können deutsche EVU vom liberalisierten Markt in Großbritannien lernen, in: Elektrizitätswirtschaft, 99. Jg. (2000), S. 15-18.

o.V. [Fusion, 1999]: Fusion von PreußenElektra-Töchtern, in: Handelsblatt, Nr. 84 vom 03.05.1999, S: 14.

o.V. [Hafen, 1997]: Im Hafen der Ehe, in: Energie Spektrum, 12. Jg. (1997), S. 36.

o.V. [Hamburg, 1997]: Hamburg wird sich eventuell von der HEW-Mehrheit trennen, in: FAZ, Nr. 14 vom 17.01.1997, S. 21.

o.V. [HEW, 1999]: Die HEW erhält einen weiteren schwedischen Anteilseigner, in: FAZ, Nr. 268 vom 17.11.1999, S. 28.

o.V. [HEW, 1997]: HEW fühlt sich für Liberalisierung des Strommarktes gerüstet, in: FAZ, Nr. 120 vom 27.05.1997, S. 26.

o.V. [HEW-Anteile, 1997]: Hamburg verkauft HEW-Anteile an PreußenElektra und Sydkraft, in: FAZ, Nr. 12 vom 15.01.1997, S. 17.

o.V. [Hochspannung, 1997]: Hochspannung vor Hauptversammlung, in: Handelsblatt, Nr. 156 vom 15./16.08.1997, S. 19.

o.V. [Italien, 1998]: Italien sieht sich schon als Mitglied der Europäischen Währungsunion, in: FAZ, Nr. 91 vom 20.04.1998, S. 15 und 17.

o.V. [Kartellamt, 2003]: Kartellamt untersagt zu hohe Strompreise, in: FAZ, Nr. 43 vom 20.02.2003, S. 11.

o.V. [Kartellamt, 2002]: Kartellamt mahnt Stromversorger ab, in: FAZ, Nr. 199 vom 28.08.2002, S. 11.

o.V. [Leipzig, 1998]: Leipzig stimmt Verkauf zu, in: FAZ, Nr. 163 vom 17.07.1998.

o.V. [London, 1998]: EdF kauft London Electricity, in: FAZ, Nr. 279 vom 01.12.1998, S. 22.

o.V. [Mannheim, 1998]: Stadtwerke Mannheim gehen an die Börse, in: FAZ, Nr. 167 vom 22.07.1998, S. 17.

o.V. [Monopolkommission, 2002]: Monopolkommission fordert allgemeine Regulierungsbehörde, in: FAZ, Nr. 156 vom 09.07.2002, S. 9.

o.V. [MVV, 1999]: 14 bis 16 Euro für MVV Energie, in: FAZ, Nr. 45 vom 23.02.1999, S. 24.

o.V. [MVV-Plazierungspreis, 1999]: MVV-Plazierungspreis 16 Euro, in: FAZ, Nr. 51 vom 02.03.1999, S. 26

o.V. [Stromanbieter, 2000]: Neue Stromanbieter wollen eine Regulierungsbehörde, in: FAZ, Nr. 219 vom 20.09.2000, S. 20.

o.V. [Norden, 1998]: Neuer Energieversorger im Norden gegründet, in: FAZ, Nr. 166 vom 21.07.1998, S. 17.

o.V. [Norden, 1997]: Energieversorger im Norden sollen fusionieren, in: FAZ, Nr. 292 vom 16.12.1997, S. 29.

o.V. [PreussenElektra, 1999]: PreussenElektra übernimmt niederländischen Stromerzeuger, in: FAZ, Nr. 163 vom 17.07.1999, S. 16.

o.V. [Privatisierung, 1997]: Spanien startet seine größte Privatisierung, in: FAZ, Nr. 206 vom 05.09.1997, S. 32.

o.V. [Regionalversorger, 1999]: Regionalversorger im Nordosten fusionieren, in: FAZ, Nr. 103 vom 05.05.1999, S. 24.

o.V. [Regulierungsbehörde, 2000]: „Keine Regulierungsbehörde für Strom", in: FAZ, Nr. 301 vom 28.12.2000, S. 16.

o.V. [Rekorde, 1997]: Endesa-Privatisierung bricht alle Rekorde, in: FAZ, Nr. 239 vom 15.10.1997, S. 22.

o.V. [Sparpotential, 1998]: Sparpotential genutzt, in: Handelsblatt, Nr. 186 vom 28.09.1998, S. 16.

o.V. [Staat, 1998]: EDP-Mehrheitsaktionär bleibt der Staat, in: NZZ, Nr. 137 vom 17.06.1998, S. 24.

o.V. [Staatsholding, 1997]: Spanien bekommt wieder eine zentrale Staatsholding, in: FAZ, Nr. 227 vom 30.09.1997, S. 23.

o.V. [Strom, 1998]: Auch für die Handelsware Strom gibt es nun einen Preis-Index, in: FAZ, Nr. 60 vom 12.03.1998, S. 27.

o.V. [Stromgeschäft, 1998]: EnBW will Ertragseinbußen im Stromgeschäft ausgleichen, in: FAZ, Nr. 133 vom 12.06.1998, S. 23.

o.V. [Stromkonzern, 1997]: Spaniens Stromkonzern Endesa wird privatisiert, in: FAZ, Nr. 193 vom 21.08.1997, S. 18.

o.V. [Stromverbund, 2002]: Freie Bahn für den drittgrößten deutschen Stromkonzern, in: FAZ, Nr. 43 vom 20.02.2002, S. 19.

o.V. [Südwesten, 1997]: Im Südwesten entsteht der viertgrößte Stromversorger Deutschlands, in: FAZ, Nr. 193 vom 21.08.1997, S. 16.

o.V. [Veba-Aktionäre, 2000]: „Ein historischer Tag für die Veba-Aktionäre", in: FAZ, Nr. 35 vom 11.02.2000, S. 16.

o.V. [Verkauf, 1996]: Vor dem Verkauf wird die Schweizer Elektrowatt geteilt, in: FAZ, Nr. 281 vom 02.12.1996, S. 24.

o.V. [Texas, 1998]: Texas gewinnt die Schlacht um Energy, in: FAZ, Nr. 102 vom 04.05.1998, S. 22.

o.V. [Zusammenschluss, 1997]: Zusammenschluss auf dem hessischen Energiemarkt, in: FAZ, Nr. 208 vom 08.09.1997, S. 19.

o.V. [Zuschlag, 1999]: Zuschlag für die EnBW, in: FAZ, Nr. 295 vom 18.12.1999, S. 16.

Oschmann, V. [Gesetz, 2000]: Das Gesetz für den Vorrang Erneuerbarer Energien, in: ET, 50. Jg. (2000), S. 460-464.

Ott, H.-P. [Schweiz, 1999]: Strommarktliberalisierung in der Schweiz – Der steinige Weg zur Marktöffnung, in: Elektrizitätswirtschaft, 98. Jg. (1999), S. 8-14.

Peemöller, V. H./Bömelburg, P./Denkmann, A. [Deutschland, 1994]: Unternehmensbewertung in Deutschland, in: WPg, 47. Jg. (1994), S. 741-749.

Petrov, K. [Stromsektor, 2000]: Die Aufsichtsregelungen auf dem bulgarischen Stromsektor, in: Elektrizitätswirtschaft, 99 Jg. (2000), S. 20-26.

Pfaffenberger, W. [Elektrizitätswirtschaft, 1993]: Elektrizitätswirtschaft, München/Wien 1993.

Prieckaerts, G. J. M. [Elektrizität, 1994]: Elektrizität als Marktware in den Niederlanden, in: ET, 44 Jg. (1994), S. 656-659.

Reinhard, H. [Beurteilung, 1988]: Die Beurteilung des Unternehmenserfolgs von Elektrizitätsversorgungsunternehmen vor dem Hintergrund branchenspezifischer Besonderheiten, in: Domsch, M. (Hrsg.), Unternehmenserfolg: Planung – Ermittlung – Kontrolle, Wiesbaden 1988.

Riesner, W./Kraemer, J./Bauer, H. [Entwicklung, 1998]: Lage und Entwicklung der russischen Stromwirtschaft, in: ET, 48. Jg. (1998), S. 630-636.

Roesner, A./Nagel, U. [Beschaffungsfunktion, 2001]: Optimierung der Beschaffungsfunktion, in: ET, 51. Jg. (2001), S. 445-448.

Rogall, M./Spengel, C. [Abzinsung, 2000]: Abzinsung von Rückstellungen in der Steuerbilanz, in: BB, 55. Jg. (2000), S. 1234-1241.

Rosin, P./Elspas, M. [Kraft-Wärme-Kopplungsgesetz, 2002]: Das neue Kraft-Wärme-Kopplungsgesetz, in: RdE, 11. Jg. (2002), S. 174-182.

Säcker, F. J./Busche, J. [Umsetzung, 1998]: Umsetzung der Elektrizitätsbinnenmarkt-Richtlinie, in: ET, 48. Jg. (1998), S. 18-24.

Salje, P. [Vorrang, 2000]: Vorrang für Erneuerbare Energien – Das neue Recht der Stromeinspeisung, in: RdE, 9. Jg. (2000), S. 125-132.

Salje, P. [Stromlieferungsverträge, 1999]: Stromlieferungsverträge nach Wegfall der kartellrechtlichen Freistellung, in: ET, 49. Jg. (1999), S. 768-774.

Schäfer, K./Rodt, M. [Stromderivate, 1999]: Stromderivate an internationalen Märkten, in: Die Bank, 1999, Heft 8, S. 548-553.

Scheffler, E. [Kapitalflussrechnung, 2002]: Kapitalflussrechnung – Stiefkind in der deutschen Rechnungslegung, in: BB, 57. Jg. (2002), S. 295-300.

Schlesinger, M./Schulz, W. [Energiemarkt, 2000]: Deutscher Energiemarkt 2020 – Prognose im Zeichen von Umwelt und Wettbewerb, in: ET, 50. Jg. (2000), S. 106-113.

Schmidt, J. G. [Abwandlung, 1995]: Die Discounted Cash-flow-Methode – nur eine kleine Abwandlung der Ertragswertmethode?, in: ZfbF, 47 Jg. (1995), S. 1088-1117.

Schneider, J. [Ermittlung, 1988]: Die Ermittlung strategischer Unternehmenswerte, in: BFuP, 40. Jg. (1988), S. 522-531.

Schönberg, I. [Powerline, 2001]: Powerline in der Praxis – In 200 Mannheimer Haushalten sind die Kunden online, in: Elektrizitätswirtschaft, 100. Jg. (2001), S. 38-42.

Schoenheit, I./Niedergesäß, U. [Kundenbindung, 1999]: Kundenbindung bei privaten Haushalten, in: ET, 49. Jg. (1999), S. 464-467.

Schrader, K./Krzikalla, N./Lehmann, S. [Schwächen, 2002]: Schwächen des neuen Fördergesetzes für Kraft-Wärme-Kopplung, in: ET, 52. Jg. (2002), S. 66-69.

Schulte-Beckhausen, S. [Stromhandel, 1999]: Stromhandel – Möglichkeiten und Grenzen im neuen europäischen und nationalen Ordnungsrahmen, in: RdE, 9. Jg. (1999), S. 51-59.

Schwetzler, B. [Überschüsse, 1998]: Gespaltene Besteuerung, Ausschüttungssperrvorschriften und bewertungsrelevante Überschüsse bei der Unternehmensbewertung, in: WPg, 51. Jg. (1998), S. 695-705.

Schwintowski, H.-P. [Grundlinien, 2000]: Grundlinien eines zukünftigen europäischen Energierechts, in: ZNER, 4. Jg. (2000), S. 93-100.

Schwintowski, H.-P. [Wettbewerb, 1997]: Wettbewerb und Ordnung auf Energiemärkten nach Wegfall der §§ 103, 103 a GWB, in: WuW, 47 Jg. (1997), S. 769-781.

Seeliger, A. [Investitionen, 1999]: Investitionen in der deutschen Elektrizitätswirtschaft nach der Liberalisierung, in: Elektrizitätswirtschaft, 98. Jg. (1999), S. 40-44.

Seicht, G. [Sachzeitwert, 1996]: Sachzeitwert und Übernahmepreis für Stromverteilungsanlagen bei Wechsel der Versorgungszuständigkeit, in: Journal für Betriebswirtschaft, 46. Jg. (1996), S. 172-197.

Sharpe, W. F. [Equilibrium, 1964]: Capital asset prices: A theory of market equilibrium under conditions of risk, in: Journal of Finance, Vol. 19 (1964), S. 425-442.

Sieben, G. [Unternehmensbewertung, 1995]: Unternehmensbewertung: Discounted Cash Flow-Verfahren und Ertragswertverfahren – Zwei völlig unterschiedliche Ansätze?, in: Lanfermann, J. (Hrsg.), Internationale Wirtschaftsprüfung. Festschrift für Hans Havermann, Düsseldorf 1995, S. 713-737.

Siegl, E. [Russen, 2001]: Viele Russen zahlen ihre Stromrechnungen nicht, in: FAZ, Nr. 53 vom 03.03.2001, S. 15.

Siepe, G. [Ertragsteuer, 1997]: Die Berücksichtigung von Ertragsteuern bei der Unternehmensbewertung, in: WPg, 50. Jg. (1997), S. 1-10 (Teil I), S. 37-44 (Teil II).

Simon, H. [Preispolitik, 1995]: Preispolitik, in: Tietz, B. (Hrsg.), Handwörterbuch des Marketing, 2. Aufl., Stuttgart 1995, Sp. 2068-2085.

Stehle, R./Hartmond, A. [Durchschnittsrenditen, 1991]: Durchschnittsrenditen deutscher Aktien 1954 – 1998, in: Kredit und Kapital, 24. Jg. (1991), S. 371-409.

Stevens, B. [Kraft-Wärme-Kopplungsgesetz, 2002]: Das neue Kraft-Wärme-Kopplungsgesetz , in: ET, 52. Jg. (2002), S. 355-359.

Thomas, A. [Ermittlung, 1993]: Die Ermittlung indexorientierter Sachzeitwerte, Reinvestitionsraten und Abschreibungen im SAP-System, in: WPg, 46. Jg. (1993), S. 129-137.

Titzrath, B./Herrmann, M. [Energievertrieb, 2001]: Risikomanagement im Energievertrieb, in: ET, 51. Jg. (2001), S. 248-250.

von Altenbockum, J. [Norwegen, 1997]: Wenn es in Norwegen schneit, fallen die Strompreise, in: FAZ, Nr. 3 vom 05.01.1997, S. 14.

VDEW [Stromversorger, 2003]: Stromversorger: 90 Prozent Marktanteil, Zahlen und Fakten, Leistungsbilanz 2001/2002 (abgerufen am 09.03.2003 unter www.vdew.de).

VDEW [Stromversorger, 2002]: Stromversorger decken Löwenanteil der Stromerzeugung, Zahlen und Fakten, Leistungsbilanz 2000/2001 (abgerufen am 09.03.2003 unter www.vdew.de).

VDEW [Begriffe, 2001]: Begriffe im liberalisierten Strommarkt, VDEW-Materialien M-14/2001, Frankfurt am Main 2001.

VDEW [Strommarkt, 2000]: Strommarkt Deutschland 1999, Frankfurt am Main 2000.

VDEW [Strommarkt, 1999]: Strommarkt Deutschland 1998, Frankfurt am Main 1999.

VDEW [Glossar, 1998]: VDEW-Glossar zur Binnenmarktrichtlinie Elektrizität, VDEW-Materialien M-05/98, Frankfurt am Main 1998.

VDEW [Strommarkt, 1998]: Strommarkt Deutschland 1997 – Die öffentliche Elektrizitätsversorgung, Frankfurt am Main 1998.

VDEW [Unbundling, 1998]: Unbundling im Rechnungswesen – Leitfaden zur praktischen Umsetzung im EVU, VDEW Materialien M-02/98, Frankfurt am Main 1998.

VDEW [Grundprinzipien, 1997]: Grundprinzipien der deutschen Energierechtsnovelle, VDEW-Materialien, Frankfurt am Main 1997.

VDEW [Begriffe, 1992]: Begriffsbestimmungen in der Energiewirtschaft, Teil 7 Begriffe in Energieversorgungsverträgen, 2. Aufl., Frankfurt a. M. 1992.

VEA [Netznutzungsentgeltvergleich, 2002]: Aktueller Netznutzungsentgeltvergleich (Strom), Stand 19.12.2002. (abgerufen am 09.02.2003 unter www.vea.de/entgelte.html)

VEA [Netznutzungsentgeltvergleich, 2000]: Netznutzungsentgeltvergleich für Sondervertragskunden elektrischer Energie, Stand 25.09.2000, Hannover 2000.

VKU [Alleinabnehmer, 1998]: Die Netzzugangsalternative „Alleinabnehmer“ – Ein Leitfaden, in: Anlage zum VKU-Nachrichtendienst vom April 1998, Folge 592.

VKU [Alleinabnehmersystem, 1997]: Das Alleinabnehmersystem in der Stromversorgung, in: Anlage zum VKU-Nachrichtendienst vom Januar 1997, Folge 577.

VKU [Durchleitung, 1997]: Alleinabnehmer und Durchleitung, in: Anlage zum VKU-Nachrichtendienst vom März 1997, Folge 579.

VKU [Geschäftsbericht, 1999]: Geschäftsbericht 1998/99 - Kommunale Ver- und Entsorgungswirtschaft, Köln 1999.

VKU [Geschäftsbericht, 1997]: Geschäftsbericht 1996/97 - Kommunale Ver- und Entsorgungswirtschaft, Köln 1997.

VKU [Geschäftsbericht, 1995]: Geschäftsbericht 1994/95 - Kommunale Ver- und Entsorgungswirtschaft, Köln 1995.

VSE [Schweiz, 1995]: Die Stromversorgung der Schweiz – Entwicklung und Struktur, Zürich 1995.

Wagner, E. [Nutzung, 2000]: Nutzung erneuerbarer Energien durch die Elektrizitätswirtschaft, Stand 1999, in: Elektrizitätswirtschaft, 99. Jg. (2000), S. 10-24.

Wagner, F. W. [Einfluss, 1972]: Der Einfluss der Einkommenssteuer auf die Entscheidung über den Verkauf einer Unternehmung, in: DB, 25. Jg. (1972), S. 1637-1642.

Wälde. T. [Regelung, 1996]: Die Regelung der britischen Energiewirtschaft nach der Privatisierung, in: Tettinger, P. J. (Hrsg.), Strukturen der Versorgungswirtschaft in Europa, Stuttgart u.a. 1996, S. 59-93.

Wannow, K. [Kostensenkungspotentiale, 1998]: Kostensenkungspotentiale in der Stromverteilung, in: Elektrizitätswirtschaft, 97. Jg. (1998), S. 23-28.

Wellßow, W. H./Zdrallek, M. [Versorgungszuverlässigkeit, 1999]: Versorgungszuverlässigkeit in Verteilungsnetzen, in: Elektrizitätswirtschaft, 98. Jg. (1999), S. 30-35.

Wietschel, M./Balduf, J./Schöttle, H./Rentz, O. [Markt, 1999]: Least-Cost Planning und Contracting im liberalisierten Markt, in: ET, 49. Jg. (1999), S. 318-323.

Winje, D./Witt, D. [Energiewirtschaft, 1991]: Energiewirtschaft, Berlin u.a. 1991.

Zinnbauer, M. [Energieversorgungsunternehmen, 2001]: Cross-Selling-Potenziale bei Energieversorgungsunternehmen durch Bundling, in: ZfE, 25. Jg. (2001), S. 243-251.

Zinow, B.-M. [Rechtsprobleme, 1991]: Rechtsprobleme der grenzüberschreitenden Durchleitung von Strom in einem EG-Binnenmarkt für Energie, Frankfurt am Main 1991.

Sonstige Quellen

Hoppenstedt's Handbuch der deutschen Aktiengesellschaften, Jg. 1996/97, Darmstadt 1997.

Medien-Information Nr. 70769 des Magistrats der Stadt Darmstadt vom 05.09.1998

Pressemitteilungen der EWE AG vom 12.12.1997 und 16.01.1998 zur geplanten Fusion von EWE und ÜNH.

Pressemitteilungen der Senatsverwaltung für Finanzen des Landes Berlin vom 13.05.1997 und 22.9.1997 zum Verkauf der Beteiligung an der Bewag.

Vereinbarungen zwischen der Regierung der Bundesrepublik Deutschland und der deutschen Wirtschaft zur Minderung der CO_2-Emissionen und der Förderung der Kraft-Wärme-Kopplung in Ergänzung zur Klimavereinbarung vom 9.11.2000, Berlin 2001.

Vereinbarung zwischen der Bundesregierung und den Energieversorgungsunternehmen vom 14. Juni 2000, Berlin 2000.

FSC
www.fsc.org
MIX
Papier | Fördert gute Waldnutzung
FSC® C083411

Kolibri 360 GmbH
Ferdinand-Jühlke-Straße 7
99095 Erfurt, Deutschland
produktsicherheit@kolibri360.de

Druck:
CPI Druckdienstleistungen GmbH
im Auftrag der
Kolibri 360 GmbH
Ferdinand-Jühlke-Str. 7
99095 Erfurt